6年

実力アップ

特別
ふろく

計算練習ノート

計算力がぐんぐんのびる！

このふろくは
すべての教科書に対応した
全教科書版です。

年	組	名前

「計算練習ノート」はとりはずして使用できます。

1 文字と式

得点

/100点

◆ 次の場面で、x(エックス)とy(ワイ)の関係を式に表しましょう。また、表の空らんに、あてはまる数を書きましょう。

1つ5〔100点〕

❶ 1辺の長さが$x$cmの正方形があります。まわりの長さは$y$cmです。

式

x（cm）	1	1.8	4.5	㋒
y（cm）	4	㋐	㋑	44

❷ x人の子どもに1人3個ずつあめを配りましたが、5個残りました。あめは全部でy個です。

式

x（人）	4	㋐	㋑	9
y（個）	17	23	26	㋒

❸ 面積が400cm²の長方形の、縦(たて)の長さが$x$cm、横の長さが$y$cmです。

式

x（cm）	㋐	40	50	60
y（cm）	25	10	㋑	㋒

❹ 180枚(まい)のカードからx枚友だちにあげました。カードの残りはy枚です。

式

x（枚）	㋐	㋑	120	150
y（枚）	170	150	㋒	30

❺ 1冊(さつ)500円の本と1冊x円のノートを買いました。代金の合計はy円です。

式

x（円）	50	120	㋑	㋒
y（円）	㋐	620	650	750

●勉強した日　　月　　日

2 分数と整数のかけ算

得点

/100点

◆ 計算をしましょう。　1つ5〔30点〕

❶ $\frac{1}{4}\times3$　❷ $\frac{2}{7}\times2$　❸ $\frac{2}{5}\times8$

❹ $\frac{3}{10}\times3$　❺ $\frac{2}{3}\times5$　❻ $\frac{1}{9}\times7$

♥ 計算をしましょう。　1つ5〔60点〕

❼ $\frac{3}{8}\times2$　❽ $\frac{3}{16}\times4$　❾ $\frac{9}{10}\times5$

❿ $\frac{5}{42}\times3$　⓫ $\frac{1}{9}\times6$　⓬ $\frac{4}{45}\times10$

⓭ $\frac{7}{8}\times6$　⓮ $\frac{13}{12}\times9$　⓯ $\frac{9}{8}\times8$

⓰ $\frac{5}{4}\times12$　⓱ $\frac{4}{15}\times60$　⓲ $\frac{7}{25}\times100$

♠ 縦(たて)が$\frac{8}{3}$m、横が6mの長方形の形をした花だんがあります。この花だんの面積は何m^2ですか。　1つ5〔10点〕

式

答え（　　　　）

●勉強した日　月　日

3 分数と整数のわり算

得点

/100点

◆ 計算をしましょう。　1つ5〔30点〕

❶ $\frac{3}{5}\div 4$　❷ $\frac{2}{3}\div 7$　❸ $\frac{7}{4}\div 5$

❹ $\frac{5}{7}\div 7$　❺ $\frac{17}{4}\div 4$　❻ $\frac{1}{6}\div 6$

♥ 計算をしましょう。　1つ5〔60点〕

❼ $\frac{8}{9}\div 4$　❽ $\frac{10}{3}\div 2$　❾ $\frac{4}{5}\div 4$

❿ $\frac{7}{12}\div 7$　⓫ $\frac{5}{9}\div 10$　⓬ $\frac{16}{7}\div 12$

⓭ $\frac{20}{9}\div 4$　⓮ $\frac{15}{4}\div 12$　⓯ $\frac{8}{13}\div 12$

⓰ $\frac{39}{5}\div 26$　⓱ $\frac{25}{4}\div 100$　⓲ $\frac{75}{4}\div 125$

♠ $\frac{21}{8}$mの長さのリボンがあります。このリボンを6人で等しく分けると、1人分の長さは何mになりますか。　1つ5〔10点〕

式

答え（　　　　）

●勉強した日　　月　　日

4 分数のかけ算 (1)

得点

/100点

◆ 計算をしましょう。　　1つ5〔90点〕

❶ $\frac{1}{3}\times\frac{4}{5}$　　❷ $\frac{2}{5}\times\frac{2}{9}$　　❸ $\frac{2}{7}\times\frac{3}{5}$

❹ $\frac{1}{6}\times\frac{1}{3}$　　❺ $\frac{4}{3}\times\frac{5}{9}$　　❻ $\frac{3}{7}\times\frac{4}{7}$

❼ $\frac{8}{9}\times\frac{8}{9}$　　❽ $\frac{3}{2}\times\frac{5}{4}$　　❾ $\frac{7}{4}\times\frac{3}{4}$

❿ $\frac{5}{8}\times\frac{5}{3}$　　⓫ $\frac{7}{6}\times\frac{5}{2}$　　⓬ $\frac{3}{4}\times\frac{7}{8}$

⓭ $\frac{9}{5}\times\frac{3}{2}$　　⓮ $3\times\frac{3}{4}$　　⓯ $6\times\frac{2}{5}$

⓰ $8\times\frac{4}{5}$　　⓱ $\frac{4}{9}\times 4$　　⓲ $\frac{1}{8}\times 7$

♥ 縦(たて)が$\frac{3}{7}$m、横が$\frac{2}{5}$mの長方形があります。この長方形の面積は何m^2ですか。

式　　1つ5〔10点〕

答え（　　　　）

5 分数のかけ算（2）

得点　/100点

◆ 計算をしましょう。　1つ5〔90点〕

❶ $\frac{5}{8}\times\frac{7}{5}$　❷ $\frac{4}{3}\times\frac{1}{6}$　❸ $\frac{6}{7}\times\frac{2}{3}$

❹ $\frac{3}{10}\times\frac{5}{4}$　❺ $\frac{7}{8}\times\frac{10}{9}$　❻ $\frac{8}{5}\times\frac{7}{12}$

❼ $\frac{3}{4}\times\frac{4}{9}$　❽ $\frac{7}{10}\times\frac{5}{14}$　❾ $\frac{5}{12}\times\frac{8}{15}$

❿ $\frac{5}{9}\times\frac{3}{20}$　⓫ $\frac{9}{10}\times\frac{25}{24}$　⓬ $\frac{5}{4}\times\frac{22}{15}$

⓭ $\frac{7}{6}\times\frac{18}{7}$　⓮ $\frac{5}{8}\times\frac{8}{5}$　⓯ $16\times\frac{5}{12}$

⓰ $25\times\frac{8}{35}$　⓱ $\frac{3}{8}\times 6$　⓲ $\frac{2}{3}\times 9$

♥ 1dLで、かべを$\frac{9}{10}$m²ぬれるペンキがあります。このペンキ$\frac{5}{6}$dLでは、かべを何m²ぬれますか。　1つ5〔10点〕

式

答え（　　　　）

6 分数のかけ算(3)

得点

/100点

◆ 計算をしましょう。 1つ6〔90点〕

① $2\frac{2}{3}\times\frac{2}{5}$

② $1\frac{4}{5}\times\frac{3}{7}$

③ $2\frac{2}{3}\times1\frac{2}{5}$

④ $1\frac{2}{9}\times\frac{6}{11}$

⑤ $2\frac{4}{7}\times\frac{10}{9}$

⑥ $\frac{4}{9}\times2\frac{2}{5}$

⑦ $\frac{7}{6}\times1\frac{13}{14}$

⑧ $3\frac{1}{5}\times\frac{5}{8}$

⑨ $1\frac{7}{8}\times1\frac{1}{9}$

⑩ $1\frac{2}{7}\times5\frac{5}{6}$

⑪ $2\frac{2}{3}\times2\frac{1}{4}$

⑫ $\frac{3}{4}\times\frac{7}{6}\times\frac{2}{7}$

⑬ $\frac{9}{11}\times\frac{8}{15}\times\frac{11}{12}$

⑭ $\frac{3}{5}\times2\frac{4}{9}\times\frac{5}{11}$

⑮ $\frac{3}{7}\times6\times1\frac{5}{9}$

♥ 1mの重さが$\frac{3}{4}$kgの金属の棒(ぼう)があります。この棒$2\frac{2}{3}$mの重さは何kgですか。

式 1つ5〔10点〕

答え（　　　　）

7 分数のかけ算 (4)

得点

/100点

◆ 計算をしましょう。　1つ6〔90点〕

❶ $\frac{3}{4}\times\frac{3}{5}$

❷ $\frac{2}{9}\times\frac{11}{2}$

❸ $\frac{5}{12}\times\frac{16}{15}$

❹ $\frac{4}{7}\times\frac{5}{12}$

❺ $\frac{8}{15}\times\frac{10}{9}$

❻ $\frac{5}{14}\times\frac{21}{25}$

❼ $2\frac{4}{7}\times\frac{7}{9}$

❽ $2\frac{4}{5}\times\frac{9}{7}$

❾ $\frac{4}{9}\times1\frac{5}{12}$

❿ $\frac{14}{5}\times3\frac{3}{4}$

⓫ $1\frac{3}{25}\times1\frac{7}{8}$

⓬ $6\frac{4}{5}\times1\frac{8}{17}$

⓭ $\frac{4}{7}\times\frac{5}{12}\times\frac{14}{15}$

⓮ $1\frac{5}{9}\times\frac{8}{21}\times\frac{1}{4}$

⓯ $\frac{5}{8}\times1\frac{1}{3}\times1\frac{1}{5}$

♥ 底辺の長さが$4\frac{2}{5}$cm、高さが$8\frac{3}{4}$cmの平行四辺形があります。この平行四辺形の面積は何cm²ですか。　1つ5〔10点〕

式

答え（　　　　）

8 計算のくふう

得点

/100点

◆ くふうして計算しましょう。　1つ7〔84点〕

❶ $\left(\frac{1}{2}\times\frac{3}{4}\right)\times\frac{2}{3}$

❷ $\left(\frac{7}{8}\times\frac{5}{9}\right)\times\frac{9}{5}$

❸ $\left(\frac{7}{3}\times25\right)\times\frac{6}{25}$

❹ $\left(\frac{11}{6}\times\frac{7}{12}\right)\times\frac{4}{7}$

❺ $\left(\frac{7}{8}+\frac{5}{12}\right)\times24$

❻ $\left(\frac{3}{4}-\frac{1}{6}\right)\times\frac{12}{5}$

❼ $\left(\frac{9}{8}+\frac{27}{40}\right)\times\frac{20}{9}$

❽ $\frac{12}{5}\times\left(\frac{25}{4}-\frac{5}{3}\right)$

❾ $\frac{2}{7}\times6+\frac{2}{7}\times8$

❿ $\frac{7}{12}\times13-\frac{7}{12}\times11$

⓫ $\frac{3}{4}\times\frac{6}{7}+\frac{6}{7}\times\frac{1}{4}$

⓬ $\frac{8}{7}\times\frac{15}{16}-\frac{8}{7}\times\frac{1}{16}$

♥ 縦(たて)が$\frac{11}{13}$m、横が$\frac{7}{8}$mの長方形の面積と、縦が$\frac{15}{13}$m、横が$\frac{7}{8}$mの長方形の面積をあわせると何m^2ですか。　1つ8〔16点〕

式

答え（　　　　）

9 分数のわり算(1)

得点

/100点

◆ 計算をしましょう。　1つ6〔90点〕

❶ $\frac{3}{8} \div \frac{4}{5}$　❷ $\frac{1}{7} \div \frac{2}{3}$　❸ $\frac{2}{7} \div \frac{3}{5}$

❹ $\frac{2}{9} \div \frac{3}{8}$　❺ $\frac{3}{11} \div \frac{4}{5}$　❻ $\frac{4}{5} \div \frac{3}{7}$

❼ $\frac{3}{8} \div \frac{2}{9}$　❽ $\frac{5}{7} \div \frac{2}{3}$　❾ $\frac{4}{3} \div \frac{3}{5}$

❿ $\frac{5}{8} \div \frac{8}{9}$　⓫ $\frac{4}{5} \div \frac{5}{6}$　⓬ $\frac{1}{4} \div \frac{2}{7}$

⓭ $\frac{1}{6} \div \frac{4}{5}$　⓮ $\frac{1}{9} \div \frac{3}{8}$　⓯ $\frac{6}{7} \div \frac{5}{9}$

♥ $\frac{4}{5}$mの重さが$\frac{7}{8}$kgのパイプがあります。このパイプ1mの重さは何kgですか。

式　1つ5〔10点〕

答え（　　　）

10 分数のわり算 (2)

得点

/100点

◆ 計算をしましょう。　1つ6〔90点〕

① $\frac{2}{5} \div \frac{4}{7}$　② $\frac{3}{10} \div \frac{4}{5}$　③ $\frac{7}{9} \div \frac{14}{17}$

④ $\frac{8}{7} \div \frac{8}{11}$　⑤ $\frac{3}{10} \div \frac{7}{10}$　⑥ $\frac{5}{4} \div \frac{3}{8}$

⑦ $\frac{5}{7} \div \frac{10}{21}$　⑧ $\frac{5}{6} \div \frac{10}{9}$　⑨ $\frac{9}{8} \div \frac{3}{10}$

⑩ $\frac{14}{15} \div \frac{21}{10}$　⑪ $\frac{3}{16} \div \frac{9}{8}$　⑫ $\frac{5}{6} \div \frac{10}{21}$

⑬ $\frac{9}{2} \div \frac{15}{2}$　⑭ $\frac{4}{3} \div \frac{14}{9}$　⑮ $\frac{21}{8} \div \frac{35}{8}$

♥ 面積が $\frac{16}{9}$ cm^2 で底辺の長さが $\frac{12}{5}$ cm の平行四辺形があります。この平行四辺形の高さは何cmですか。　1つ5〔10点〕

式

答え（　　　　　）

11 分数のわり算 (3)

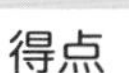

時間 20分

得点　　/100点

◆ 計算をしましょう。　　1つ6〔90点〕

❶ $7 \div \frac{5}{4}$

❷ $3 \div \frac{5}{7}$

❸ $4 \div \frac{11}{7}$

❹ $6 \div \frac{3}{8}$

❺ $15 \div \frac{3}{5}$

❻ $12 \div \frac{10}{7}$

❼ $8 \div \frac{6}{7}$

❽ $24 \div \frac{8}{3}$

❾ $30 \div \frac{5}{6}$

❿ $\frac{7}{9} \div 6$

⓫ $\frac{5}{4} \div 4$

⓬ $\frac{5}{2} \div 10$

⓭ $\frac{9}{4} \div 6$

⓮ $\frac{10}{3} \div 15$

⓯ $\frac{8}{7} \div 8$

♥ ひろしさんの体重は32kgで、お兄さんの体重の$\frac{2}{3}$です。お兄さんの体重は何kgですか。　　1つ5〔10点〕

式

答え（　　　　　）

●勉強した日　月　日

12 分数のわり算(4)

得点

/100点

◆ 計算をしましょう。　1つ6〔90点〕

① $\frac{3}{8} \div 1\frac{2}{5}$

② $2\frac{1}{2} \div \frac{3}{4}$

③ $1\frac{2}{9} \div \frac{22}{15}$

④ $\frac{2}{9} \div 1\frac{1}{3}$

⑤ $\frac{5}{12} \div 3\frac{1}{3}$

⑥ $1\frac{2}{5} \div \frac{7}{15}$

⑦ $\frac{15}{14} \div 2\frac{1}{4}$

⑧ $\frac{20}{9} \div 1\frac{1}{15}$

⑨ $1\frac{1}{6} \div 2\frac{5}{8}$

⑩ $1\frac{1}{3} \div 1\frac{1}{9}$

⑪ $2\frac{2}{9} \div 1\frac{13}{15}$

⑫ $1\frac{5}{9} \div 1\frac{11}{21}$

⑬ $\frac{14}{3} \div 6 \div \frac{7}{6}$

⑭ $1 \div \frac{13}{12} \div \frac{3}{26}$

⑮ $\frac{3}{25} \div \frac{12}{5} \div \frac{15}{16}$

♥ 1dLでかべを$\frac{5}{8}$m²ぬれるペンキがあります。$9\frac{3}{8}$m²のかべをぬるのに、このペンキは何dL必要ですか。　1つ5〔10点〕

式

答え（　　　　）

●勉強した日　月　日

13 分数のわり算(5)

得点

/100点

◆ 計算をしましょう。　1つ10〔100点〕

❶ $\frac{3}{5}\times\frac{10}{13}\div\frac{2}{3}$

❷ $\frac{9}{25}\div\frac{3}{16}\times\frac{5}{12}$

❸ $\frac{1}{9}\div\frac{13}{17}\times\frac{39}{34}$

❹ $\frac{5}{16}\times\frac{10}{3}\div\frac{5}{12}$

❺ $\frac{7}{2}\div\frac{3}{4}\times\frac{15}{14}$

❻ $\frac{7}{18}\times\frac{6}{5}\div\frac{14}{27}$

❼ $5\times\frac{2}{3}\div\frac{4}{9}$

❽ $\frac{12}{5}\div9\times\frac{15}{16}$

❾ $1\frac{17}{18}\times\frac{3}{7}\div\frac{5}{14}$

❿ $2\frac{1}{10}\div1\frac{13}{15}\times\frac{8}{9}$

14 分数のわり算(6)

得点　/100点

◆ 計算をしましょう。　1つ6〔90点〕

❶ $\frac{5}{3} \div \frac{3}{5}$

❷ $\frac{7}{6} \div \frac{4}{5}$

❸ $\frac{11}{12} \div \frac{7}{8}$

❹ $\frac{8}{15} \div \frac{9}{10}$

❺ $\frac{9}{20} \div \frac{15}{8}$

❻ $\frac{8}{21} \div \frac{12}{7}$

❼ $15 \div \frac{9}{4}$

❽ $100 \div \frac{25}{4}$

❾ $\frac{12}{7} \div 16$

❿ $\frac{5}{6} \div 3\frac{3}{4}$

⓫ $2\frac{5}{14} \div \frac{11}{14}$

⓬ $1\frac{7}{8} \div 2\frac{1}{4}$

⓭ $2\frac{1}{2} \div \frac{9}{5} \div \frac{5}{6}$

⓮ $\frac{1}{7} \div \frac{4}{9} \times \frac{28}{27}$

⓯ $\frac{15}{8} \div 27 \times 1\frac{1}{5}$

♥ 長さ$\frac{5}{4}$mの青いリボンと、長さ$\frac{5}{6}$mの赤いリボンがあります。赤いリボンの長さは、青いリボンの長さの何倍ですか。　1つ5〔10点〕

式

答え（　　　　　）

●勉強した日　月　日

15 分数、小数、整数の計算

得点

/100点

◆ 計算をしましょう。　　1つ10〔100点〕

❶ $0.55 \times \frac{15}{22}$

❷ $1.6 \div \frac{12}{35}$

❸ $\frac{2}{3} \times 0.25$

❹ $5\frac{2}{3} \div 6.8$

❺ $0.9 \times \frac{4}{5} \div 3$

❻ $\frac{8}{3} \div 6 \times 1.8$

❼ $\frac{3}{4} \div 0.375 \div 1\frac{1}{5}$

❽ $0.5 \div \frac{9}{10} \times 0.12$

❾ $4 \div 18 \times 6$

❿ $0.8 \times 0.9 \div 0.42$

●勉強した日　　月　　日

16 円の面積 (1)

得点　　/100点

◆ 次の円の面積を求めましょう。　1つ10〔40点〕

❶ 半径4cmの円

(　　　　　　)

❷ 直径10cmの円

(　　　　　　)

❸ 円周の長さが37.68cmの円

(　　　　　　)

❹ 円周の長さが87.92mの円

(　　　　　　)

♥ 色をぬった部分の面積を求めましょう。　1つ10〔60点〕

❺

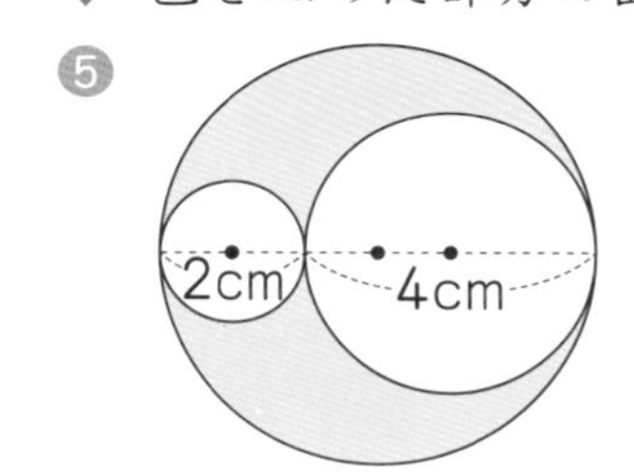

(　　　　　　)

❻

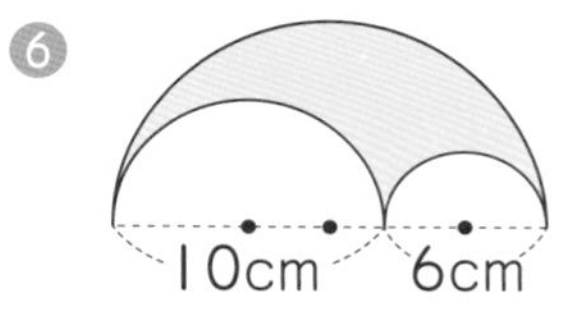

(　　　　　　)

❼

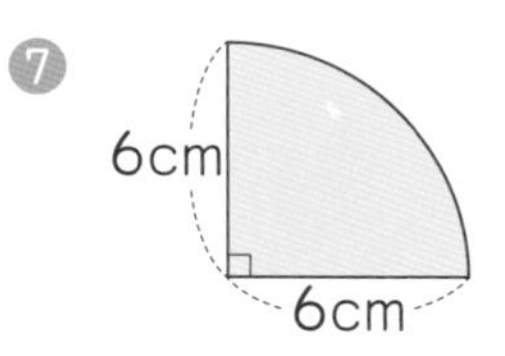

(　　　　　　)

❽

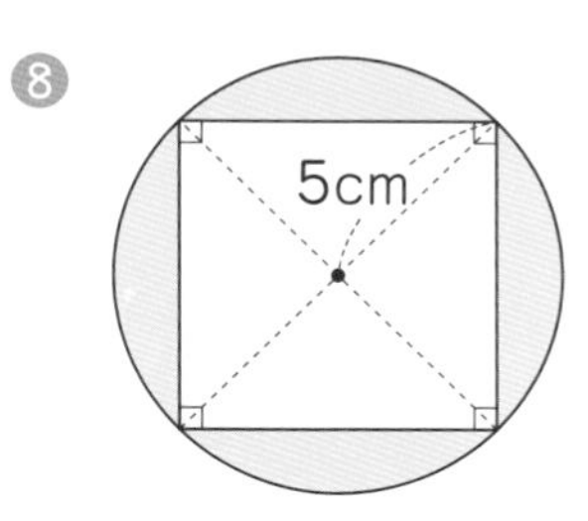

(　　　　　　)

❾

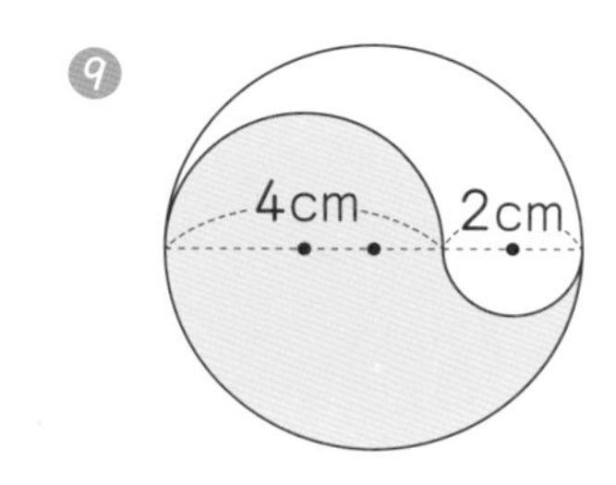

(　　　　　　)

❿

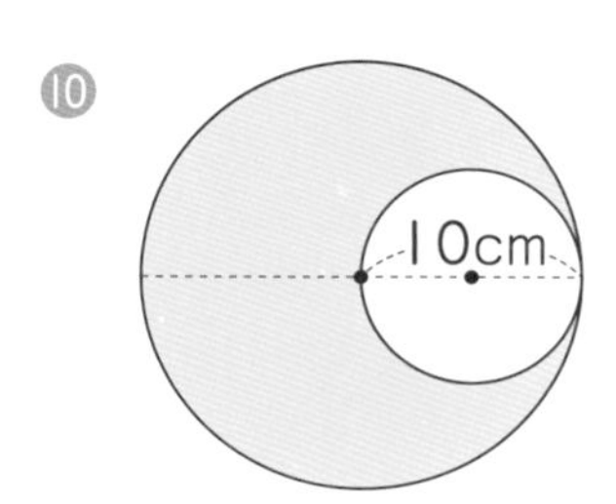

(　　　　　　)

●勉強した日　　月　　日

17 円の面積(2)

得点

/100点

◆ 次の円の面積を求めましょう。　1つ10〔40点〕

❶ 半径3cmの円

(　　　　　)

❷ 直径16mの円

(　　　　　)

❸ 円周の長さが43.96mの円

(　　　　　)

❹ 円周の長さが62.8cmの円

(　　　　　)

♥ 色をぬった部分の面積を求めましょう。　1つ10〔60点〕

❺

3cm

(　　　　　)

❻

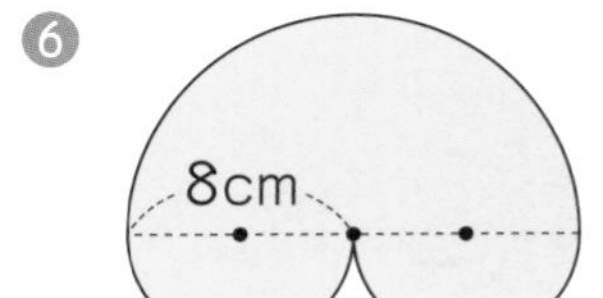

(　　　　　)

❼

10cm
10cm

(　　　　　)

❽

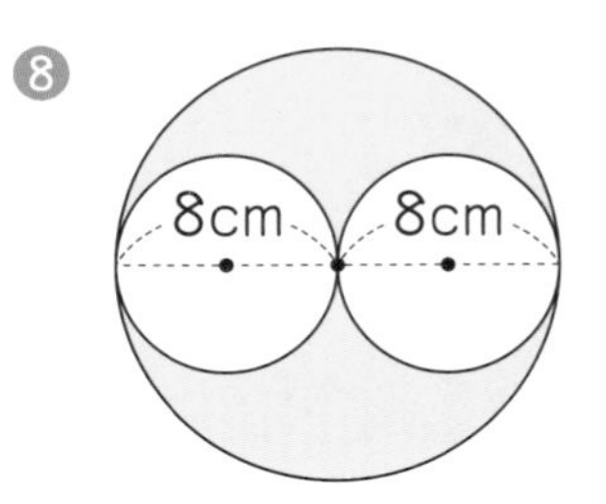

(　　　　　)

❾

6cm
6cm
6cm
6cm

(　　　　　)

❿

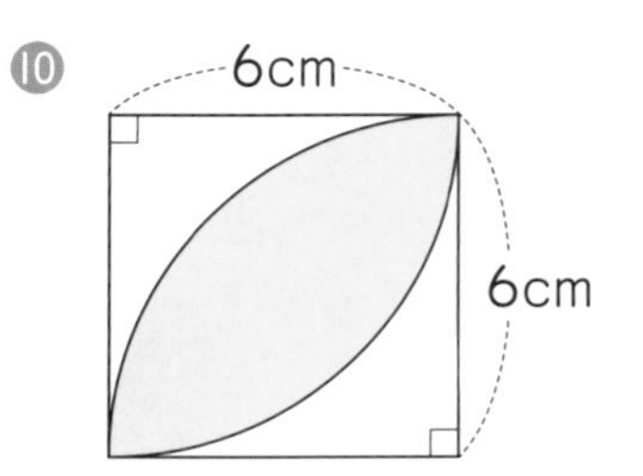

(　　　　　)

18 比(1)

得点

/100点

◆ 比の値（あたい）を求めましょう。　1つ5〔30点〕

❶ 7：5　（　　　）

❷ 3：12　（　　　）

❸ 8：10　（　　　）

❹ 0.9：6　（　　　）

❺ 0.84：4.2　（　　　）

❻ $\frac{5}{6}:\frac{5}{9}$　（　　　）

♥ 比を簡単（かんたん）にしましょう。　1つ7〔35点〕

❼ 49：56　（　　　）

❽ 27：63　（　　　）

❾ 1.8：1.5　（　　　）

❿ 4：1.6　（　　　）

⓫ $\frac{2}{3}:\frac{14}{15}$　（　　　）

♠ x（エックス）の表す数を求めましょう。　1つ7〔35点〕

⓬ $3:8=18:x$　（　　　）

⓭ $14:10=x:25$　（　　　）

⓮ $4.5:x=18:12$　（　　　）

⓯ $x:2=\frac{1}{4}:\frac{15}{8}$　（　　　）

⓰ $\frac{7}{5}:0.6=x:15$　（　　　）

●勉強した日　月　日

19 比 (2)

得点　/100点

◆ 比の値(あたい)を求めましょう。　1つ5〔30点〕

❶ $4:9$　(　　)

❷ $15:5$　(　　)

❸ $14:10$　(　　)

❹ $2.5:7$　(　　)

❺ $1.4:0.06$　(　　)

❻ $\frac{4}{15}:\frac{1}{4}$　(　　)

♥ 比を簡単(かんたん)にしましょう。　1つ7〔35点〕

❼ $60:35$　(　　)

❽ $350:250$　(　　)

❾ $0.6:2.8$　(　　)

❿ $4.5:3$　(　　)

⓫ $\frac{1}{6}:0.125$　(　　)

♠ x(エックス) の表す数を求めましょう。　1つ7〔35点〕

⓬ $x:3=80:120$　(　　)

⓭ $12:21=4:x$　(　　)

⓮ $15:x=2.5:7$　(　　)

⓯ $\frac{4}{13}:\frac{12}{13}=x:3$　(　　)

⓰ $7:x=1.5:\frac{15}{14}$　(　　)

●勉強した日　月　日

20 角柱と円柱の体積

得点

/100点

◆ 次の立体の体積を求めましょう。　1つ10〔80点〕

❶

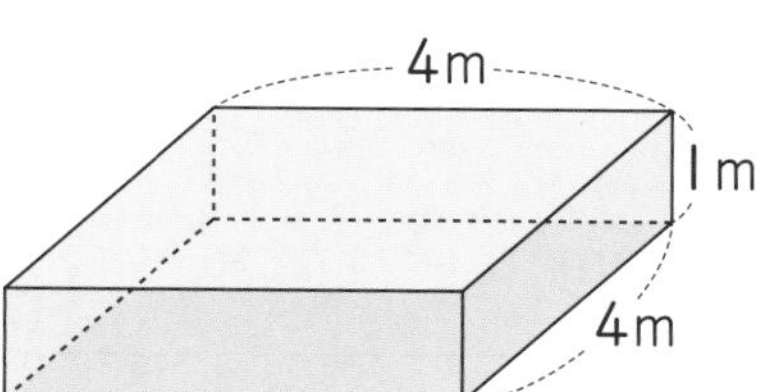

(　　　　)

❷

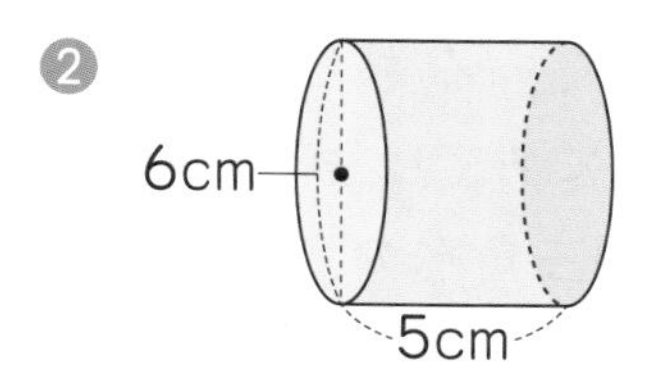

(　　　　)

❸

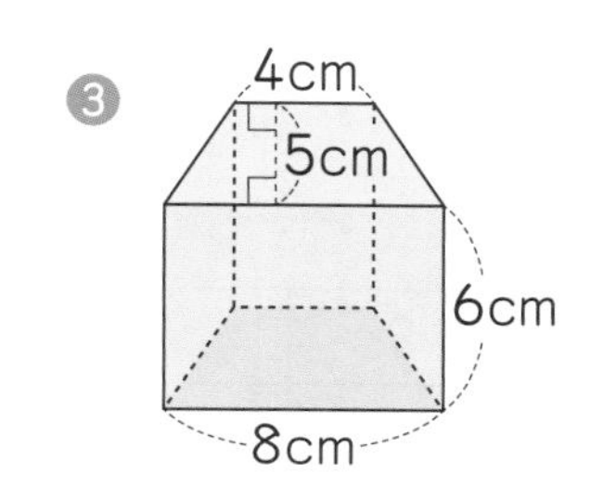

(　　　　)

❹

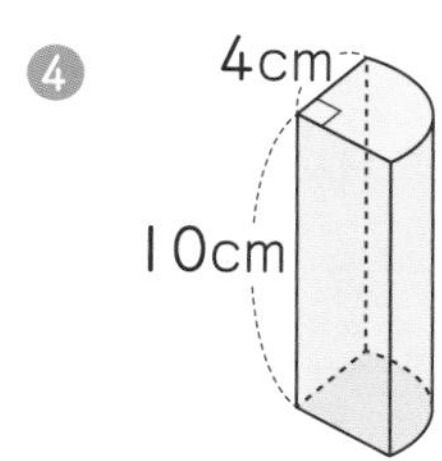

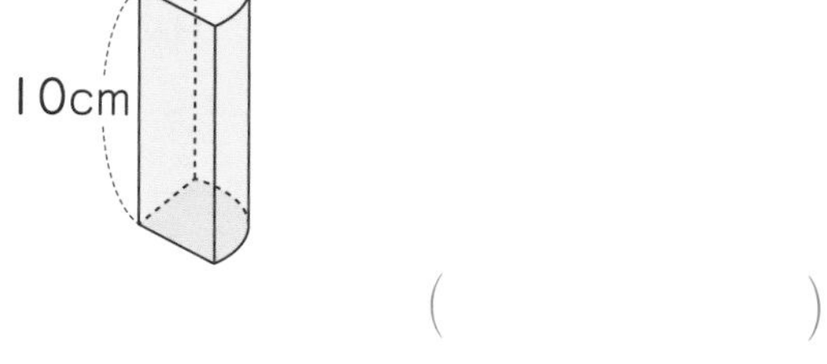

(　　　　)

❺

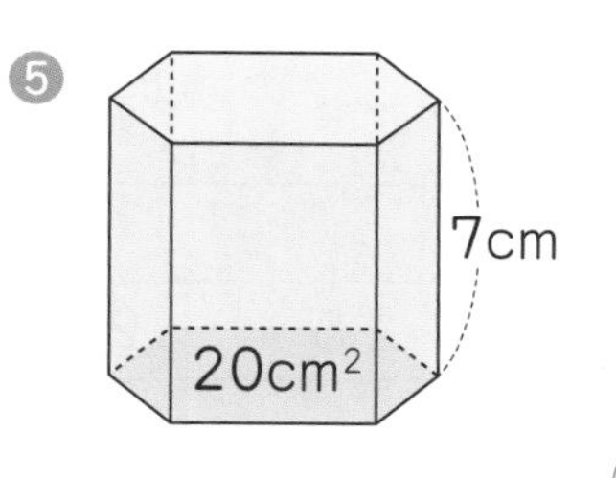

(　　　　)

❻

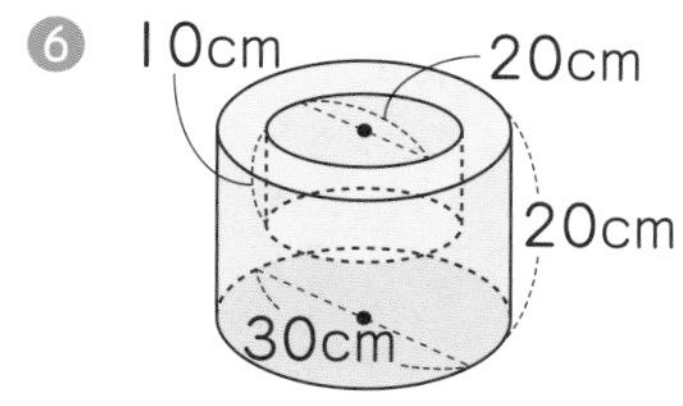

(　　　　)

❼

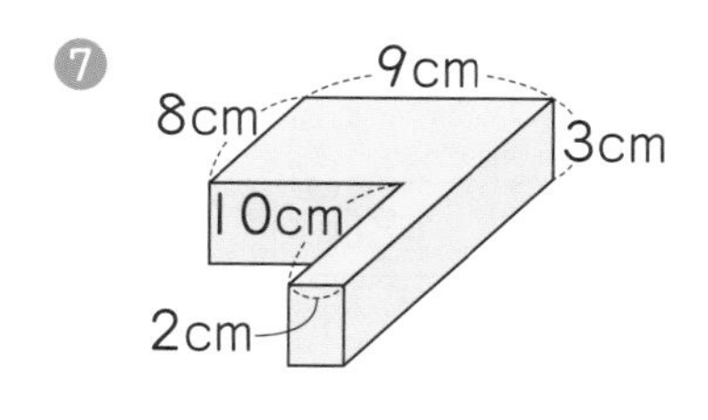

(　　　　)

❽

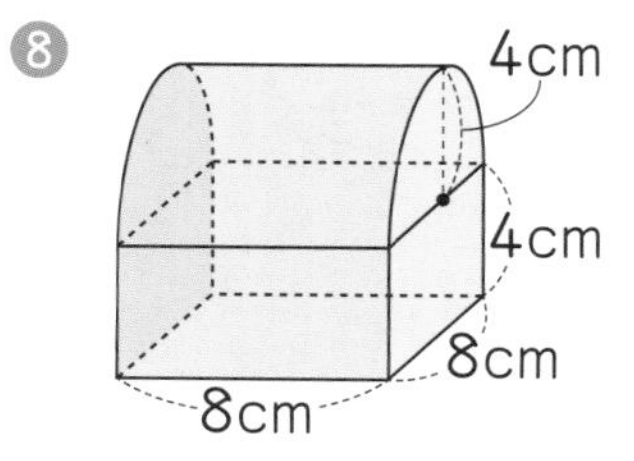

(　　　　)

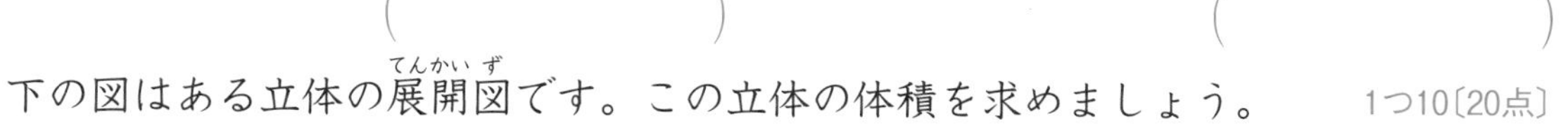

♥ 下の図はある立体の展開図(てんかいず)です。この立体の体積を求めましょう。　1つ10〔20点〕

❾

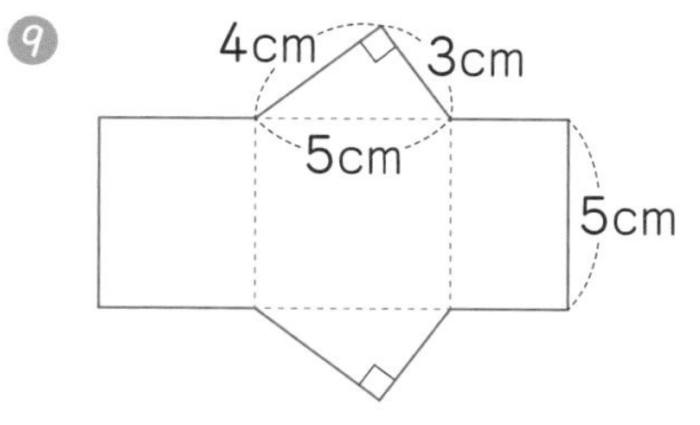

(　　　　)

❿

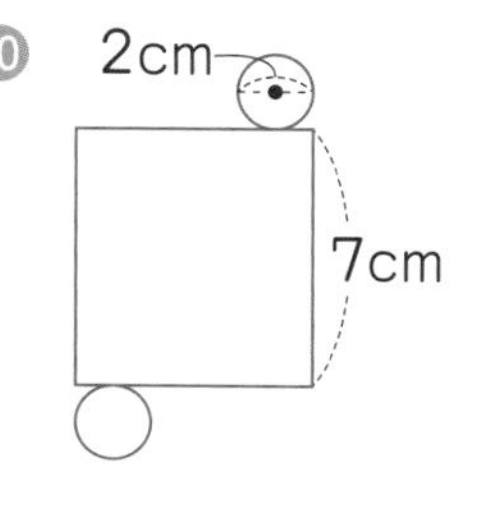

(　　　　)

21 比例と反比例 (1)

得点　/100点

◆ 次の2つの数量について、x（エックス）とy（ワイ）の関係を式に表し、yがxに比例しているものには○、反比例しているものには△、どちらでもないものには×を書きましょう。また、表の空らんにあてはまる数を書きましょう。　1つ3〔90点〕

❶ 面積が30 cm²の三角形の、底辺の長さ$x$cmと高さ$y$cm

式　　、

x（cm）	2	㋑	8	㋓
y（cm）	㋐	20	㋒	4

❷ 1mの重さが2kgの鉄の棒（ぼう）の、長さxmと重さ$y$kg

式　　、

x（m）	㋐	5.6	9	㋓
y（kg）	8	㋑	㋒	24

❸ 28Lの水そうに毎分xLずつ水を入れるときの、いっぱいになるまでの時間y分

式　　、

x（L）	4	7	㋒	㋓
y（分）	㋐	㋑	2.5	2

❹ 30gの容器に1個20gのおもりをx個入れたときの、容器全体の重さyg

式　　、

x（個）	2	㋑	㋒	9
y（g）	㋐	90	130	㋓

❺ 分速80mで歩くときの、x分間に進んだきょりym

式　　、

x（分）	㋐	㋑	11	15
y（m）	400	720	㋒	㋓

♥ 100gが250円の肉をxg買ったときの、代金をy円とします。xとyの関係を式に表しましょう。また、yの値（あたい）が950のときのxの値を求めましょう。　1つ5〔10点〕

式　　、

●勉強した日　月　日

22 比例と反比例（2）

得点
/100点

◆ 1mの値段が80円のテープの長さをxm、代金をy円とします。　1つ10〔30点〕

❶ xとyの関係を、式に表しましょう。

（　　　　）

❷ xの値が12のときのyの値を求めましょう。

（　　　　）

❸ yの値が280のときのxの値を求めましょう。

（　　　　）

♥ 時速4.5kmで歩く人がx時間に進む道のりを$y$kmとします。　1つ10〔30点〕

❹ xとyの関係を、式に表しましょう。

（　　　　）

❺ xの値が2.4のときのyの値を求めましょう。

（　　　　）

❻ yの値が27のときのxの値を求めましょう。

（　　　　）

♠ 面積が54cm²の三角形の、底辺の長さを$x$cm、高さを$y$cmとします。　1つ10〔30点〕

❼ xとyの関係を、式に表しましょう。

（　　　　）

❽ xの値が15のときのyの値を求めましょう。

（　　　　）

❾ yの値が7.5のときのxの値を求めましょう。

（　　　　）

♣ 容積が720m³の水そうに水を入れます。1時間に入れる水の量をxm³、いっぱいにするのにかかる時間をy時間とするとき、xとyの関係を式に表しましょう。また、yの値が2.4のときのxの値を求めましょう。　1つ5〔10点〕

式　　　　、

●勉強した日　月　日

23 場合の数（1）

得点

/100点

◆ 3、4、5、6の4枚(まい)のカードがあります。 1つ14〔42点〕

❶ 2枚のカードで2けたの整数をつくるとき、できる整数は全部で何通りありますか。

（　　　　）

❷ 4枚のカードで4けたの整数をつくるとき、できる整数は全部で何通りありますか。

（　　　　）

❸ ❷の4けたの整数のうち、奇数(きすう)は何通りありますか。

（　　　　）

♥ 5人の中から委員を選びます。 1つ14〔28点〕

❹ 委員長と副委員長を1人ずつ選ぶとき、選び方は全部で何通りですか。

（　　　　）

❺ 委員長と副委員長と書記を1人ずつ選ぶとき、選び方は全部で何通りですか。

（　　　　）

♠ 10円玉を続けて4回投げます。表と裏(うら)の出方は全部で何通りですか。 〔15点〕

（　　　　）

♣ A(エー)、B(ビー)どちらかの文字を使って、4文字の記号をつくります。できる記号は全部で何通りありますか。 〔15点〕

（　　　　）

24 場合の数(2)

得点

/100点

◆ 5人の中からそうじ当番を選びます。 1つ14〔28点〕

❶ そうじ当番を2人選ぶとき、選び方は全部で何通りですか。

(　　　　)

❷ そうじ当番を3人選ぶとき、選び方は全部で何通りですか。

(　　　　)

♥ A(エー)、B(ビー)、C(シー)、D(ディー)、E(イー)、F(エフ)の6チームで野球の試合をします。どのチームもちがうチームと1回ずつ試合をします。 1つ14〔28点〕

❸ Aチームがする試合は何試合ありますか。

(　　　　)

❹ 試合は全部で何試合ありますか。

(　　　　)

♠ 1円玉、10円玉、50円玉がそれぞれ2枚(まい)ずつあります。 1つ14〔28点〕

❺ このうち2枚を組み合わせてできる金額を、全部書きましょう。

(　　　　)

❻ このうち3枚を組み合わせてできる金額は、全部で何通りですか。

(　　　　)

♣ 赤、青、黄、緑、白の5つの球をA、B2つの箱に入れます。2個をAに入れ、残りをBに入れるとき、球の入れ方は全部で何通りありますか。 〔16点〕

(　　　　)

25 場合の数(3)

得点

/100点

◆ 次のものは、全部でそれぞれ何通りありますか。　1つ10〔90点〕

❶ 大小2つのサイコロを投げて、目の和が10以上になる場合

（　　　　）

❷ 1、2、3、4の4枚(まい)のカードの中の3枚を並(なら)べてできる3けたの偶数(ぐうすう)

（　　　　）

❸ A(エー)、B(ビー)、C(シー)、D(ディー)の4人の中から、図書委員を2人選ぶ場合

（　　　　）

❹ 3枚のコインを投げるとき、2枚裏(うら)が出る場合

（　　　　）

❺ 3人で1回じゃんけんをするとき、あいこになる場合

（　　　　）

❻ 4人が手をつないで1列に並ぶ場合

（　　　　）

❼ 0、2、7、9の4枚のカードを並べてできる4けたの数

（　　　　）

❽ 5人のうち、3人が歩き、2人が自転車に乗る場合

（　　　　）

❾ 家から学校までの行き方が4通りあるとき、家から学校へ行って帰ってくる場合

（　　　　）

♥ 500円玉2個と100円玉2個で買い物をします。おつりが出ないように買える品物の値段(ねだん)は何通りありますか。　〔10点〕

（　　　　）

26 量の単位の復習

得点

/100点

◆ 次の量を、〔　〕の中の単位で表しましょう。　1つ5〔80点〕

❶ 2.4km〔m〕

(　　　　)

❷ 74cm〔mm〕

(　　　　)

❸ 0.39m〔cm〕

(　　　　)

❹ 56000cm〔km〕

(　　　　)

❺ 0.9dL〔mL〕

(　　　　)

❻ 2.2m^3〔kL〕

(　　　　)

❼ 4dL〔cm^3〕

(　　　　)

❽ 3.6L〔cm^3〕

(　　　　)

❾ 0.8t〔kg〕

(　　　　)

❿ 1.2g〔mg〕

(　　　　)

⓫ 0.4kg〔g〕

(　　　　)

⓬ 980g〔kg〕

(　　　　)

⓭ 300a〔ha〕

(　　　　)

⓮ 10000cm^2〔a〕

(　　　　)

⓯ 1.5km^2〔m^2〕

(　　　　)

⓰ 65000m^2〔ha〕

(　　　　)

♥ 次の水の量を、〔　〕の中の単位で求めましょう。　1つ5〔20点〕

⓱ 水5m^3の重さ〔kg〕

(　　　　)

⓲ 水25mLの重さ〔g〕

(　　　　)

⓳ 水430gのかさ〔cm^3〕

(　　　　)

⓴ 水5.5kgのかさ〔L〕

(　　　　)

27 6年のまとめ(1)

得点

/100点

◆ 計算をしましょう。　1つ5〔60点〕

① $\frac{2}{9}\times\frac{5}{3}$

② $\frac{5}{8}\times\frac{3}{2}$

③ $\frac{9}{28}\times\frac{7}{3}$

④ $\frac{15}{8}\times\frac{10}{21}$

⑤ $12\times\frac{7}{15}$

⑥ $\frac{5}{27}\times18$

⑦ $2\frac{5}{8}\times\frac{12}{35}$

⑧ $1\frac{5}{6}\times1\frac{1}{11}$

⑨ $\frac{2}{15}\times6\times\frac{10}{9}$

⑩ $\frac{4}{7}\times1\frac{1}{8}\times\frac{14}{15}$

⑪ $\left(\frac{5}{6}-\frac{3}{8}\right)\times24$

⑫ $\frac{8}{7}\times\frac{4}{11}+\frac{6}{7}\times\frac{4}{11}$

♥ 比を簡単(かんたん)にしましょう。　1つ6〔18点〕

⑬ 36：81

⑭ 2：3.2

⑮ $\frac{3}{4}:\frac{11}{12}$

♠ x(エックス)の表す数を求めましょう。　1つ6〔12点〕

⑯ $10:18=25:x$

⑰ $3.5:x=21:12$

♣ ある小学校の6年生の男子と女子の人数の比は6：7です。6年生の人数が104人のとき、女子の人数は何人ですか。　1つ5〔10点〕

式

答え（　　　　　）

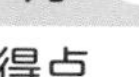

28 6年のまとめ(2)

得点　/100点

◆ 計算をしましょう。　1つ5〔60点〕

❶ $\frac{5}{7}\div\frac{4}{5}$

❷ $\frac{4}{9}\div\frac{5}{6}$

❸ $\frac{4}{15}\div\frac{8}{9}$

❹ $12\div\frac{4}{5}$

❺ $8\div\frac{16}{9}$

❻ $\frac{7}{12}\div1\frac{5}{9}$

❼ $\frac{9}{10}\div3\frac{3}{4}$

❽ $4\frac{1}{6}\div1\frac{7}{8}$

❾ $\frac{4}{9}\div\frac{5}{6}\times\frac{3}{8}$

❿ $\frac{8}{7}\div\frac{6}{5}\div\frac{4}{21}$

⓫ $1.2\times\frac{7}{8}\div0.6$

⓬ $1.8\div\frac{4}{5}\div1.5$

♥ りんご、オレンジ、ぶどう、バナナ、ももの5つの果物が1つずつあります。

1つ10〔20点〕

⓭ けんたさんとあいさんに、果物を1つずつあげるとき、あげ方は全部で何通りありますか。

(　　　　)

⓮ 3つの果物を選んでかごに入れるとき、選び方は全部で何通りありますか。

(　　　　)

♠ ある小学校の児童全員の$\frac{7}{12}$にあたる238人が男子です。この小学校の女子の児童の人数は何人ですか。　1つ10〔20点〕

式

答え(　　　　)

答え

1

① 式 $x \times 4 = y$

㋐ 7.2　㋑ 18　㋒ 11

② 式 $3 \times x + 5 = y$

㋐ 6　㋑ 7　㋒ 32

③ 式 $400 \div x = y$（$x \times y = 400$）

㋐ 16　㋑ 8　㋒ $\frac{20}{3}\left(6\frac{2}{3}\right)$

④ 式 $180 - x = y$

㋐ 10　㋑ 30　㋒ 60

⑤ 式 $500 + x = y$

㋐ 550　㋑ 150　㋒ 250

2

① $\frac{3}{4}$　② $\frac{4}{7}$　③ $\frac{16}{5}\left(3\frac{1}{5}\right)$　④ $\frac{9}{10}$

⑤ $\frac{10}{3}\left(3\frac{1}{3}\right)$　⑥ $\frac{7}{9}$　⑦ $\frac{3}{4}$　⑧ $\frac{3}{4}$

⑨ $\frac{9}{2}\left(4\frac{1}{2}\right)$　⑩ $\frac{5}{14}$　⑪ $\frac{2}{3}$　⑫ $\frac{8}{9}$

⑬ $\frac{21}{4}\left(5\frac{1}{4}\right)$　⑭ $\frac{39}{4}\left(9\frac{3}{4}\right)$　⑮ 9

⑯ 15　⑰ 16　⑱ 28

式 $\frac{8}{3} \times 6 = 16$　答え 16 m²

3

① $\frac{3}{20}$　② $\frac{2}{21}$　③ $\frac{7}{20}$　④ $\frac{5}{49}$

⑤ $\frac{17}{16}\left(1\frac{1}{16}\right)$　⑥ $\frac{1}{36}$　⑦ $\frac{2}{9}$

⑧ $\frac{5}{3}\left(1\frac{2}{3}\right)$　⑨ $\frac{1}{5}$　⑩ $\frac{1}{12}$

⑪ $\frac{1}{18}$　⑫ $\frac{4}{21}$　⑬ $\frac{5}{9}$　⑭ $\frac{5}{16}$

⑮ $\frac{2}{39}$　⑯ $\frac{3}{10}$　⑰ $\frac{1}{16}$　⑱ $\frac{3}{20}$

式 $\frac{21}{8} \div 6 = \frac{7}{16}$　答え $\frac{7}{16}$ m

4

① $\frac{4}{15}$　② $\frac{4}{45}$　③ $\frac{6}{35}$

④ $\frac{1}{18}$　⑤ $\frac{20}{27}$　⑥ $\frac{12}{49}$

⑦ $\frac{64}{81}$　⑧ $\frac{15}{8}\left(1\frac{7}{8}\right)$　⑨ $\frac{21}{16}\left(1\frac{5}{16}\right)$

⑩ $\frac{25}{24}\left(1\frac{1}{24}\right)$　⑪ $\frac{35}{12}\left(2\frac{11}{12}\right)$　⑫ $\frac{21}{32}$

⑬ $\frac{27}{10}\left(2\frac{7}{10}\right)$　⑭ $\frac{9}{4}\left(2\frac{1}{4}\right)$　⑮ $\frac{12}{5}\left(2\frac{2}{5}\right)$

⑯ $\frac{32}{5}\left(6\frac{2}{5}\right)$　⑰ $\frac{16}{9}\left(1\frac{7}{9}\right)$　⑱ $\frac{7}{8}$

式 $\frac{3}{7} \times \frac{2}{5} = \frac{6}{35}$　答え $\frac{6}{35}$ m²

5

① $\frac{7}{8}$　② $\frac{2}{9}$　③ $\frac{4}{7}$　④ $\frac{3}{8}$

⑤ $\frac{35}{36}$　⑥ $\frac{14}{15}$　⑦ $\frac{1}{3}$　⑧ $\frac{1}{4}$

⑨ $\frac{2}{9}$　⑩ $\frac{1}{12}$　⑪ $\frac{15}{16}$　⑫ $\frac{11}{6}\left(1\frac{5}{6}\right)$

⑬ 3　⑭ 1　⑮ $\frac{20}{3}\left(6\frac{2}{3}\right)$

⑯ $\frac{40}{7}\left(5\frac{5}{7}\right)$　⑰ $\frac{9}{4}\left(2\frac{1}{4}\right)$　⑱ 6

式 $\frac{9}{10} \times \frac{5}{6} = \frac{3}{4}$　答え $\frac{3}{4}$ m²

6

① $\frac{16}{15}\left(1\frac{1}{15}\right)$　② $\frac{27}{35}$　③ $\frac{56}{15}\left(3\frac{11}{15}\right)$

④ $\frac{2}{3}$　⑤ $\frac{20}{7}\left(2\frac{6}{7}\right)$　⑥ $\frac{16}{15}\left(1\frac{1}{15}\right)$

⑦ $\frac{9}{4}\left(2\frac{1}{4}\right)$　⑧ 2　⑨ $\frac{25}{12}\left(2\frac{1}{12}\right)$

⑩ $\frac{15}{2}\left(7\frac{1}{2}\right)$　⑪ 6　⑫ $\frac{1}{4}$

⑬ $\frac{2}{5}$　⑭ $\frac{2}{3}$　⑮ 4

式 $\frac{3}{4} \times 2\frac{2}{3} = 2$　答え 2 kg

7

① $\frac{9}{20}$　② $\frac{11}{9}\left(1\frac{2}{9}\right)$　③ $\frac{4}{9}$　④ $\frac{5}{21}$

⑤ $\frac{16}{27}$　⑥ $\frac{3}{10}$　⑦ 2　⑧ $\frac{18}{5}\left(3\frac{3}{5}\right)$

⑨ $\frac{17}{27}$　⑩ $\frac{21}{2}\left(10\frac{1}{2}\right)$　⑪ $\frac{21}{10}\left(2\frac{1}{10}\right)$

⑫ 10　⑬ $\frac{2}{9}$　⑭ $\frac{4}{27}$　⑮ 1

式 $4\frac{2}{5} \times 8\frac{3}{4} = \frac{77}{2}$

答え $\frac{77}{2}\left(38\frac{1}{2}\right)$ cm²

8

① $\frac{1}{4}$　② $\frac{7}{8}$　③ 14　④ $\frac{11}{18}$　⑤ 31

⑥ $\frac{7}{5}\left(1\frac{2}{5}\right)$　⑦ 4　⑧ 11　⑨ 4

⑩ $\frac{7}{6}\left(1\frac{1}{6}\right)$　⑪ $\frac{6}{7}$　⑫ 1

式 $\frac{11}{13} \times \frac{7}{8} + \frac{15}{13} \times \frac{7}{8} = \frac{7}{4}$

答え $\frac{7}{4}\left(1\frac{3}{4}\right)$ m²

9

① $\frac{15}{32}$ ② $\frac{3}{14}$ ③ $\frac{10}{21}$ ④ $\frac{16}{27}$ ⑤ $\frac{15}{44}$
⑥ $\frac{28}{15}\left(1\frac{13}{15}\right)$ ⑦ $\frac{27}{16}\left(1\frac{11}{16}\right)$ ⑧ $\frac{15}{14}\left(1\frac{1}{14}\right)$
⑨ $\frac{20}{9}\left(2\frac{2}{9}\right)$ ⑩ $\frac{45}{64}$ ⑪ $\frac{24}{25}$ ⑫ $\frac{7}{8}$
⑬ $\frac{5}{24}$ ⑭ $\frac{8}{27}$ ⑮ $\frac{54}{35}\left(1\frac{19}{35}\right)$
式 $\frac{7}{8}\div\frac{4}{5}=\frac{35}{32}$　答え $\frac{35}{32}\left(1\frac{3}{32}\right)$kg

10

① $\frac{7}{10}$ ② $\frac{3}{8}$ ③ $\frac{17}{18}$ ④ $\frac{11}{7}\left(1\frac{4}{7}\right)$
⑤ $\frac{3}{7}$ ⑥ $\frac{10}{3}\left(3\frac{1}{3}\right)$ ⑦ $\frac{3}{2}\left(1\frac{1}{2}\right)$
⑧ $\frac{3}{4}$ ⑨ $\frac{15}{4}\left(3\frac{3}{4}\right)$ ⑩ $\frac{4}{9}$ ⑪ $\frac{1}{6}$
⑫ $\frac{7}{4}\left(1\frac{3}{4}\right)$ ⑬ $\frac{3}{5}$ ⑭ $\frac{6}{7}$ ⑮ $\frac{3}{5}$
式 $\frac{16}{9}\div\frac{12}{5}=\frac{20}{27}$　答え $\frac{20}{27}$cm

11

① $\frac{28}{5}\left(5\frac{3}{5}\right)$ ② $\frac{21}{5}\left(4\frac{1}{5}\right)$ ③ $\frac{28}{11}\left(2\frac{6}{11}\right)$
④ 16 ⑤ 25 ⑥ $\frac{42}{5}\left(8\frac{2}{5}\right)$
⑦ $\frac{28}{3}\left(9\frac{1}{3}\right)$ ⑧ 9 ⑨ 36 ⑩ $\frac{7}{54}$
⑪ $\frac{5}{16}$ ⑫ $\frac{1}{4}$ ⑬ $\frac{3}{8}$ ⑭ $\frac{2}{9}$ ⑮ $\frac{1}{7}$
式 $32\div\frac{2}{3}=48$　答え 48kg

12

① $\frac{15}{56}$ ② $\frac{10}{3}\left(3\frac{1}{3}\right)$ ③ $\frac{5}{6}$ ④ $\frac{1}{6}$
⑤ $\frac{1}{8}$ ⑥ 3 ⑦ $\frac{10}{21}$ ⑧ $\frac{25}{12}\left(2\frac{1}{12}\right)$
⑨ $\frac{4}{9}$ ⑩ $\frac{6}{5}\left(1\frac{1}{5}\right)$ ⑪ $\frac{25}{21}\left(1\frac{4}{21}\right)$
⑫ $\frac{49}{48}\left(1\frac{1}{48}\right)$ ⑬ $\frac{2}{3}$ ⑭ 8 ⑮ $\frac{4}{75}$
式 $9\frac{3}{8}\div\frac{5}{8}=15$　答え 15dL

13

① $\frac{9}{13}$ ② $\frac{4}{5}$ ③ $\frac{1}{6}$ ④ $\frac{5}{2}\left(2\frac{1}{2}\right)$
⑤ 5 ⑥ $\frac{9}{10}$ ⑦ $\frac{15}{2}\left(7\frac{1}{2}\right)$
⑧ $\frac{1}{4}$ ⑨ $\frac{7}{3}\left(2\frac{1}{3}\right)$ ⑩ 1

14

① $\frac{25}{9}\left(2\frac{7}{9}\right)$ ② $\frac{35}{24}\left(1\frac{11}{24}\right)$ ③ $\frac{22}{21}\left(1\frac{1}{21}\right)$
④ $\frac{16}{27}$ ⑤ $\frac{6}{25}$ ⑥ $\frac{2}{9}$ ⑦ $\frac{20}{3}\left(6\frac{2}{3}\right)$
⑧ 16 ⑨ $\frac{3}{28}$ ⑩ $\frac{2}{9}$ ⑪ 3
⑫ $\frac{5}{6}$ ⑬ $\frac{5}{3}\left(1\frac{2}{3}\right)$ ⑭ $\frac{1}{3}$ ⑮ $\frac{1}{12}$
式 $\frac{5}{6}\div\frac{5}{4}=\frac{2}{3}$　答え $\frac{2}{3}$倍

15

① $\frac{3}{8}$ ② $\frac{14}{3}\left(4\frac{2}{3}\right)$ ③ $\frac{1}{6}$ ④ $\frac{5}{6}$
⑤ $\frac{6}{25}$ ⑥ $\frac{4}{5}$ ⑦ $\frac{5}{3}\left(1\frac{2}{3}\right)$ ⑧ $\frac{1}{15}$
⑨ $\frac{4}{3}\left(1\frac{1}{3}\right)$ ⑩ $\frac{12}{7}\left(1\frac{5}{7}\right)$

16

① 50.24 cm^2 ② 78.5 cm^2
③ 113.04 cm^2 ④ 615.44 m^2
⑤ 12.56 cm^2 ⑥ 47.1 cm^2
⑦ 28.26 cm^2 ⑧ 28.5 cm^2
⑨ 18.84 cm^2 ⑩ 235.5 cm^2

17

① 28.26 cm^2 ② 200.96 m^2
③ 153.86 m^2 ④ 314 cm^2
⑤ 14.13 cm^2 ⑥ 150.72 cm^2
⑦ 21.5 cm^2 ⑧ 100.48 cm^2
⑨ 30.96 cm^2 ⑩ 20.52 cm^2

18

① $\frac{7}{5}$ ② $\frac{1}{4}$ ③ $\frac{4}{5}$
④ $\frac{3}{20}$ ⑤ $\frac{1}{5}$ ⑥ $\frac{3}{2}$
⑦ 7：8 ⑧ 3：7 ⑨ 6：5
⑩ 5：2 ⑪ 5：7 ⑫ 48
⑬ 35 ⑭ 3 ⑮ $\frac{4}{15}$ ⑯ 35

19

① $\frac{4}{9}$ ② 3 ③ $\frac{7}{5}$ ④ $\frac{5}{14}$
⑤ $\frac{70}{3}$ ⑥ $\frac{16}{15}$ ⑦ 12：7
⑧ 7：5 ⑨ 3：14 ⑩ 3：2
⑪ 4：3 ⑫ 2 ⑬ 7
⑭ 42 ⑮ 1 ⑯ 5

20 ❶ $16\,m^3$　❷ $141.3\,cm^3$
❸ $180\,cm^3$　❹ $125.6\,cm^3$
❺ $140\,cm^3$　❻ $10990\,cm^3$
❼ $276\,cm^3$　❽ $456.96\,cm^3$
❾ $30\,cm^3$　❿ $21.98\,cm^3$

21 ❶ 式 $y=60\div x$（$x\times y\div 2=30$）、△
㋐ 30　㋑ 3　㋒ 7.5　㋓ 15
❷ 式 $y=2\times x$、○
㋐ 4　㋑ 11.2　㋒ 18　㋓ 12
❸ 式 $y=28\div x$、△
㋐ 7　㋑ 4　㋒ 11.2　㋓ 14
❹ 式 $y=30+20\times x$、×
㋐ 70　㋑ 3　㋒ 5　㋓ 210
❺ 式 $y=80\times x$、○
㋐ 5　㋑ 9　㋒ 880　㋓ 1200
式 $y=2.5\times x$、380

22 ❶ $y=80\times x$
❷ 960
❸ 3.5
❹ $y=4.5\times x$
❺ 10.8
❻ 6
❼ $y=108\div x$（$x\times y\div 2=54$）
❽ 7.2
❾ 14.4
式 $y=720\div x$、300

23 ❶ 12通り　❷ 24通り　❸ 12通り
❹ 20通り　❺ 60通り
16通り
16通り

24 ❶ 10通り　❷ 10通り
❸ 5試合　❹ 15試合
❺ 2円、11円、20円、51円、60円、100円
❻ 7通り
10通り

25 ❶ 6通り　❷ 12通り　❸ 6通り
❹ 3通り　❺ 9通り　❻ 24通り
❼ 18通り　❽ 10通り　❾ 16通り
8通り

26 ❶ 2400 m　❷ 740 mm
❸ 39 cm　❹ 0.56 km
❺ 90 mL　❻ 2.2 kL
❼ $400\,cm^3$　❽ $3600\,cm^3$
❾ 800 kg　❿ 1200 mg
⓫ 400 g　⓬ 0.98 kg
⓭ 3 ha　⓮ 0.01 a
⓯ $1500000\,m^2$　⓰ 6.5 ha
⓱ 5000 kg　⓲ 25 g
⓳ $430\,cm^3$　⓴ 5.5 L

27 ❶ $\frac{10}{27}$　❷ $\frac{15}{16}$　❸ $\frac{3}{4}$
❹ $\frac{25}{28}$　❺ $\frac{28}{5}\left(5\frac{3}{5}\right)$　❻ $\frac{10}{3}\left(3\frac{1}{3}\right)$
❼ $\frac{9}{10}$　❽ 2　❾ $\frac{8}{9}$
❿ $\frac{3}{5}$　⓫ 11　⓬ $\frac{8}{11}$
⓭ 4：9　⓮ 5：8　⓯ 9：11
⓰ 45　⓱ 2
式 $104\times\frac{7}{13}=56$　答え 56人

28 ❶ $\frac{25}{28}$　❷ $\frac{8}{15}$　❸ $\frac{3}{10}$　❹ 15
❺ $\frac{9}{2}\left(4\frac{1}{2}\right)$　❻ $\frac{3}{8}$　❼ $\frac{6}{25}$
❽ $\frac{20}{9}\left(2\frac{2}{9}\right)$　❾ $\frac{1}{5}$　❿ 5
⓫ $\frac{7}{4}\left(1\frac{3}{4}\right)$　⓬ $\frac{3}{2}\left(1\frac{1}{2}\right)$
⓭ 20通り　⓮ 10通り
式 $238\div\frac{7}{12}=408$
$408-238=170$
答え 170人

「小学教科書ワーク・数と計算」で、さらに練習しよう！

わくわくシール

★学習が終わったら、ページの上に好きなふせんシールをはろう。
　がんばったページやあとで見直したいページなどにはってもいいよ。
★実力判定テストが終わったら、まんてんシールをはろう。

ふせんシール

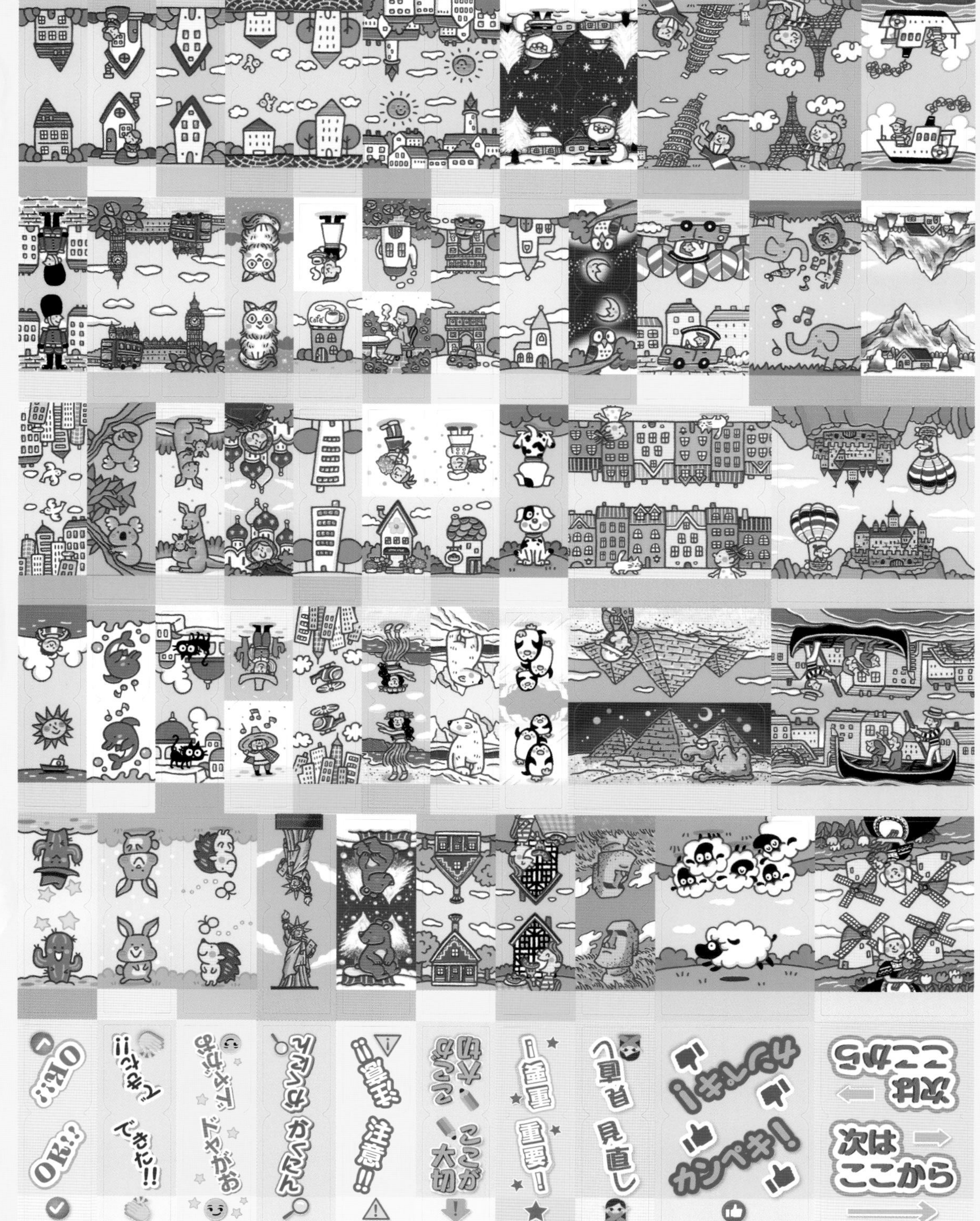

わくわくポスター 算数 6年

立体の体積と展開図

教科書ワーク

直方体の体積＝縦×横×高さ

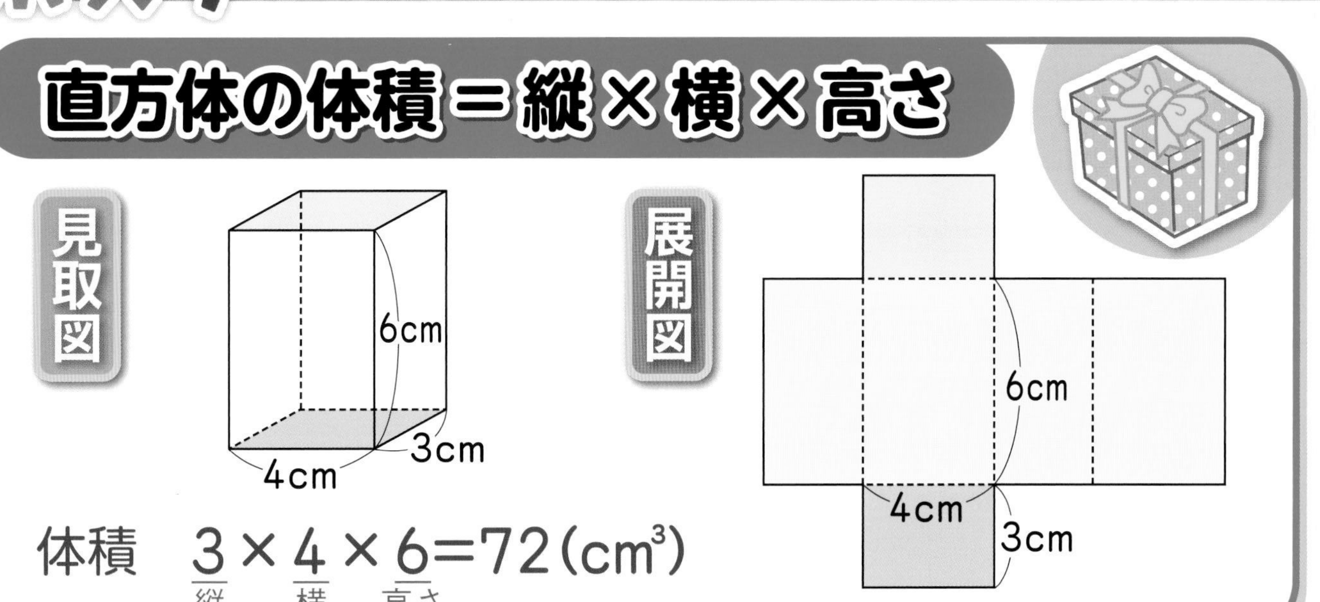

立方体の体積＝１辺×１辺×１辺

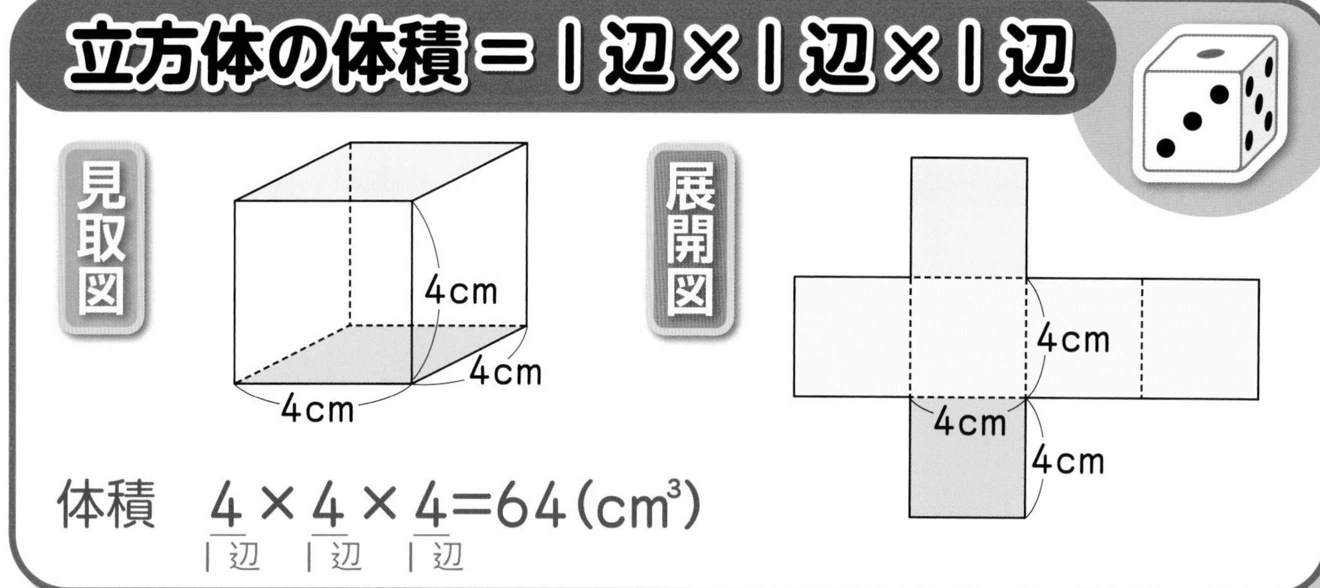

角柱の体積＝底面積×高さ

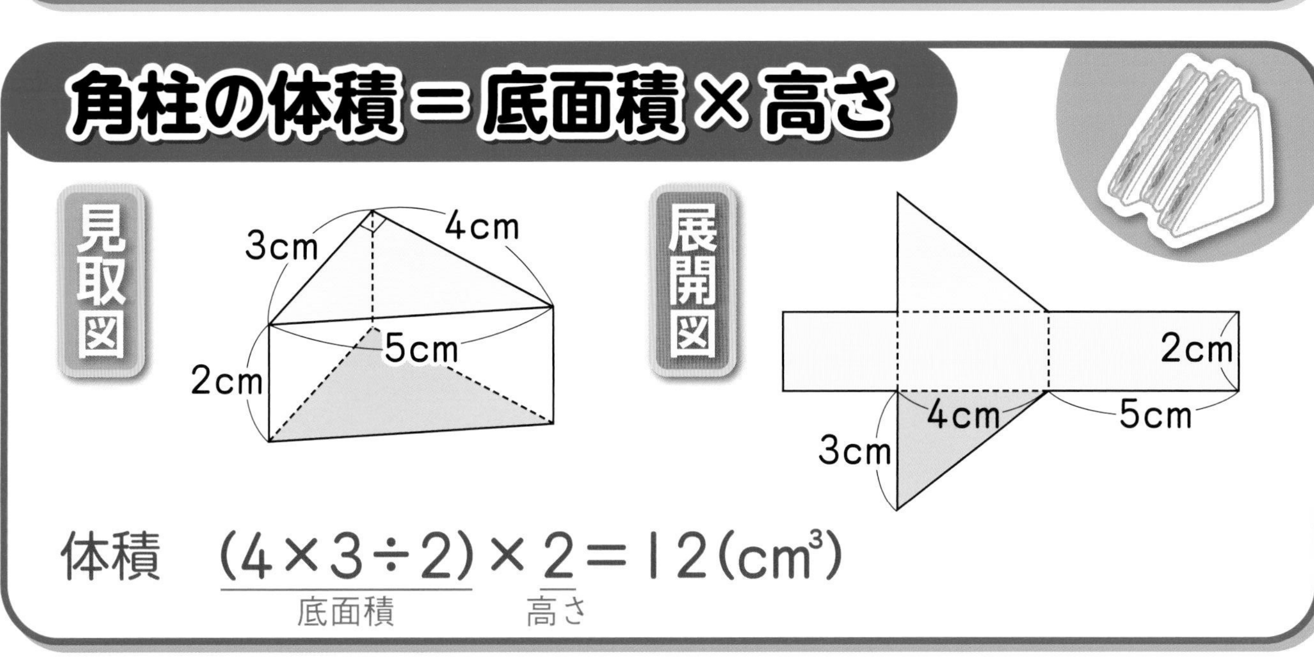

円柱の体積＝底面積×高さ

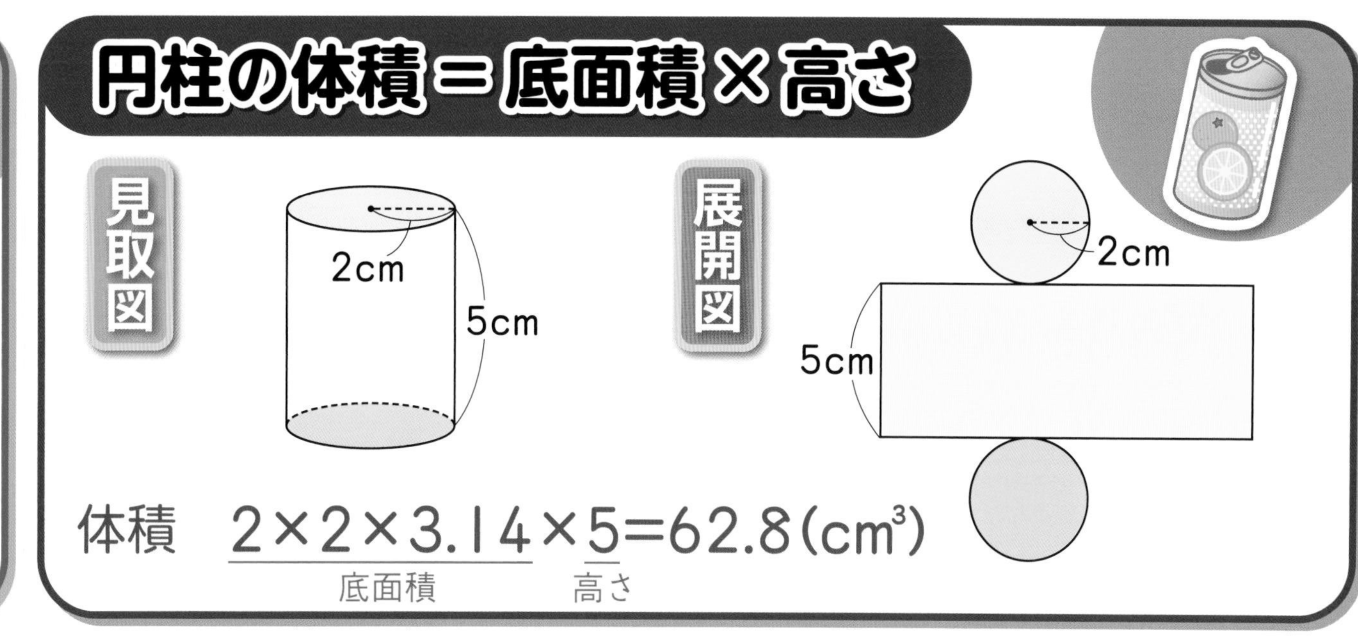

体積の求め方のくふう①（分けて考える）

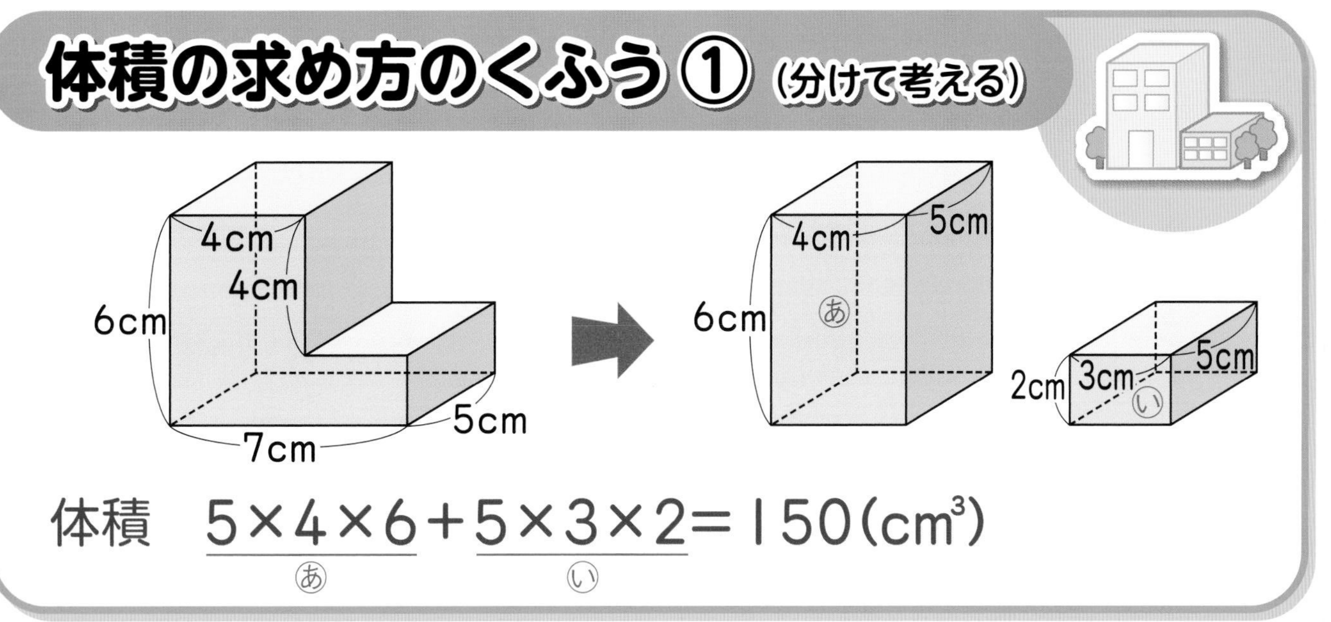

体積の求め方のくふう②（ひいて考える）

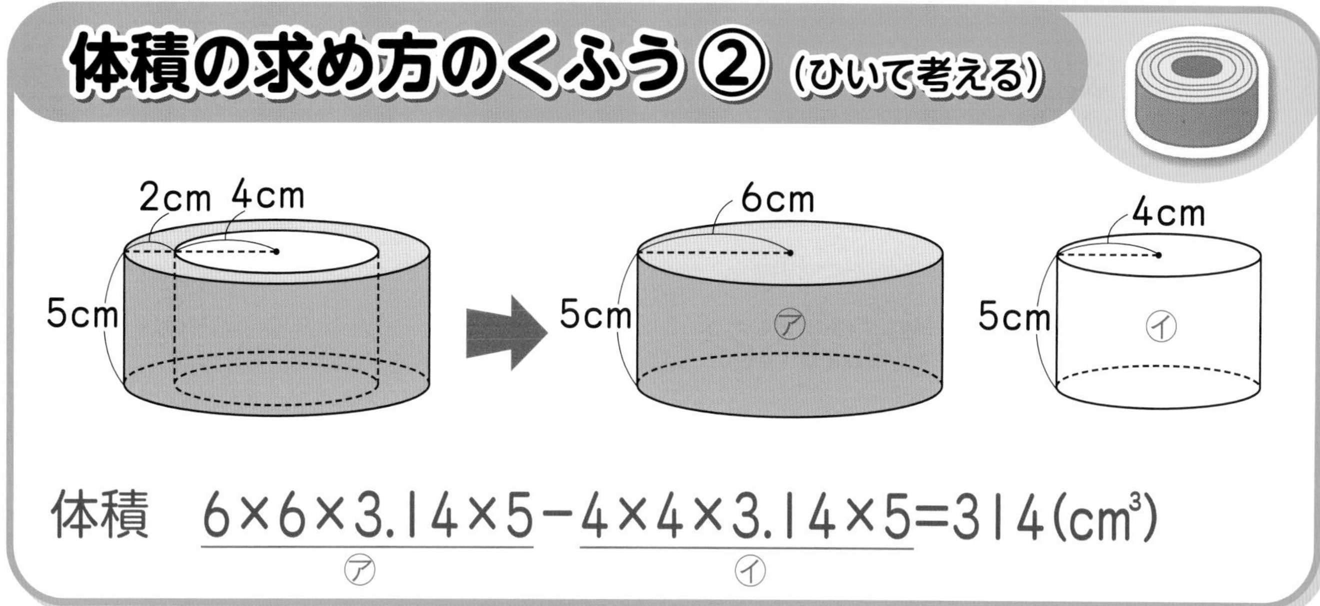

量の単位の復習

メートル法

単位の前につける大きさを表すことば

	キロ k	ヘクト h	デカ da		デシ d	センチ c	ミリ m
ことばの意味	1000倍	100倍	10倍	1	$\frac{1}{10}$倍	$\frac{1}{100}$倍	$\frac{1}{1000}$倍
長さ	km			m		cm	mm
面積		ha		a			
体積	kL			L	dL		mL
重さ	kg			g			mg

面積

	km²	ha	a	m²	cm²
1km²は	1	100	10000	1000000	—
1haは	0.01	1	100	10000	100000000
1aは	0.0001	0.01	1	100	1000000
1m²は	0.000001	0.0001	0.01	1	10000
1cm²は	—	—	0.000001	0.0001	1

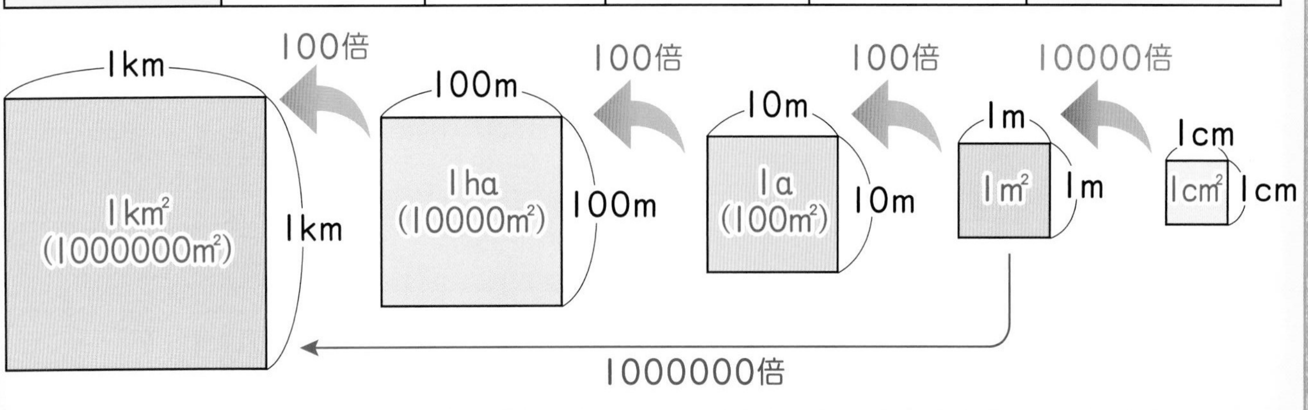

体積

	kL(m³)	L	dL	mL(cm³)
1kL(m³)は	1	1000	10000	1000000
1Lは	0.001	1	10	1000
1dLは	0.0001	0.1	1	100
1mL(cm³)は	—	0.001	0.01	1

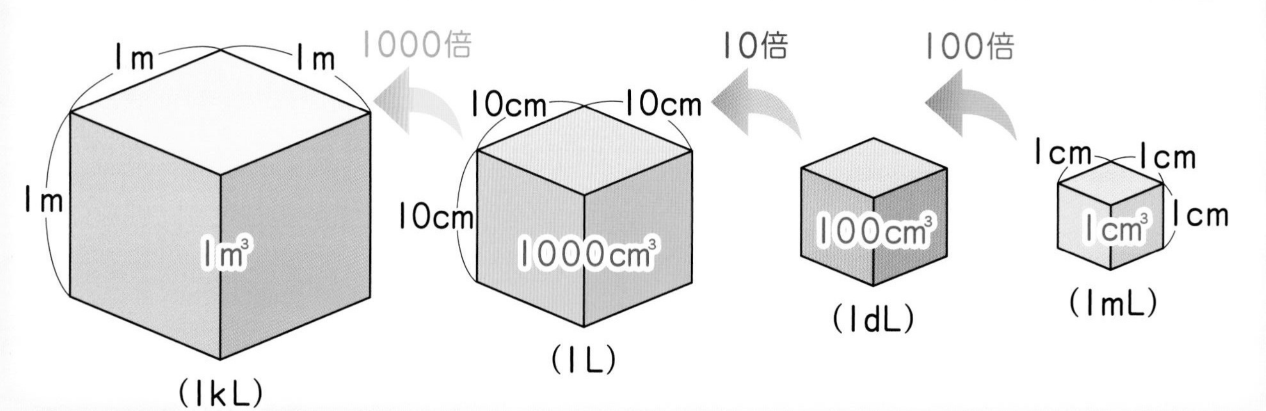

重さ

	t	kg	g	mg
1tは	1	1000	1000000	1000000000
1kgは	0.001	1	1000	1000000
1gは	0.000001	0.001	1	1000
1mgは	—	0.000001	0.001	1

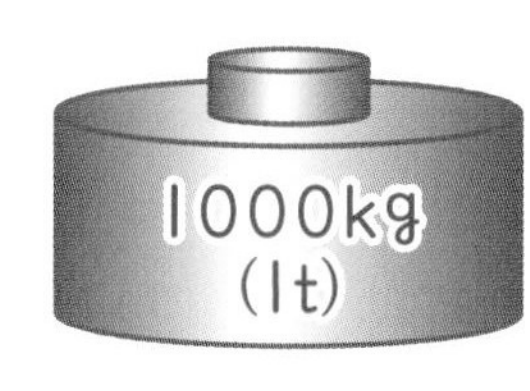

1000倍

1000倍

1000倍

日本文教版
算数6年

勉強した日　　月　　日

1 整った形
2 線対称な図形［その1］

基本のワーク

学習の目標
線対称や点対称な図形の見つけ方を身につけよう。

教科書 12～17ページ　答え 1ページ

基本1 線対称な図形はどのような図形かわかりますか。

☆ 右の線対称な図形で、対称の軸は何本ありますか。

とき方 1つの直線を折りめにして折ったとき、両側がぴったり重なる図形を、［　　］な図形といいます。また、その直線を［　　］といいます。
この図形の対称の軸は、次のようになります。

答え［　　］本

1 下の㋐から㋓の図形で、線対称なものはどれですか。全部かきましょう。教科書 15ページ 1

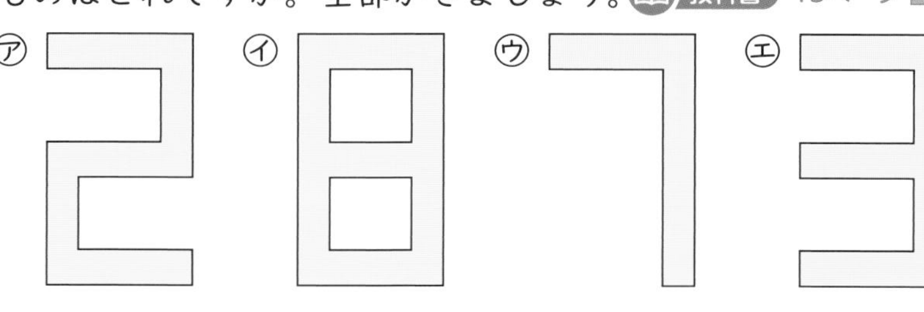

（　　　　）

基本2 点対称な図形はどのような図形かわかりますか。

☆ 右の図形は、線対称な図形を対称の軸で切り分け、一方を裏返してはりあわせた図形です。
点Oを中心にして、どれだけ回転すると、もとの図形にぴったり重なりますか。

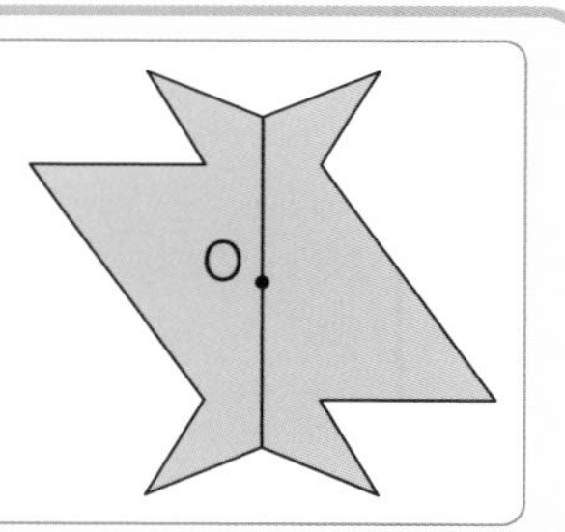

とき方 1つの点を中心にして［　　］°回転したとき、もとの図形にぴったり重なる図形を、［　　］な図形といいます。また、この点を［　　］といいます。
この図形を回転させると、次のようになります。

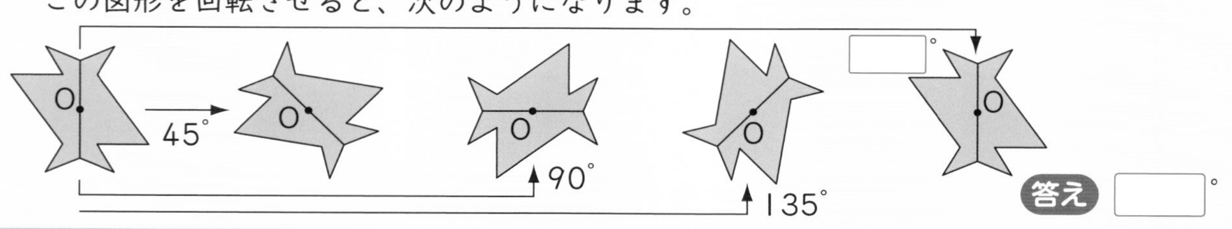

答え［　　］°

さんすうはかせ　県のマークや記号など、線対称や点対称な図形はたくさんあるよ。さがしてみよう。

2 下の㋐から㋓の図形で、点対称なものはどれですか。全部かきましょう。 教科書 15ページ 1

㋐ 3　㋑ 5　㋒ 6　㋓ 8

180°回転させたとき、ぴったり重なるものをさがせばいいね。

(　　　　　)

基本 3 線対称な図形を対称の軸で折ったとき、対応する点や辺がわかりますか。

☆ 右の線対称な図形を、対称の軸アイで2つに折ったとき、点Aに対応する点はどれですか。また、直線AMは対称の軸アイとどのように交わっていますか。

C B ア L K / A M / N / G / F H / D E イ I J

とき方 線対称な図形で、対称の軸で折るとぴったり重なりあう点や辺や角を、それぞれ［　　］点、［　　］辺、［　　］角といいます。

対応する2つの点を結ぶ直線は、対称の軸と［　　］に交わります。

また、この交わる点から対応する2つの点までの長さは［　　］なります。

答え 点［　　］、［　　］に交わる。

3 右の図形は線対称な図形です。次の問題に答えましょう。 教科書 16ページ 1

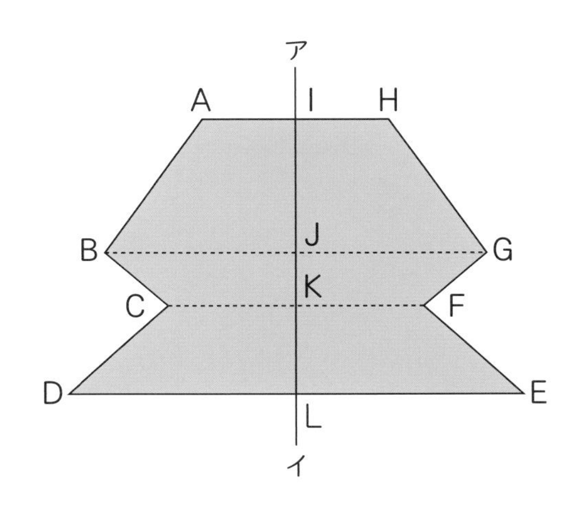

❶ 点Bに対応する点はどれですか。

(　　　　　)

❷ 角Hに対応する角はどれですか。

(　　　　　)

❸ 辺BCに対応する辺はどれですか。

(　　　　　)

❹ 直線CKと同じ長さの直線はどれですか。

(　　　　　)

❺ 直線BGは、対称の軸アイとどのように交わっていますか。

(　　　　　)

ポイント 対称の軸で折るとぴったり重なるのが線対称な図形、対称の中心のまわりに180°回転するとぴったり重なるのが点対称な図形です。

勉強した日　月　日

2 線対称な図形 ［その2］
3 点対称な図形
基本のワーク

学習の目標
線対称や点対称な図形のかき方を身につけよう。

教科書 18～21ページ　答え 1ページ

基本 1 線対称な図形がかけますか。

☆ 方眼紙に、直線アイを対称の軸とする線対称な図形をかきましょう。

とき方 それぞれの点から、対称の軸と垂直に交わる直線をひき、同じ長さになるところに、対応する点をとります。そして、対応する点をつなぎます。

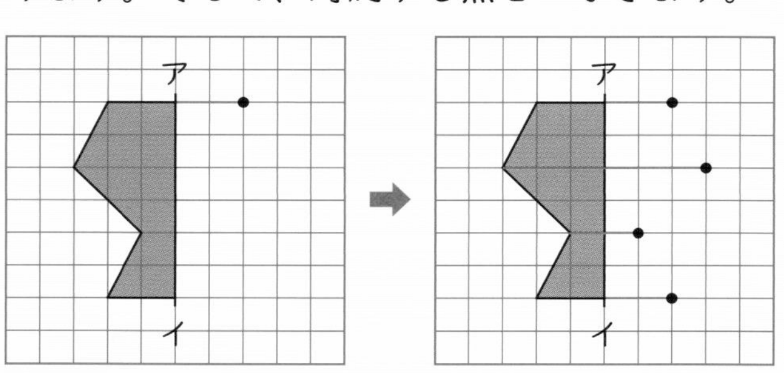

ア
イ

答え 問題の図にかく。

1 下の図で、直線アイを対称の軸として、線対称な図形をかきましょう。 教科書 18ページ23

❶

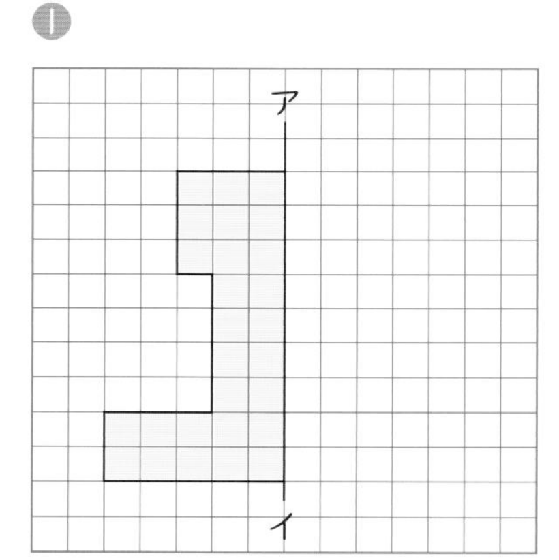

❷

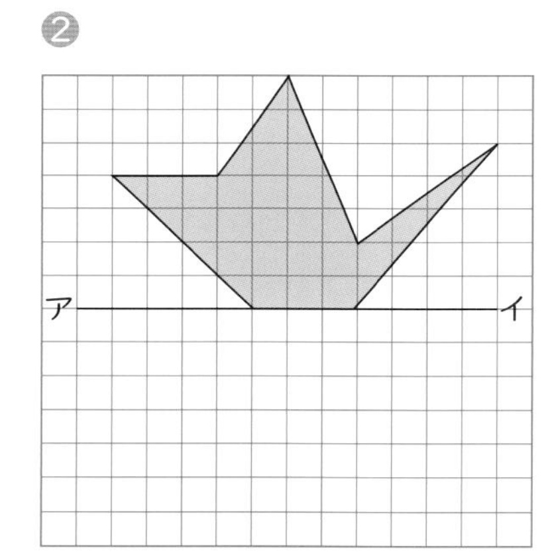

❸

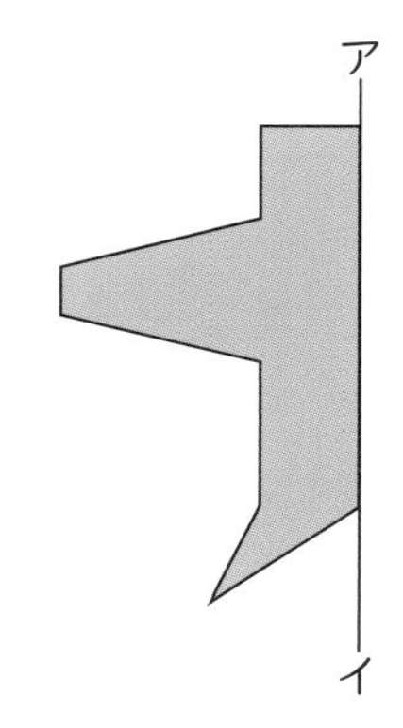

基本 2 点対称な図形を対称の中心のまわりに回転したとき、対応する点や辺がわかりますか。

☆ 右の点対称な図形を、対称の中心Oのまわりに180°回転させたとき、点Aに対応する点はどれですか。また、対応する2つの点を結ぶ直線BGとDIは、どこで交わりますか。

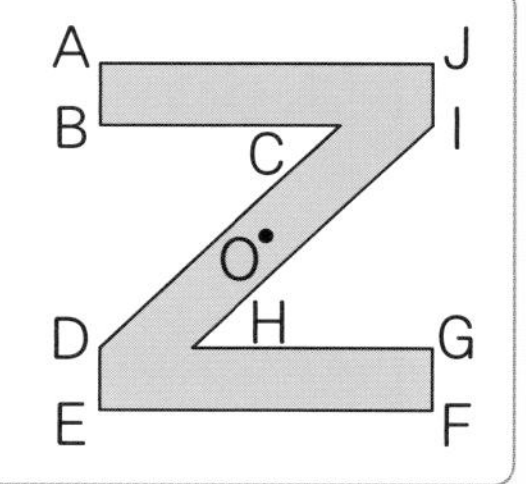

とき方 点対称な図形で、対称の中心のまわりに180°回転すると、ぴったり重なりあう点や辺や角を、それぞれ［　　］点、［　　］辺、［　　］角といいます。対応する2つの点を結ぶ直線は、［　　］を通ります。また、対称の中心から対応する2つの点までの長さは、［　　］なっています。

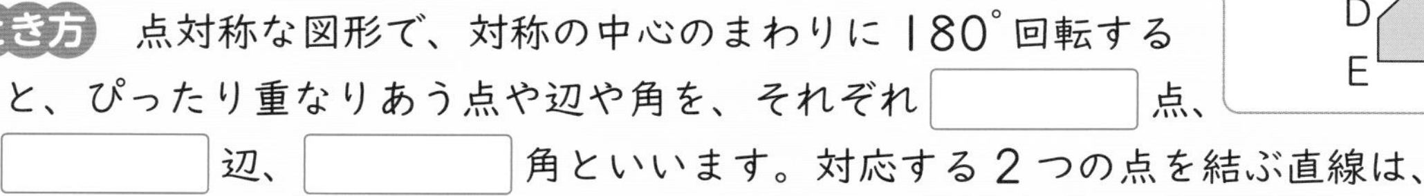

答え 点［　］、［　　］で交わる。

さんすうはかせ　対称の中心にOを使うのは、「起源・原点」という意味の英語「origin（オリジン）」の頭文字からきているんだって。円の中心もOで表されることが多いよ。

2 右の図形は点対称な図形です。次の問題に答えましょう。

教科書 19ページ1

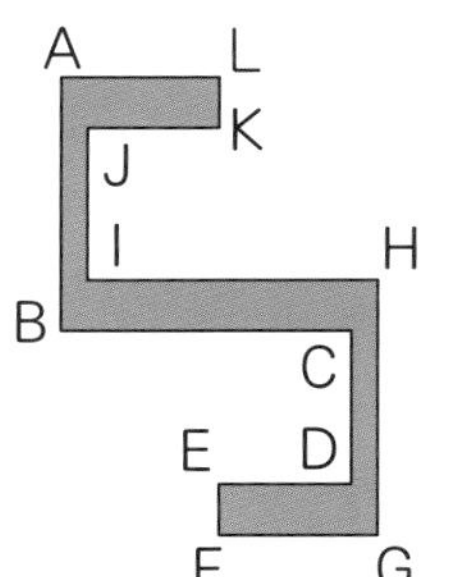

❶ 対応する２つの点を結んだ、直線AGと直線FLは、どこで交わりますか。

（　　　　　　）

❷ 対称の中心から点A、点Gまでの長さはどうなっていますか。

（　　　　　　）

基本3 点対称な図形がかけますか。

☆ 方眼に、点Oを対称の中心とする点対称な図形をかきましょう。

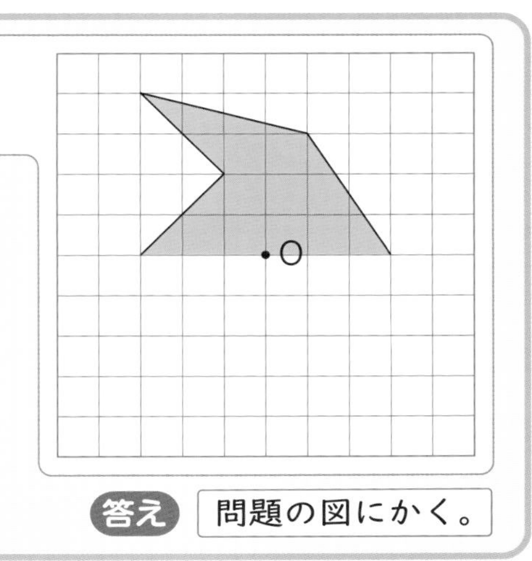

とき方 各点から、点Oに向かって直線をひき、点Oから同じ長さになるところに、対応する点をとります。最後に、対応する点をすべてつなぎます。

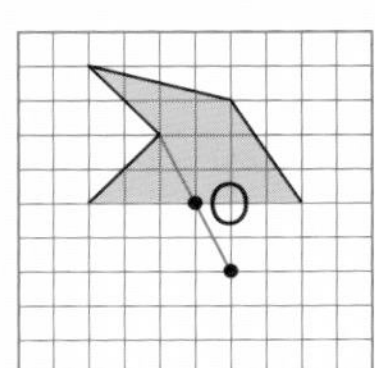

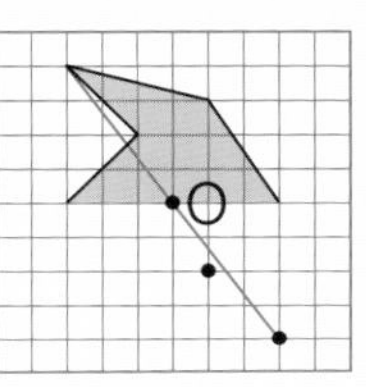

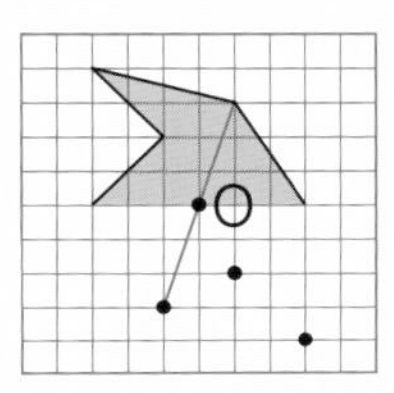

答え 問題の図にかく。

3 下の図で、点Oを対称の中心として、点対称な図形をかきましょう。 教科書 21ページ23

❶

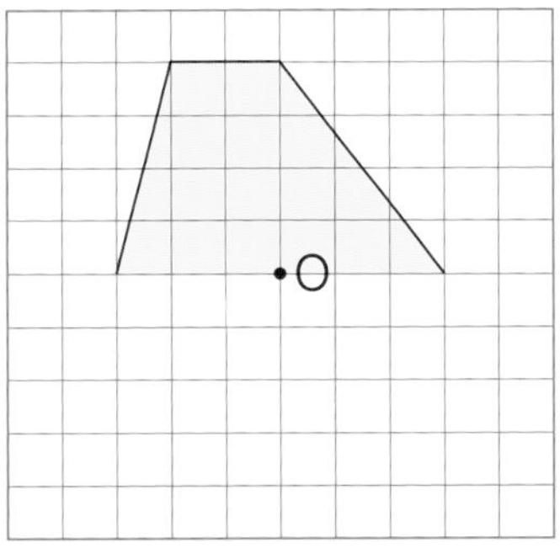

O

方眼の場合は、横に●マス、縦（たて）に□マスというふうに数えてもいいね。

❷

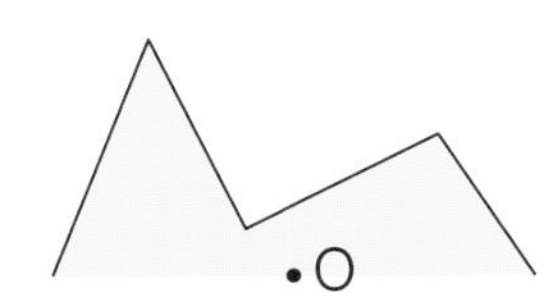

❸

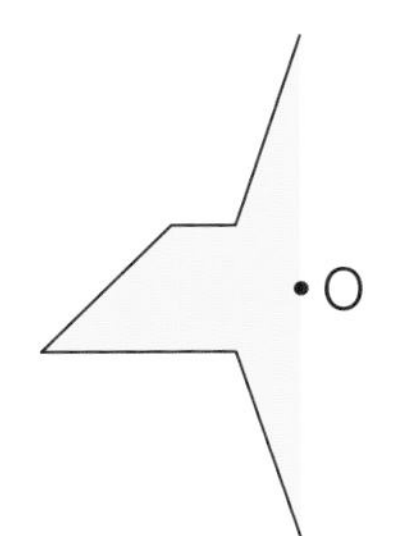

ポイント 点対称な図形をかくときは、それぞれの点から対称の中心を通る直線をひき、各点と対称の中心までの長さが等しくなる位置に印をつけ、対応する点をつなぎます。

4 多角形と対称

基本のワーク

学習の目標
いろいろな図形を、線対称な図形と点対称な図形に分けよう。

教科書 22～24ページ　答え 2ページ

基本1 線対称な図形と点対称な図形を見つけられますか。

☆ 下の㋐から㋗の図形で、次の❶から❸にあてはまるものを、すべて選びましょう。

❶ 線対称(せんたいしょう)な図形　❷ 点対称(てんたいしょう)な図形　❸ 線対称であり、点対称でもある図形

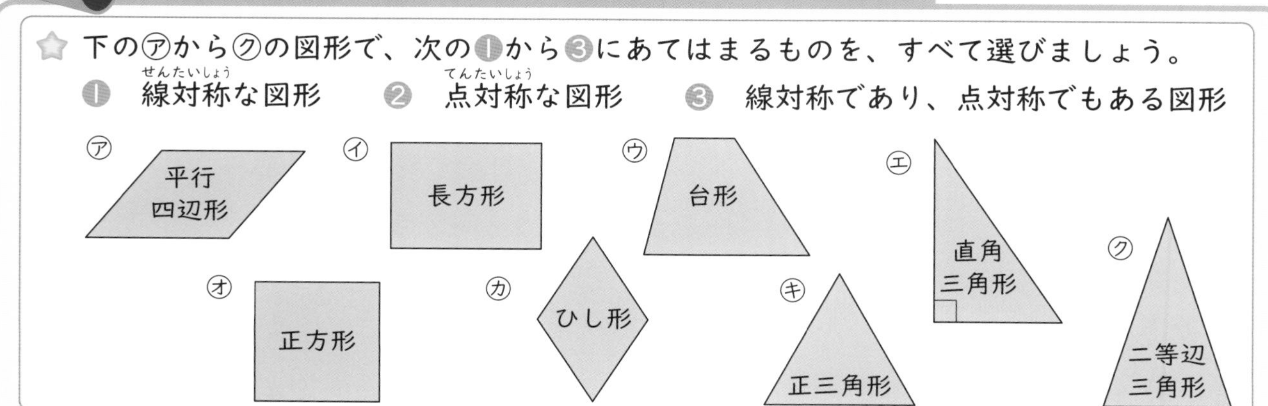

とき方　線対称は図形を半分に折ったとき、点対称は図形を 180°回転したときにぴったり重なるかどうかを考えましょう。それぞれの図形の対称の軸(じく)を点線で、対称の中心を・で表すと、次のようになります。

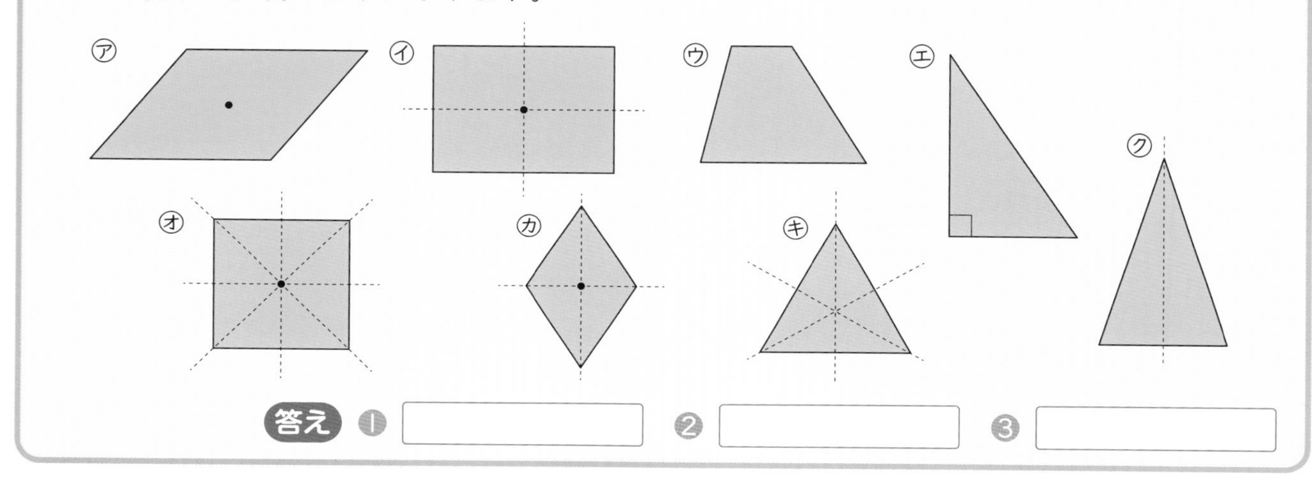

答え ❶ ＿＿＿＿　❷ ＿＿＿＿　❸ ＿＿＿＿

1 点線が対称の軸になっている、線対称な台形をかきましょう。

教科書 22ページ 1

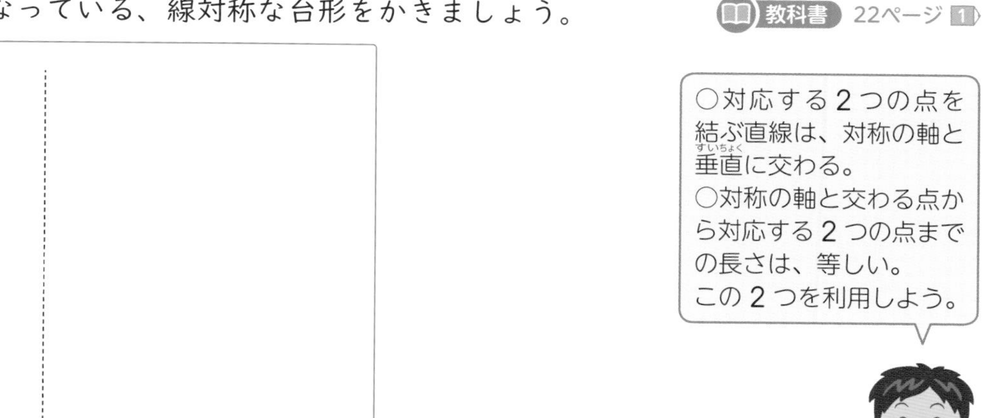

万華鏡(まんげきょう)って知ってる？　鏡を利用して、対称な図形の模様(もよう)をつくりだす筒(つつ)状のおもちゃだよ。

基本 2 線対称、点対称な正多角形を見つけられますか。

☆ 下の㋐から㋓の図形で、線対称な図形と点対称な図形を見つけましょう。

㋐ 正三角形　㋑ 正方形　㋒ 正五角形　㋓ 正六角形

とき方 線対称は図形を半分に折ったとき、点対称は図形を 180° 回転させたときにぴったり重なるかどうかを考えましょう。それぞれの図形の対称の軸を点線で、対称の中心を・で表すと、次のようになります。

㋐　㋑　㋒　㋓

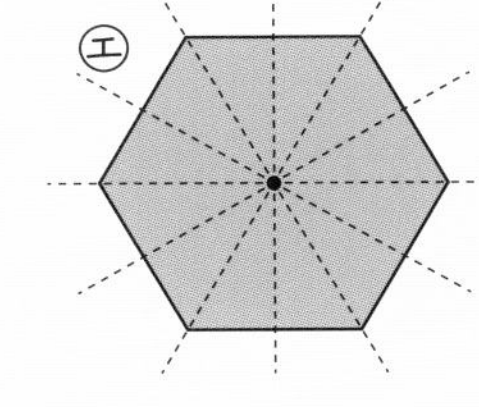

答え 線対称 [　　　　]　点対称 [　　　　]

2 正多角形について、調べましょう。　教科書 23ページ2

❶ 次の正多角形には、対称の軸は何本ありますか。下の表にまとめましょう。

図形	正三角形	正方形	正五角形	正六角形	正七角形
対称の軸の本数(本)					

❷ 正八角形の対称の軸は何本ありますか。

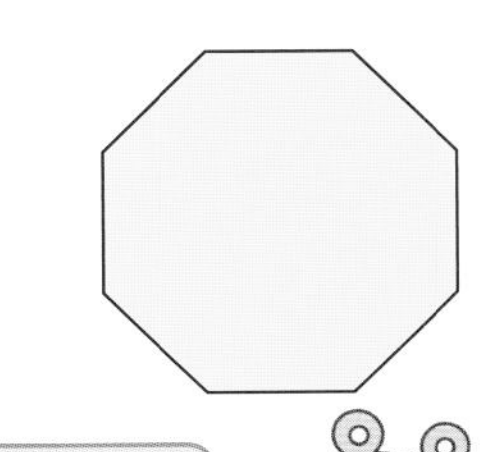

(　　　　　　)

どういうきまりがあるか、
表から考えよう。

❸ 次の正多角形のうち、点対称な図形はどれですか。点対称な図形には○、そうでない図形には×を下の表に書きましょう。

図形	正三角形	正方形	正五角形	正六角形	正七角形
点対称かどうか					

❹ 正八角形は点対称な図形ですか。

(　　　　　　)

ポイント 正多角形の対称の軸は、頂点(ちょうてん)を通る場合と、辺の中央を通る場合があります。

勉強した日　月　日

練習のワーク

教科書　12～26ページ　答え　2ページ

できた数　/10問中

1 線対称な図形と点対称な図形　下の㋐から㋕の図形で、線対称な図形には対称の軸を、点対称な図形には対称の中心をかき入れましょう。

㋐
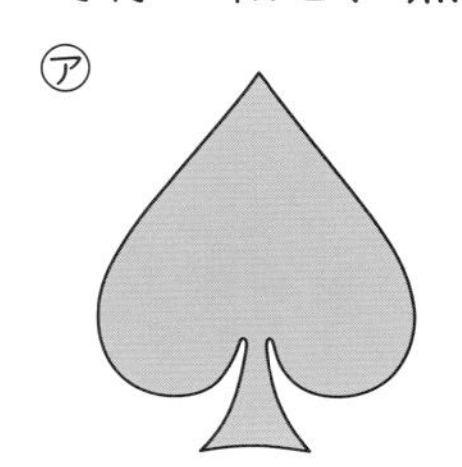
㋑
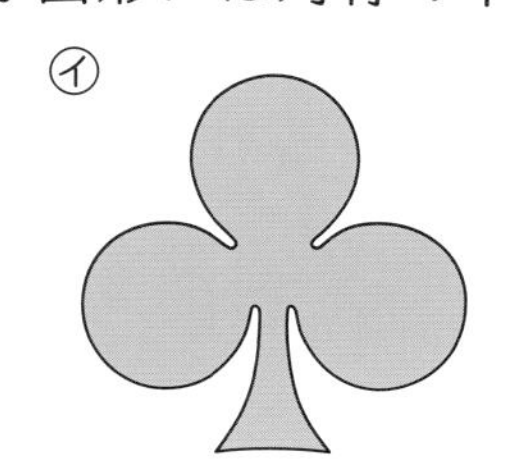
㋒

㋓
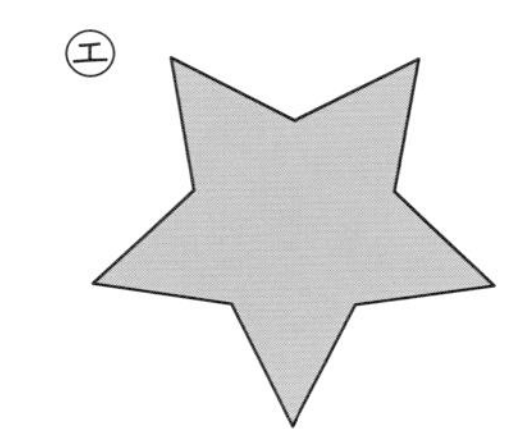
㋔

㋕
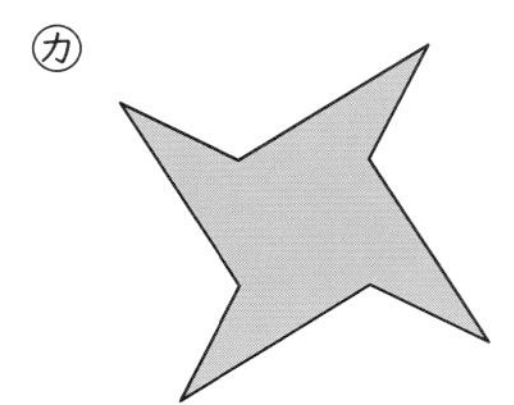

2 対応する２点を結ぶ直線と対称の軸の関係　右の線対称な図形について、点Ａと、点Ａに対応する点を結んだ直線は、対称の軸とどのように交わっていますか。

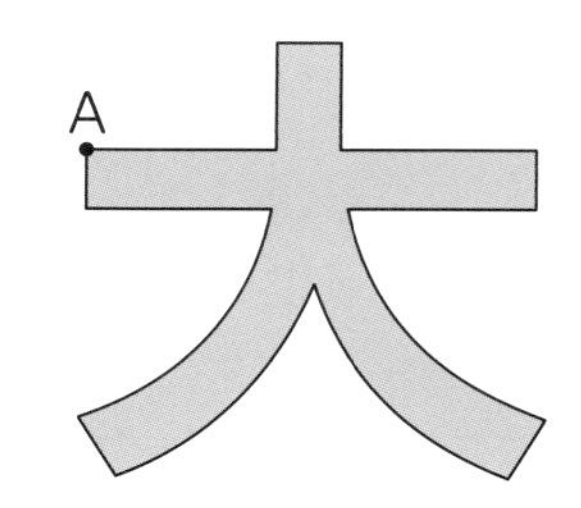

(　　　　　　　　)

3 対応する２点と対称の中心の関係　右の点対称な図形について、点Ａから対称の中心までの長さと、点Ａに対応する点から対称の中心までの長さはどうなっていますか。

(　　　　　　　　)

4 線対称・点対称な図形をかく　次の図形をかきましょう。

❶ 直線アイを対称の軸とする線対称な図形

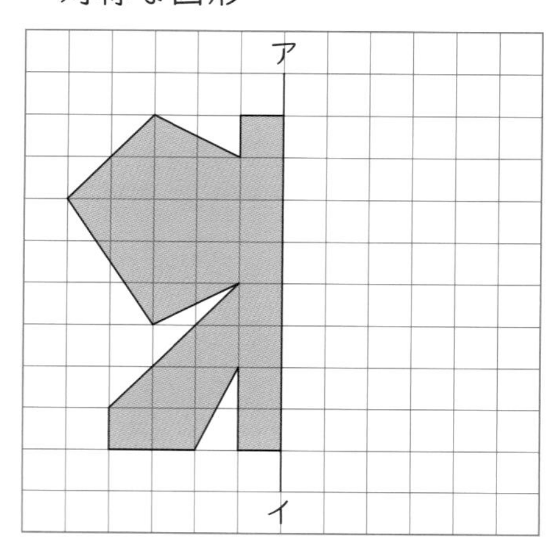

❷ 点Ｏを対称の中心とする点対称な図形

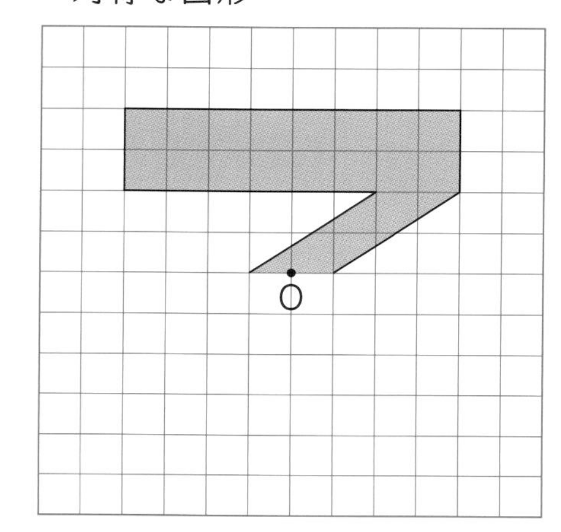

1 線対称な図形と点対称な図形

１つの直線を折りめにして折ったとき、ぴったり重なる図形を**線対称な図形**、１つの点を中心にして180°回転したとき、もとの図形にぴったり重なる図形を**点対称な図形**といいます。

2 対応する２点を結ぶ直線と対称の軸の関係

対称の軸をさがしましょう。軸で折ったときに点Ａと重なりあう点を探します。

3 対応する２点と対称の中心の関係

図形を180°回転したときに、点Ａと重なりあう点をさがしましょう。

4 線対称・点対称な図形をかく

ひとつひとつの点と対応する点をとり、それらの点を結びます。

できるナビ　対称な図形を見つけるときは、まず、対応する点に同じ印(○、△、□、…)をつけるなどするとミスがへるよ。

まとめのテスト

時間20分

得点 /100点

教科書 12〜26ページ 答え 2ページ

1 よく出る 下の図は、都道府県や市区町村のマークです。この中で、線対称でも点対称でもあるものを全部かきましょう。〔20点〕

㋐ 
つくば市

㋑ 
品川区

㋒ 
久留米市

㋓ 
京都府

㋔ 
岩手県

㋕ 
北海道

㋖ 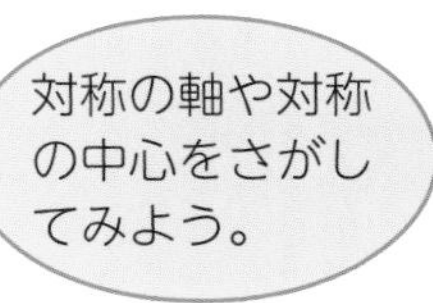
半田市

（ ）

2 右の図形を2つの頂点を結ぶ直線で切りはなして、線対称な図形を2つつくろうと思います。どんな直線で切ればよいですか。全部答えましょう。〔25点〕

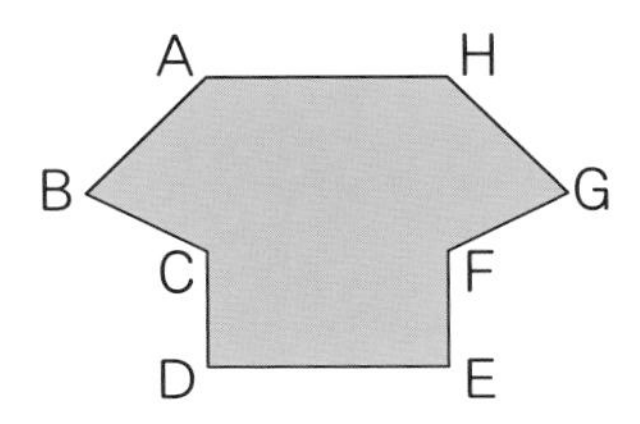

（ ）

3 右の図で、点Oを対称の中心とする、点対称な図形をかきましょう。〔25点〕

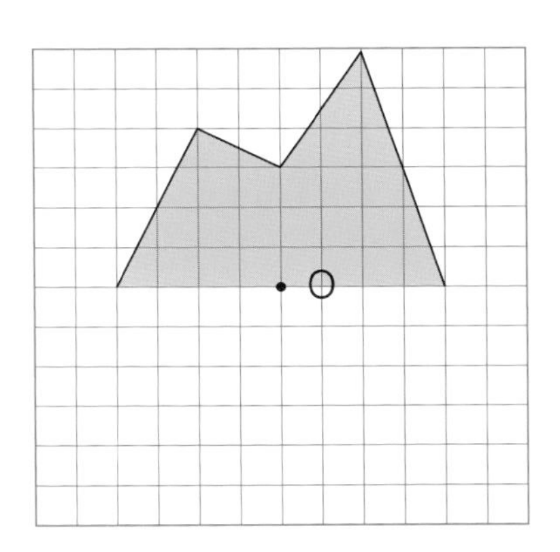

4 次の❶から❸の図形には、対称の軸は何本ありますか。1つ10〔30点〕

❶ 正三角形　❷ 正六角形　❸ 正十二角形

（ ）（ ）（ ）

□線対称や点対称な図形を見つけられたかな？
□対称の軸や対称の中心がわかったかな？

勉強した日 月 日

[1] 文字を使った式 [2] 式のよみとり方 [3] 文字にあてはまる数

基本のワーク

学習の目標
文字を使った式の表し方、あてはまる数の求め方を身につけよう。

教科書 28〜32ページ　答え 2ページ

基本1 文字を使った式に表すことができますか。

☆ 1辺が x（エックス）cm の正三角形のまわりの長さを、x を使った式に表しましょう。

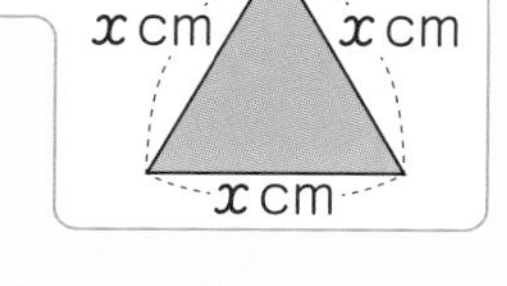

とき方 正三角形のまわりの長さ＝1辺の長さ×3
なので、□×3
1辺の長さが何cmであっても、1辺の長さを x cm で表すと、正三角形のまわりの長さを式に表すことができます。 答え □

わからない数に、□や△を使うかわりに、x や a（エー）などの文字を使って表すこともできます。

1 次の買い物の代金を、文字を使った式に表しましょう。 教科書 29ページ1

❶ a 円のはがき1枚（まい）と85円のペンを買ったときの代金
（　　　）

❷ 1個30円の消しゴムを x 個買ったときの代金
（　　　）

基本2 2つの文字を使って数量の関係を式に表すことができますか。

☆ 縦（たて）の長さが6cmの長方形があります。
❶ 横の長さを x cm、面積を y（ワイ）cm^2 として、x と y の関係を式に表しましょう。
❷ ❶の式で、x に7をあてはめたときの y の表す数を求めましょう。

とき方 ❶ 長方形の横の長さを1cm、2cm、3cm、…に変えると
縦の長さ×横の長さ＝長方形の面積
なので、6×□＝□ 答え □

横の長さ(cm)	1	2	3	4	5
面積(cm^2)					

❷ $6\times x=y$ の式で、x に7をあてはめると、
6×□＝□ 答え □

たいせつ
x にあてはめた数を x の値（あたい）といいます。そのときの y の表す数を x の値に対応する y の値といいます。

2 1本の重さが5gのくぎの本数と全体の重さについて考えます。 教科書 30ページ2

❶ くぎの本数を x 本、全体の重さを y g として、x と y の関係を式に表しましょう。
（　　　）

❷ ❶の式で、x に15をあてはめたときの y の表す数を求めましょう。
式

答え（　　　）

x や y などを使って表した式で、x や y にいろいろな値をあてはめられるときは、x や y を変数（へんすう）というんだよ。

基本3 式が表している意味がわかりますか。

☆ あきこさんは、えんぴつとノートと消しゴムを買いに行きました。右の表は、品物の値段(ねだん)を表しています。

えんぴつ１本の値段を x 円としたとき、$x\times5+50\times3$ という式はどんなことを表していますか。

品物	値段
えんぴつ	１本 x 円
ノート	１冊(さつ) 120 円
消しゴム	１個 50 円

とき方 えんぴつ１本が x 円、消しゴム１個が 50 円だから、

$x\times5$…えんぴつが［　　］本　　50×3…［　　　　］が３個

答え えんぴつ［　　］本と［　　　　］３個の代金

3 基本3 について、えんぴつを３本と、ノートを２冊買った代金を式に表しましょう。

教科書 31ページ 1

（　　　　　　　　　）

4 「面積が 18cm^2 で底辺 x cm の平行四辺形の高さは y cm です。」という場面を表す式は、次のあ、いのどちらですか。

教科書 31ページ 1

あ　$18\times x=y$　　い　$18\div x=y$

（　　　　　）

基本4 文字にあてはまる数を求めることができますか。

☆ 右のひし形のまわりの長さは 32 cm です。

❶ １辺の長さを x cm として、まわりの長さが 32 cm であることをかけ算の式に表しましょう。

❷ x にあてはまる数を求めましょう。

とき方 ❶ ひし形の１辺の長さを１cm、２cm、３cm、…に変えると

１辺の長さ × ４ ＝ まわりの長さなので、［　　］× ４ ＝［　　］

❷ 《１》 $x\times4=32$ の式で、x に８をあてはめると

［　　］× ４ ＝ 32 だから、x ＝［　　］

《２》 かけ算をわり算になおして考えると

$x\times4=32$

x ＝［　　］÷［　　］

x ＝［　　］

答え ❶［　　　　］　❷［　　］

たいせつ
わからない数量を文字を使って式に表すと、数量の関係がわかりやすくなり、文字にあてはまる数が求めやすくなります。

5 ４本の重さが 1.6 kg のジュースがあります。

教科書 32ページ 1

❶ ジュース１本を x kg として、４本の重さが 1.6 kg であることを式に表しましょう。

（　　　　　　　　　）

❷ x にあてはまる数を求めましょう。

（　　　　　　　　　）

ポイント x や y にいろいろな値をあてはめたり、x や y にあてはまる数を求めたりしてみよう。

勉強した日　月　日

教科書 28～34ページ　答え 3ページ

できた数　/11問中

1 文字を使った式　次のことがらを式に表しましょう。

❶ 120円よりx円高いおかしの代金

(　　　　　　)

❷ 15mのリボンからxm使ったときの残りの長さ

(　　　　　　)

❸ 1本280gのジュースをa本買ったときの重さ

(　　　　　　)

2 2つの文字を使った式　高さ6cmの平行四辺形があります。

❶ 底辺を4cmにします。面積は何cm^2になりますか。

(　　　　　　)

❷ 底辺を$x$cm、面積を$y\,cm^2$として、xとyの関係を式に表しましょう。

(　　　　　　)

❸ ❷の式で、xに8をあてはめたときのyの表す数を求めましょう。

(　　　　　　)

3 式のよみとり方　りんごが1個x円、バナナが1本30円、みかんが1個50円で売られています。次の式はどのようなことを表していますか。

❶ $x\times6$

(　　　　　　)

❷ $x+50\times5$

(　　　　　　)

❸ $x\times3+30\times6$

(　　　　　　)

4 文字にあてはまる数　しゅんさんは、池のまわりを4周すると2.4kmになりました。

❶ 池のまわりの道のりを$x$kmとして、4周の道のりが2.4kmであることをかけ算の式に表しましょう。

(　　　　　　)

❷ 池のまわりの道のりを求めましょう。

(　　　　　　)

1 文字を使った式

❶ x円高いのでたし算になります。

❷ xm使ったのでひき算になります。

❸ 280gがa本なのでかけ算になります。

2 2つの文字を使った式

底辺×高さ＝平行四辺形の面積

3 式のよみとり方

❷ xと50が出てくるので、りんごとみかんに関する式です。

❸ xと30が出てくるので、りんごとバナナに関する式です。

4 文字にあてはまる数

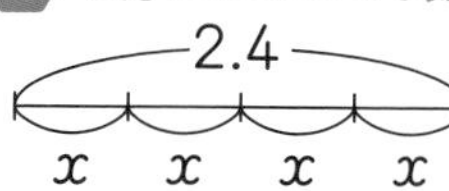

できるナビ　図形の面積や代金、おつりの求め方などを、もう一度確認(かくにん)しておきましょう。

勉強した日　月　日

まとめのテスト

教科書 28～34ページ　答え 3ページ

1 次のことがらを式に表しましょう。　1つ5〔15点〕

❶ 1m120円の布をxm買ったときの代金　(　　　　)

❷ 児童が15人、先生がa人いるときの人数の合計　(　　　　)

❸ まわりの長さが$x$cmのひし形の1辺の長さ　(　　　　)

2 正六角形の1辺の長さとまわりの長さの関係を調べます。　1つ6〔30点〕

❶ 1辺の長さを$x$cm、まわりの長さを$y$cmとして、xとyの関係を式に表しましょう。

(　　　　)

❷ 1辺の長さが3.5cmのとき、まわりの長さは何cmですか。

式

答え (　　　　)

❸ ❶の式で、xに7.5をあてはめたときのyの表す数を求めましょう。

式

答え (　　　　)

3 次の関係を、文字を使った式に表し、文字にあてはまる数を求めましょう。　1つ5〔20点〕

❶ x本のえんぴつを、3人で同じ数ずつ分けたら、1人分が6本になりました。

式

答え (　　　　)

❷ 1個の値段（ねだん）が250円のケーキをa個買った代金は、1500円になりました。

式

答え (　　　　)

4 1Lの値段が200円の油を買います。　1つ5〔25点〕

❶ 買った油の量をxL、代金をy円として、xとyの関係を式に表しましょう。

(　　　　)

❷ 油を4.5L買います。代金はいくらになりますか。

式

答え (　　　　)

❸ 油を買った代金が1500円になりました。買った油の量を求めましょう。

式

答え (　　　　)

チャレンジ!

5 1個180円のプリンを買って、120円の箱につめます。持っているお金が1000円のとき、プリンは何個まで買えますか。　〔10点〕

(　　　　)

ふろくの「計算練習ノート」2ページをやろう！

□ 文字を使った式に表すことができたかな？
□ 文字にあてはまる数を求めることができたかな？

勉強した日　月　日

分数のかけ算とわり算のしかたを考えよう

学習の目標
分数×整数、分数÷整数の計算のしかたを身につけよう。

教科書　36～41ページ　答え　3ページ

ふくしゅう　できるかな？

例　商を分数で表しましょう。

❶　2÷7　　❷　6÷13

考え方　わり算の商は、わられる数を分子、わる数を分母とする分数で表すことができます。約分できるときは、約分します。

❶　$2\div7=\frac{2}{7}$

❷　$6\div13=\frac{6}{13}$

問題　商を分数で表しましょう。

❶　5÷9　（　　）

❷　7÷3　（　　）

❸　23÷14　（　　）

基本1　分数×整数の計算ができますか。

☆ 次の計算をしましょう。　❶ $\frac{3}{7}\times2$　❷ $\frac{4}{9}\times5$

とき方　❶《1》　$\frac{3}{7}$…$\frac{1}{7}$が□個

$\frac{3}{7}\times2$…$\frac{1}{7}$が(□×□)個で$\frac{□}{7}$

$\frac{3}{7}\times2=\frac{□}{7}$　　答え □

《2》

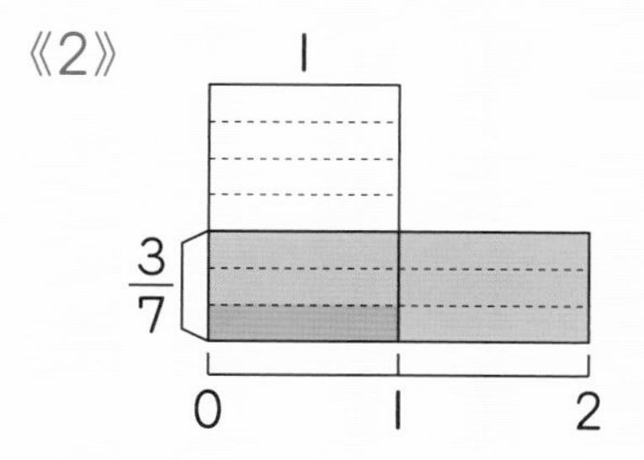

❷　$\frac{4}{9}\times5=\frac{4\times5}{9}=$□　　答え □

たいせつ
分数に整数をかける計算は、分母をそのままにし、分子にその整数をかけます。　$\frac{b}{a}\times c=\frac{b\times c}{a}$

1　1dLの生クリームに$\frac{2}{5}$dLのし質がふくまれています。この生クリーム4dLでは、し質は何dL ふくまれていますか。

教科書　37ページ1

式

答え（　　　　）

さんすうはかせ　いま使われているような分数が考え出されたのはインドで、それがヨーロッパに伝わったのは、800年ほど前のことだよ。

2 次の計算をしましょう。 教科書 38ページ 1

❶ $\frac{1}{7}\times3$　❷ $\frac{8}{9}\times2$　❸ $\frac{7}{5}\times4$

❹ $\frac{5}{8}\times7$　❺ $\frac{6}{13}\times3$　❻ $\frac{9}{8}\times8$

基本 2 分数÷整数の計算ができますか。

☆ 次の計算をしましょう。 ❶ $\frac{4}{5}\div3$　❷ $\frac{5}{7}\div4$

とき方 ❶《1》 $\frac{4}{5}\div3=\left(\frac{4}{5}\times5\right)\div(3\times5)$

$=\square\div\square=\square$

《2》

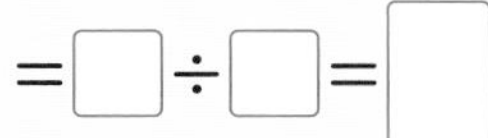

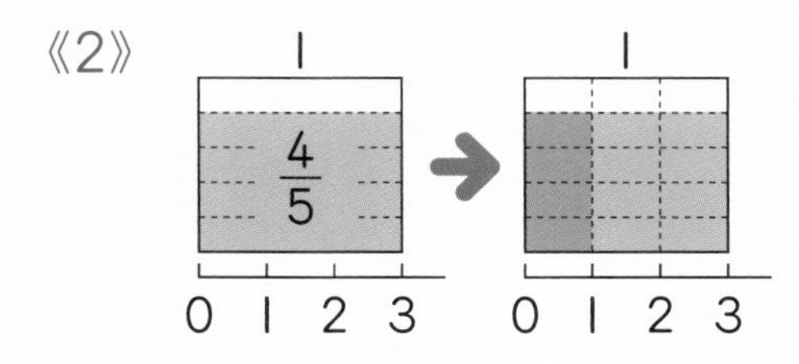

❷ $\frac{5}{7}\div4=\frac{5}{7\times4}=\square$

たいせつ
分数を整数でわる計算は、分子をそのままにし、分母にその整数をかけます。 $\frac{b}{a}\div c=\frac{b}{a\times c}$

答え ❶ $\square$　❷ $\square$

3 2dLの生クリームに$\frac{3}{5}$dLのし質がふくまれています。この生クリーム1dLでは、し質は何dLふくまれていますか。 教科書 39ページ 2

式

答え（　　　　　）

4 次の計算をしましょう。 教科書 41ページ 2

❶ $\frac{3}{4}\div5$　❷ $\frac{1}{7}\div7$　❸ $\frac{5}{6}\div3$

❹ $\frac{7}{8}\div4$　❺ $\frac{4}{9}\div7$　❻ $\frac{3}{5}\div10$

ポイント 分数×整数のときは、整数を分子に、分数÷整数のときは、整数を分母にかけます。

勉強した日　月　日

練習のワーク

教科書　36〜42ページ　　答え　3ページ

できた数　/14問中

1 分数×整数　次の計算をしましょう。

❶ $\frac{1}{8}\times3$　　❷ $\frac{4}{5}\times4$

❸ $\frac{11}{4}\times7$　　❹ $\frac{8}{17}\times6$

❺ $\frac{7}{8}\times8$　　❻ $\frac{6}{11}\times11$

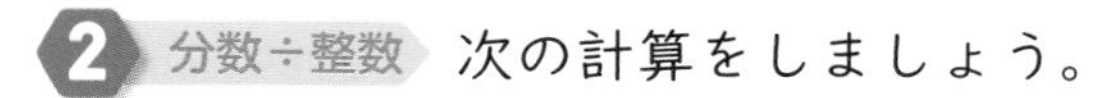

2 分数÷整数　次の計算をしましょう。

❶ $\frac{3}{10}\div2$　　❷ $\frac{7}{8}\div3$

❸ $\frac{13}{5}\div4$　　❹ $\frac{11}{9}\div6$

❺ $\frac{9}{16}\div4$　　❻ $\frac{25}{13}\div7$

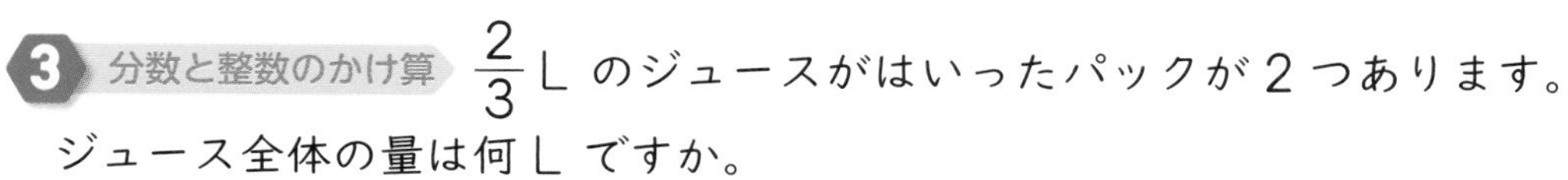

3 分数と整数のかけ算　$\frac{2}{3}$ L のジュースがはいったパックが 2 つあります。ジュース全体の量は何 L ですか。

式

答え（　　　　　）

4 分数と整数のわり算　$\frac{5}{6}$ m のひもがあります。このひもを 4 人で等分すると、1 人分は何 m になりますか。

式

答え（　　　　　）

てびき

1 分数×整数

たいせつ

分数×整数は、分母をそのままにし、分子に整数をかけます。

2 分数÷整数

たいせつ

分数÷整数は、分子をそのままにし、分母に整数をかけます。

3 分数と整数のかけ算

$\frac{2}{3}$ L が 2 つあるので、かけ算の式になります。

4 分数と整数のわり算

$\frac{5}{6}$ m を 4 等分するので、わり算の式になります。

できるナビ　分数に整数をかけるときは、分子に整数をかけます。分数を整数でわるときは、分母に整数をかけます。

まとめのテスト

得点　/100点

教科書　36〜42ページ　答え　3ページ

1 よく出る　次の計算をしましょう。　1つ6〔36点〕

❶ $\frac{2}{5}\times7$　　❷ $\frac{11}{9}\times8$

❸ $\frac{7}{13}\times13$　　❹ $\frac{3}{5}\div4$

❺ $\frac{6}{7}\div7$　　❻ $\frac{21}{8}\div10$

2 バター3kgの中には、し質が約$\frac{4}{5}$kgふくまれています。　1つ6〔24点〕

❶ バター1kgの中には、約何kgのし質がふくまれていますか。

式

答え（　　　）

❷ バター4kgの中には、約何kgのし質がふくまれていますか。

式

答え（　　　）

3 ゆきえさんの家では、1週間にしょうゆを$\frac{4}{5}$dL使いました。1日平均何dL使ったことになりますか。　1つ6〔12点〕

式

答え（　　　）

4 リボンを1人に$\frac{3}{8}$mずつ5人に配ります。リボンは全部で何m必要ですか。　1つ7〔14点〕

式

答え（　　　）

5 ジュースが$\frac{12}{5}$Lあります。このジュースを5人で等分すると、1人分は何Lになりますか。　1つ7〔14点〕

式

答え（　　　）

ふろくの「計算練習ノート」3〜4ページをやろう！

□分数×整数の計算ができたかな？
□分数÷整数の計算ができたかな？

1 分数をかける計算 ［その1］

学習の目標
分数×分数の計算のしかたを身につけよう。

基本のワーク

教科書 44～49ページ　答え 4ページ

基本 1 分子が1の分数をかける計算のしかたがわかりますか。

☆ 1dLでかべを $\frac{4}{7}$m² ぬれるペンキがあります。このペンキ $\frac{1}{5}$dL では何m² ぬれますか。

とき方 $\frac{1}{5}$dL でぬれる面積は、$\frac{4}{7}$m² の $\frac{1}{5}$ 倍になるので、式は、$\frac{4}{7}\times\frac{1}{5}$

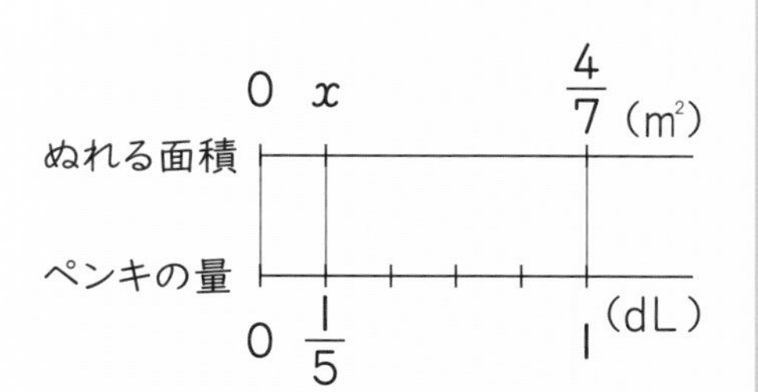

《1》 かける数を整数にすると、

$\frac{4}{7}\times\frac{1}{5}=\frac{4}{7}\times\left(\frac{1}{5}\times5\right)\div\square=\frac{4}{7}\div\square=\square$

《2》 図にかいて考えると、

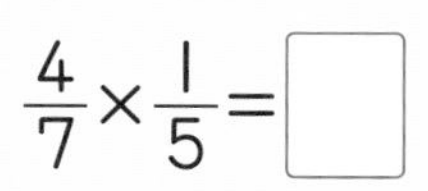

$\frac{4}{7}\times\frac{1}{5}=\square$

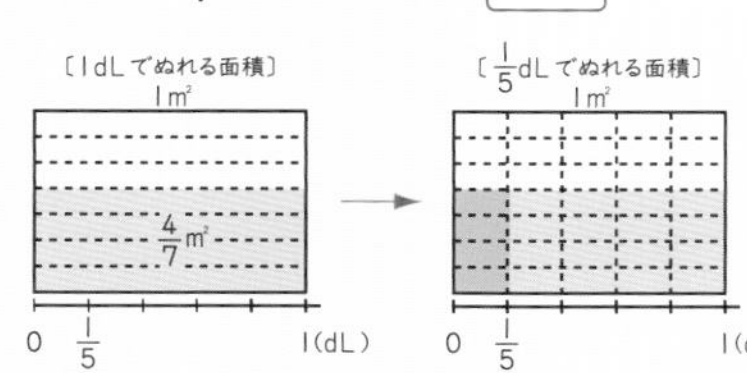

答え □ m²

1 1dLで $\frac{3}{5}$m² のかべをぬれるペンキがあります。このペンキ $\frac{1}{4}$dL では何m² ぬれますか。

教科書 45ページ1

式

答え（　　　　　）

基本 2 分数×分数の計算のしかたがわかりますか。

☆ 1dLでかべを $\frac{4}{7}$m² ぬれるペンキがあります。このペンキ $\frac{3}{5}$dL では何m² ぬれますか。

とき方 《1》 $\frac{3}{5}$ は $\frac{1}{5}$ の □ 倍だから、

$\frac{4}{7}\times\frac{3}{5}=\frac{4}{7}\times\frac{1}{5}\times3=\square\times3=\square$

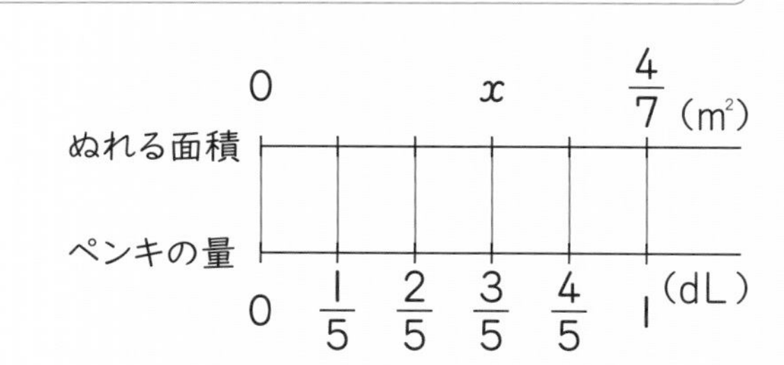

《2》 図にかいて考えると、

$\frac{4}{7}\times\frac{3}{5}=\square$

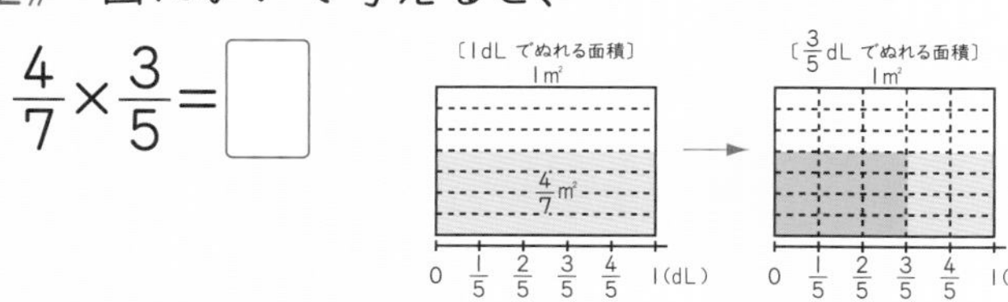

《3》 かける数を整数にすると、

$\frac{4}{7}\times\frac{3}{5}=\frac{4}{7}\times\left(\frac{3}{5}\times5\right)\div\square=\frac{4}{7}\times\square\div\square=\frac{4\times\square}{7\times\square}=\square$

答え □ m²

さんすうはかせ　2000年ほど前の中国の「九章算術（きゅうしょうさんじゅつ）」という本の中にも、分数のかけ算を使って土地の面積を求める問題がのっているんだって。

2 1 dL で $\frac{3}{7}$ m² のかべをぬれるペンキがあります。このペンキ $\frac{4}{5}$ dL では何 m² ぬれますか。

式

教科書 47ページ 2

答え（　　　　）

ふくしゅう

例　$\frac{3}{4}\times 5$ の計算をしましょう。

考え方　$\frac{3}{4}\times 5=\frac{3\times 5}{4}=\frac{15}{4}\left(3\frac{3}{4}\right)$

問題　次の計算をしましょう。

❶ $\frac{2}{3}\times 4$　　❷ $\frac{9}{7}\times 3$

基本 3　分数×分数は、どのようにして計算しますか。

☆ $\frac{4}{7}\times\frac{2}{5}$ の計算をしましょう。

とき方　分数をかける計算は、分母どうし、分子どうしをかけます。

$\frac{4}{7}\times\frac{2}{5}=\frac{4\times\square}{7\times\square}=\square$　　答え $\square$

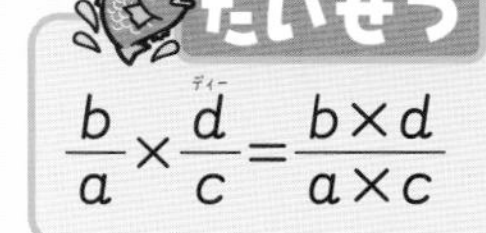

$\frac{b}{a}\times\frac{d}{c}=\frac{b\times d}{a\times c}$

3 次の計算をしましょう。

教科書 49ページ 2

❶ $\frac{2}{5}\times\frac{1}{5}$　　❷ $\frac{2}{3}\times\frac{1}{5}$　　❸ $\frac{3}{4}\times\frac{1}{7}$

❹ $\frac{3}{7}\times\frac{5}{8}$　　❺ $\frac{7}{9}\times\frac{4}{5}$　　❻ $\frac{10}{3}\times\frac{7}{9}$

❼ $\frac{1}{2}\times\frac{3}{8}$　　❽ $\frac{9}{8}\times\frac{3}{4}$　　❾ $\frac{11}{4}\times\frac{7}{6}$

4 2、3、4、5、6、7のカードが 1 枚(まい)ずつあります。

教科書 49ページ 3

❶ 右の式のア、イにカードをあてはめて、積がいちばん小さくなる計算の式をつくりましょう。

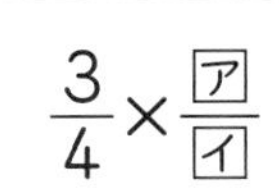

$\frac{3}{4}\times\frac{ア}{イ}$

ア（　　　　）　イ（　　　　）

❷ 右の式のア、イにカードをあてはめて、積がいちばん大きくなる計算の式をつくりましょう。

ア（　　　　）　イ（　　　　）

かける数を小さくすれば、積も小さくなるね。

ポイント　分数をかける計算は、分母どうし、分子どうしをかけます。

勉強した日　月　日

1 分数をかける計算 [その2]

基本のワーク

学習の目標
分数×分数、整数、帯分数のかけ算のしかたを身につけよう。

教科書 50～51ページ　答え 4ページ

基本1 計算のとちゅうで約分できる分数×分数の計算ができますか。

☆ $\frac{5}{6}\times\frac{3}{10}$ の計算をしましょう。

とき方 計算のとちゅうで約分できるときは、約分してから計算します。

《1》 $\frac{5}{6}\times\frac{3}{10}=\frac{5\times\square}{6\times\square}=\frac{\cancel{15}^{\square}}{\cancel{60}_{\square}}=\square$

《2》 $\frac{5}{6}\times\frac{3}{10}=\frac{\overset{1}{\cancel{5}}\times\overset{\square}{\cancel{3}}}{\underset{2}{\cancel{6}}\times\underset{\square}{\cancel{10}}}=\square$

たいせつ
計算のとちゅうで約分できるときは、約分してから計算するとかんたんです。

答え $\square$

1 次の計算をしましょう。　教科書 50ページ3

❶ $\frac{3}{8}\times\frac{4}{9}$

❷ $\frac{5}{9}\times\frac{9}{10}$

❸ $\frac{3}{10}\times\frac{2}{9}$

❹ $\frac{4}{7}\times\frac{3}{8}$

❺ $\frac{1}{5}\times\frac{5}{6}$

❻ $\frac{2}{3}\times\frac{7}{8}$

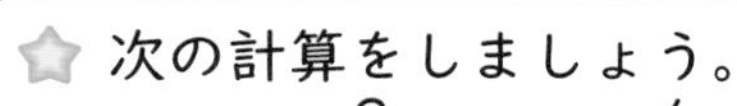

基本2 分数と整数のかけ算のしかたがわかりますか。

☆ 次の計算をしましょう。

❶ $2\times\frac{3}{5}$　❷ $\frac{4}{9}\times2$

とき方 2を $\frac{2}{1}$ と表して考えます。

❶ $2\times\frac{3}{5}=\frac{2}{\square}\times\frac{3}{5}=\frac{2\times3}{\square\times5}=\square$

❷ $\frac{4}{9}\times2=\frac{4}{9}\times\frac{2}{\square}=\frac{4\times2}{9\times\square}=\square$

答え $\square$

答え $\square$

さんすうはかせ　分数、分母、分子などのことばは、2000年以上も前の中国の「九章算術」という本がもとなんだって。

2 次の計算をしましょう。　　　　　　　　　　　　　教科書 50ページ4

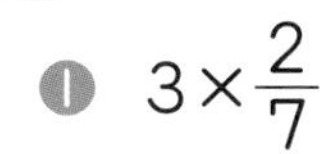

❶ $3\times\frac{2}{7}$　　　　❷ $4\times\frac{5}{9}$

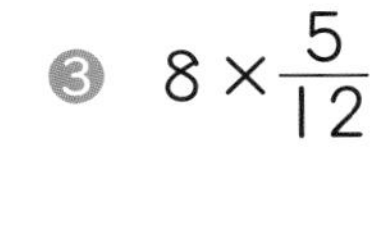

❸ $8\times\frac{5}{12}$　　　　❹ $6\times\frac{3}{10}$

❺ $\frac{2}{5}\times4$　　　　❻ $\frac{3}{8}\times2$

❼ $\frac{1}{12}\times8$　　　　❽ $\frac{3}{16}\times6$

基本 3 帯分数のかけ算のしかたがわかりますか。

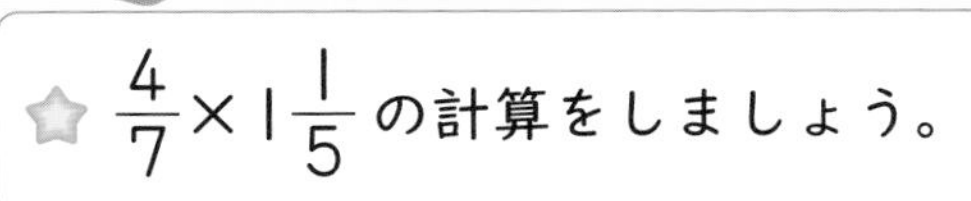

☆ $\frac{4}{7}\times1\frac{1}{5}$ の計算をしましょう。

とき方 帯分数のかけ算は、帯分数を仮分数になおすと、真分数のかけ算と同じように計算できます。

$\frac{4}{7}\times1\frac{1}{5}=\frac{4}{7}\times\frac{\square}{5}=\frac{4\times\square}{7\times5}=\square$

答え 

3 次の計算をしましょう。　　　　　　　　　　　　　教科書 51ページ5

❶ $\frac{3}{5}\times1\frac{3}{4}$　　　　❷ $\frac{3}{4}\times3\frac{1}{3}$

❸ $\frac{5}{6}\times2\frac{1}{4}$　　　　❹ $3\frac{1}{2}\times\frac{3}{5}$

❺ $2\frac{5}{8}\times\frac{4}{7}$　　　　❻ $2\frac{4}{7}\times\frac{5}{12}$

❼ $2\frac{1}{7}\times1\frac{2}{5}$　　　　❽ $2\frac{1}{12}\times1\frac{1}{15}$

ポイント かけ算の積を求めてから約分しても、計算のとちゅうで約分しても、答えは同じになります。
約分してから計算するほうが、かんたんです。

1 分数をかける計算 [その3]

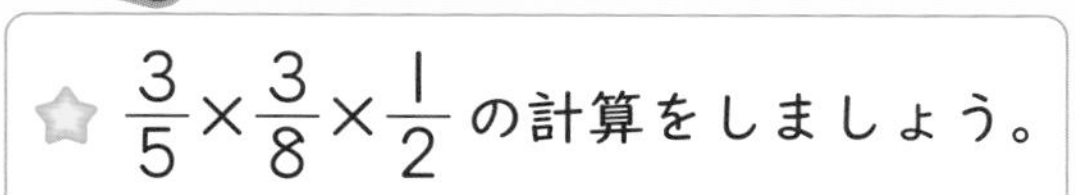
2 分数のかけ算を使う問題 [その1]

基本のワーク

学習の目標
面積や道のりなどを求める公式を使って、いろいろな分数の計算をしよう。

教科書 51〜54ページ　答え 4ページ

基本1 いくつもの分数のかけ算ができますか。

☆ $\frac{3}{5}\times\frac{3}{8}\times\frac{1}{2}$ の計算をしましょう。

とき方 $\frac{3}{5}\times\frac{3}{8}\times\frac{1}{2}=\frac{3\times\square\times\square}{5\times\square\times\square}=\square$　　答え $\square$

たいせつ
いくつもの分数のかけ算は、分母どうし、分子どうしをまとめてかけると、計算できます。

1 次の計算をしましょう。　教科書 51ページ6

❶ $\frac{5}{7}\times\frac{1}{5}\times\frac{14}{15}$　　❷ $\frac{5}{7}\times\frac{3}{5}\times\frac{7}{9}$

❸ $\frac{2}{3}\times2\frac{4}{5}\times4\frac{2}{7}$　　❹ $4\frac{1}{5}\times2\frac{1}{7}\times\frac{1}{9}$

基本2 分数のかけ算で、かける数と積の大きさの関係がわかりますか。

☆ 積が 15 より大きくなるのはどれですか。

Ⓐあ $15\times\frac{3}{4}$　　い $15\times\frac{2}{3}$　　う $15\times\frac{7}{6}$

とき方 かける数が 1 より大きいとき、積はかけられる数より $\square$ なります。かける数が 1 より小さいとき、積はかけられる数より $\square$ なります。

あ $15\times\frac{3}{4}=\square$　　い $15\times\frac{2}{3}=\frac{\overset{5}{\cancel{15}}\times2}{\underset{1}{\cancel{3}}}=\square$　　う $15\times\frac{7}{6}=\frac{\overset{5}{\cancel{15}}\times7}{\underset{2}{\cancel{6}}}=\square$

たいせつ
かける数＞1　のとき、積＞かけられる数
かける数＝1　のとき、積＝かけられる数
かける数＜1　のとき、積＜かけられる数

答え $\square$

2 計算をしないで、積が $\frac{2}{3}$ より大きくなるものを選びましょう。　教科書 52ページ8

あ $\frac{2}{3}\times\frac{3}{4}$　　い $\frac{2}{3}\times\frac{4}{3}$　　う $\frac{2}{3}\times\frac{4}{5}$　　え $\frac{2}{3}\times2\frac{3}{4}$

（　　　　）

1 時間＝60 分、1 分＝60 秒のように、時間は 60 倍ごとに単位が変わるね。これは古代バビロニア人の考えが元になっているんだよ。

基本 3 面積や体積の公式に、分数は使えますか。

☆ 縦（たて）$\frac{2}{5}$m、横 $\frac{3}{4}$m の長方形の面積は何 m² ですか。

たいせつ

長さが分数のときも、整数のときと同じように、面積や体積の公式を使うことができます。

とき方 右の図で、㋐の面積は $\frac{1}{5\times4}$m² で、色のついた部分の面積は、その(2×3)個分になっています。

$$\frac{1}{5\times4}\times(2\times3)=\frac{\overset{1}{\cancel{2}}\times3}{5\times\underset{2}{\cancel{4}}}=\square$$

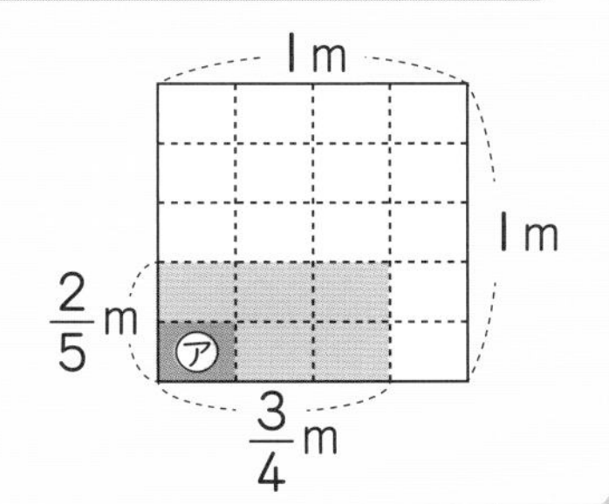

答え □ m²

3 次の図形の面積や立体の体積を求めましょう。 教科書 53ページ 1

❶ 縦 $1\frac{2}{3}$cm、横 $1\frac{2}{5}$cm の長方形

（　　　　　　）

❷ 1辺が $\frac{3}{5}$m の正方形

（　　　　　　）

❸ 底辺 $\frac{4}{5}$cm、高さ $\frac{3}{8}$cm の平行四辺形

（　　　　　　）

❹ 縦 $\frac{5}{7}$m、横 $1\frac{1}{6}$m、高さ $\frac{8}{9}$m の直方体

（　　　　　　）

基本 4 速さの公式に、分数は使えますか。

☆ 時速 40km で走るバスが 1 時間 45 分で走る道のりを求めましょう。

とき方 45 分 $=\frac{\square}{60}$ 時間 $=\square$ 時間なので、

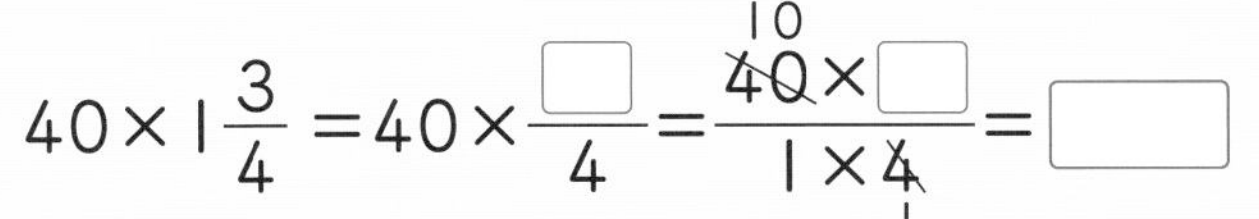

$$40\times1\frac{3}{4}=40\times\frac{\square}{4}=\frac{\overset{10}{\cancel{40}}\times\square}{1\times\underset{1}{\cancel{4}}}=\square$$

答え □ km

ヒント

道のり＝速さ×時間

4 次の道のりを求めましょう。 教科書 54ページ 2

❶ 時速 5km で歩く人が、24 分間に歩く道のり

式

答え（　　　　　　）

❷ 時速 48km で走る自動車が 1 時間 10 分で走る道のり

式

答え（　　　　　　）

ポイント 正方形の面積＝1辺×1辺、長方形の面積＝縦×横、
平行四辺形の面積＝底辺×高さ、直方体の体積＝縦×横×高さ

勉強した日　月　日

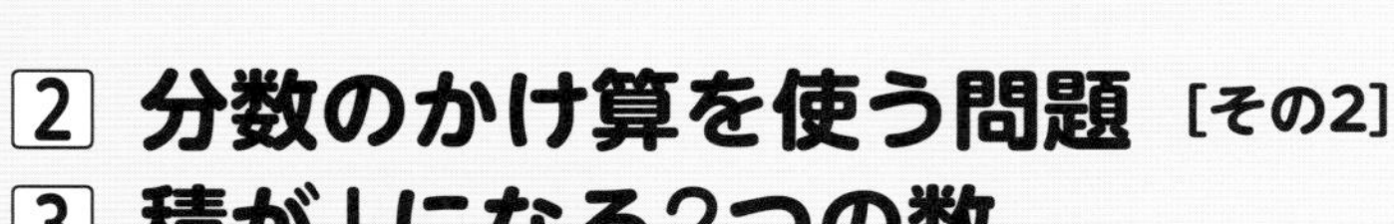

② 分数のかけ算を使う問題［その2］
③ 積が1になる2つの数

基本のワーク

学習の目標
逆数を求めることや、いろいろな計算ができるようになろう。

教科書 55〜57ページ　答え 5ページ

基本1 計算のきまりを使って、分数の計算ができますか。

☆ 次の2つの式を計算しましょう。

❶ $\left(\frac{1}{4}\times\frac{3}{5}\right)\times\frac{6}{7}$、$\frac{1}{4}\times\left(\frac{3}{5}\times\frac{6}{7}\right)$　❷ $\frac{1}{5}\times\left(\frac{1}{7}+\frac{2}{7}\right)$、$\frac{1}{5}\times\frac{1}{7}+\frac{1}{5}\times\frac{2}{7}$

とき方 ❶ $\left(\frac{1}{4}\times\frac{3}{5}\right)\times\frac{6}{7}=\square\times\frac{6}{7}=\square$、

$\frac{1}{4}\times\left(\frac{3}{5}\times\frac{6}{7}\right)=\frac{1}{4}\times\square=\square$

❷ $\frac{1}{5}\times\left(\frac{1}{7}+\frac{2}{7}\right)=\frac{1}{5}\times\square=\square$、

$\frac{1}{5}\times\frac{1}{7}+\frac{1}{5}\times\frac{2}{7}=\frac{1}{35}+\square=\square$

たいせつ

$a\times b=b\times a$
$(a\times b)\times c=a\times(b\times c)$
$(a+b)\times c=a\times c+b\times c$
$(a-b)\times c=a\times c-b\times c$

答え ❶ □、□　❷ □、□

1 くふうして計算しましょう。　教科書 55ページ 3 4

❶ $\left(\frac{8}{9}\times\frac{3}{4}\right)\times\frac{4}{3}$　❷ $\left(\frac{5}{12}+\frac{3}{8}\right)\times24$　❸ $\frac{4}{7}\times\frac{2}{3}-\frac{3}{7}\times\frac{2}{3}$

基本2 積が 1 になる 2 つの数と逆数がわかりますか。

☆ 右のような長方形の面積を求めましょう。

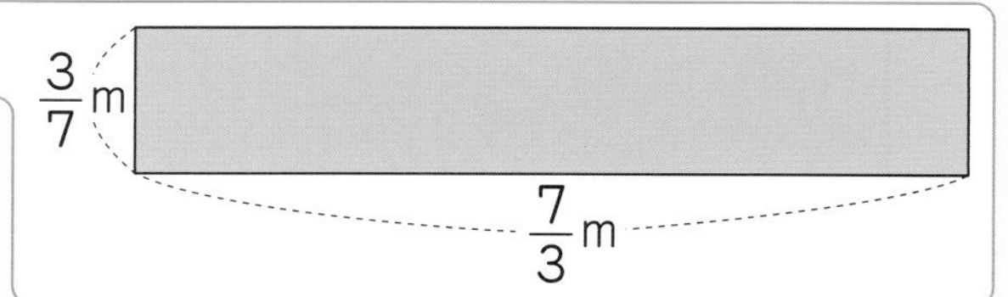

とき方 $\frac{3}{7}\times\frac{7}{3}=\frac{\overset{\square}{\cancel{3}}\times\overset{\square}{\cancel{7}}}{\underset{\square}{\cancel{7}}\times\underset{\square}{\cancel{3}}}=\square$

$\frac{3}{7}$と$\frac{7}{3}$のように、2つの数の積が1になるとき、一方の数をもう一方の数の□といいます。真分数や仮分数の逆数(ぎゃくすう)は、分母と分子を入れかえた数です。

たいせつ
$\frac{b}{a}$の逆数…$\frac{a}{b}$

答え □ m^2

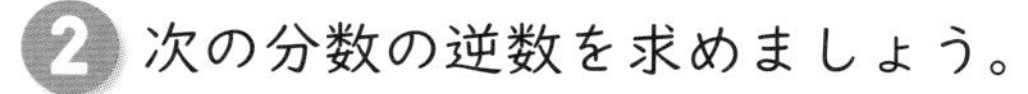

2 次の分数の逆数を求めましょう。　教科書 56ページ 1

❶ $\frac{1}{2}$　❷ $\frac{9}{7}$　❸ $\frac{15}{8}$

(　　)　(　　)　(　　)

さんすうはかせ 円周率のように、くり返しのない数がいつまでも続く小数は、分数になおすことができないよ。

基本 3 帯分数、整数、小数の逆数を求めることができますか。

☆ 次の数の逆数を求めましょう。　❶ $1\frac{1}{3}$　❷ 7　❸ 0.9

とき方 ❶ 帯分数を仮分数になおすと、$1\frac{1}{3}=\frac{\square}{3}$ なので、逆数は $\square$　**答え** $\square$

❷ 整数を分数になおすと、$7=\frac{7}{\square}$ なので、逆数は $\square$　**答え** $\square$

❸ 小数を分数になおすと、$0.9=\frac{9}{\square}$ なので、逆数は $\square$　**答え** $\square$

3 次の数の逆数を求めましょう。 教科書 56ページ 1

❶ $1\frac{3}{4}$　(　　　　)　❷ $2\frac{2}{3}$　(　　　　)　❸ 2　(　　　　)

❹ 9　(　　　　)　❺ 0.7　(　　　　)　❻ 2.9　(　　　　)

基本 4 数直線図を使って式をつくることができますか。

☆ 1Lの値段(ねだん)が200円のジュースがあります。このジュース $\frac{3}{4}$ Lの代金は何円ですか。

とき方 図に表して考えます。

《1》 もし、ジュースが3Lなら
200×3なので、かけ算で求めます。
$200\times\frac{3}{4}=\square$

《2》 $\frac{3}{4}$ Lは $\frac{1}{4}$ Lの $\square$ 倍で、$\frac{1}{4}$ Lのときの代金は、 $200\times\square=\square$

だから、$\square\times3=\square$

代金　0　□　x　200(円)
量　0　$\frac{1}{4}$　$\frac{3}{4}$　1(L)

答え $\square$ 円

4 1mの重さが800gの鉄の棒(ぼう)があります。 教科書 57ページ

❶ 鉄の棒 $\frac{2}{5}$ mの重さは何gですか。

式

答え (　　　　)

❷ 鉄の棒 $1\frac{7}{8}$ mの重さは何gですか。

式

答え (　　　　)

ポイント 帯分数や整数、小数の逆数は、まず仮分数や真分数になおしてから、分母と分子を入れかえます。

勉強した日　月　日

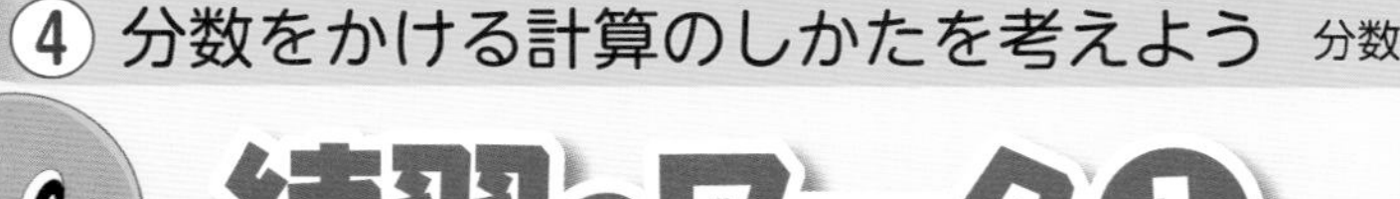

練習のワーク①

教科書 44～58ページ　答え 5ページ

できた数　/14問中

1 分数のかけ算　次の計算をしましょう。

❶ $\frac{5}{6}\times\frac{5}{8}$　❷ $\frac{5}{6}\times\frac{2}{7}$

❸ $\frac{4}{9}\times\frac{3}{8}$　❹ $4\times\frac{3}{5}$

❺ $1\frac{7}{8}\times\frac{2}{3}$　❻ $\frac{5}{8}\times\frac{6}{7}\times\frac{7}{9}$

❼ $\left(\frac{6}{7}+\frac{2}{3}\right)\times 21$　❽ $\frac{5}{11}\times\frac{8}{9}+\frac{6}{11}\times\frac{8}{9}$

2 図形の面積　底辺が $\frac{11}{3}$ cm、高さが $\frac{9}{4}$ cm の平行四辺形の面積は何 cm^2 ですか。

式

$\frac{9}{4}$ cm

$\frac{11}{3}$ cm

答え（　　　　　）

3 逆数　次の数の逆数（ぎゃくすう）を求めましょう。

❶ $\frac{1}{7}$　❷ $\frac{10}{3}$　❸ 4　❹ 1.5

（　　　）（　　　）（　　　）（　　　）

4 代金の問題　1kg の値段（ねだん）が 400 円のトマトがあります。このトマト $1\frac{5}{8}$ kg の代金は何円ですか。

式

答え（　　　　　）

てびき

1 分数のかけ算

たいせつ

$\frac{b}{a}\times\frac{d}{c}=\frac{b\times d}{a\times c}$

計算のとちゅうで約分できるときは、約分してから計算します。
整数に分数をかける場合、整数を分母が1の分数になおしてから計算します。
帯分数のかけ算は、帯分数を仮分数になおして計算します。

❼ $(a+b)\times c$
$=a\times c+b\times c$

❽ $a\times c+b\times c$
$=(a+b)\times c$

2 図形の面積

平行四辺形の面積
＝底辺×高さ

3 逆数

たいせつ

2つの数の積が1になるとき、一方の数をもう一方の**逆数**といいます。

$\frac{b}{a}$ の逆数…$\frac{a}{b}$

整数や小数の逆数は、分数になおしてから考えます。

4 代金の問題

数直線に表して式を考えます。2kg なら式は 400×2 なので、$1\frac{5}{8}$ kg のときもかけ算で求めます。

できるナビ　分数のかけ算では、計算のとちゅうで約分できないかチェックする習慣をつけると、計算が速く、かんたんにできるようになります。

練習のワーク②

教科書 44～58ページ　答え 5ページ

1 分数のかけ算　次の計算をしましょう。

❶ $\frac{5}{8}\times\frac{1}{5}$　❷ $\frac{2}{3}\times\frac{9}{4}$

❸ $\frac{3}{4}\times5$　❹ $2\frac{7}{9}\times3\frac{3}{5}$

❺ $\frac{15}{16}\times\frac{7}{9}\times5\frac{1}{7}$　❻ $\frac{4}{7}\times\frac{11}{12}-\frac{3}{7}\times\frac{11}{12}$

2 かける数と積の大きさ　積が 24 より大きくなるものを選びましょう。

㋐ $24\times\frac{8}{9}$　㋑ $24\times\frac{7}{5}$　㋒ $24\times1\frac{1}{8}$　㋓ $24\times\frac{15}{16}$

(　　　　)

3 道のりの問題　時速 72km で走る電車が 2 時間 10 分で走る道のりを求めましょう。

式

答え (　　　　)

4 逆数　次の数の逆数を求めましょう。

❶ $\frac{8}{15}$　❷ $3\frac{2}{5}$　❸ 0.3　❹ 4.8

(　　　　) (　　　　) (　　　　) (　　　　)

5 重さの問題　1m の重さが $1\frac{5}{7}$kg の鉄の棒(ぼう)があります。この鉄の棒 $3\frac{1}{9}$m の重さは何 kg ですか。

式

答え (　　　　)

てびき

1 分数のかけ算

❸分数に整数をかける場合、整数を分母が 1 の分数になおしてから計算します。

❻ $a\times c-b\times c$
$=(a-b)\times c$

2 かける数と積の大きさ

かける数＞ 1…
積＞かけられる数
かける数＝ 1…
積＝かけられる数
かける数＜ 1…
積＜かけられる数

3 道のりの問題

たいせつ

道のり
＝速さ×時間

10 分を、時間の単位にして表します。

4 逆数

帯分数の逆数は、仮分数になおしてから考えます。

5 重さの問題

数直線に表して式を考えます。3m なら式は $1\frac{5}{7}\times3$ なので、$3\frac{1}{9}$m のときもかけ算で求めます。

できるナビ　文章題では、文章中の数値が何を表しているのか理解しましょう。わかりにくいときは、図や表にまとめてから式を考えましょう。

まとめのテスト①

教科書 44～58ページ　答え 6ページ

時間 20分　得点 /100点

1 よく出る 次の計算をしましょう。　1つ5〔40点〕

❶ $\frac{3}{5}\times\frac{4}{7}$　❷ $\frac{9}{5}\times\frac{3}{8}$　❸ $\frac{2}{9}\times\frac{3}{8}$

❹ $6\times\frac{2}{15}$　❺ $1\frac{3}{4}\times\frac{2}{7}$　❻ $2\frac{1}{4}\times1\frac{5}{6}$

❼ $\frac{6}{5}\times2\frac{3}{11}\times\frac{7}{9}$　❽ $\frac{3}{13}\times\frac{5}{9}+\frac{3}{13}\times\frac{4}{9}$

2 1dL のペンキで、板を $\frac{5}{8}$m² ぬれました。　1つ6〔24点〕

❶ このペンキ $\frac{3}{7}$dL では、板を何m² ぬれますか。

式

答え（　　　）

❷ このペンキ $2\frac{2}{9}$dL では、板を何m² ぬれますか。

式

答え（　　　）

3 [2]、[3]、[5]、[7]、[8]、[9]のカードが1枚(まい)ずつあります。□の中にカードをあてはめて、積がいちばん小さくなる計算式をつくり、積を求めましょう。　1つ3〔6点〕

$\frac{3}{5}\times\frac{\square}{\square}$

（　　　）

4 よく出る 縦(たて)が $\frac{9}{8}$m、横が $2\frac{2}{15}$m の長方形の面積は何m² ですか。　1つ5〔10点〕

式

答え（　　　）

5 次の数の逆数(ぎゃくすう)を求めましょう。　1つ5〔20点〕

❶ $\frac{5}{6}$　❷ $\frac{9}{4}$　❸ 5　❹ 0.6

（　　　）（　　　）（　　　）（　　　）

チェック
□ 分数のかけ算ができたかな？
□ 逆数を求めることができたかな？

まとめのテスト②

教科書 44〜58ページ　答え 6ページ

時間 20分　得点 /100点

1 よく出る 次の計算をしましょう。 1つ5〔40点〕

❶ $\frac{5}{6}\times\frac{7}{3}$　❷ $\frac{2}{7}\times\frac{3}{4}$　❸ $\frac{4}{15}\times\frac{9}{16}$

❹ $6\frac{2}{3}\times1\frac{4}{5}$　❺ $1\frac{1}{7}\times3\frac{3}{4}$　❻ $\frac{9}{14}\times2\frac{5}{6}\times\frac{7}{15}$

❼ $\left(\frac{9}{2}+\frac{15}{4}\right)\times8$　❽ $\frac{7}{9}\times\frac{2}{5}-\frac{5}{18}\times\frac{2}{5}$

2 積が $\frac{7}{5}$ より小さくなるものを選びましょう。 〔6点〕

Ⓐ $\frac{7}{5}\times\frac{15}{16}$　Ⓘ $\frac{7}{5}\times1\frac{2}{15}$　Ⓤ $\frac{7}{5}\times\frac{13}{21}$　Ⓔ $\frac{7}{5}\times\frac{12}{11}$

（　　　）

3 次の道のりを求めましょう。 1つ5〔20点〕

❶ 時速 9km で走る人が、40 分間に走る道のり

式

答え（　　　）

❷ 分速 450m で走るバスが、2 分 20 秒で走る道のり

式

答え（　　　）

4 よく出る 縦（たて）が $\frac{2}{5}$m、横が $\frac{3}{5}$m、高さが $2\frac{1}{12}$m の直方体の体積は何 m^3 ですか。 1つ5〔10点〕

式

答え（　　　）

5 1L の値段（ねだん）が 250 円の牛乳（ぎゅうにゅう）があります。 1つ6〔24点〕

❶ この牛乳 $\frac{2}{5}$L の代金は何円ですか。

式

答え（　　　）

❷ この牛乳 3.6L の代金は何円ですか。

式

答え（　　　）

ふろくの「計算練習ノート」5〜9ページをやろう！

□計算のきまりを使って、くふうして計算できたかな？
□小数や時間を分数を使って表すことができたかな？

1 分数でわる計算［その1］

学習の目標
分数÷分数の計算のしかたを身につけよう。

基本のワーク

教科書 60〜66ページ　答え 6ページ

基本 1　分子が 1 の分数でわるときの、分数÷分数の計算のしかたがわかりますか。

☆ $\frac{1}{5}$dL で $\frac{4}{7}$m² のかべをぬることができるペンキ 1dL では、何m² のかべをぬれますか。

とき方

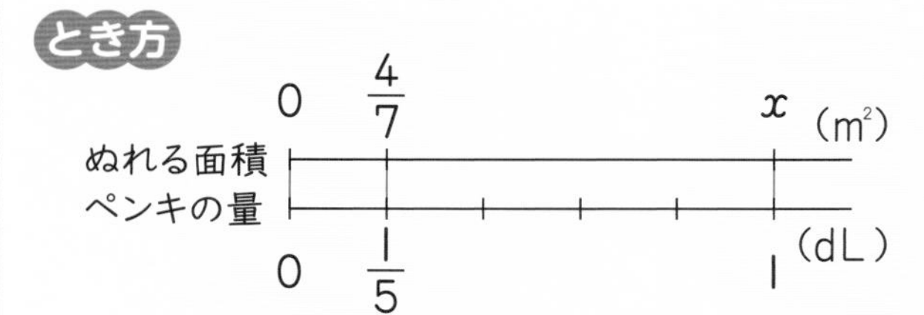

$x\times\frac{1}{5}=\frac{4}{7}$ の x を求めるので、

式は、$\frac{4}{7}\div\frac{1}{5}$

《1》 わる数を整数にします。

$\frac{4}{7}\div\frac{1}{5}=(\frac{4}{7}\times\square)\div(\frac{1}{5}\times5)=(\frac{4}{7}\times5)\div\square=\frac{4\times\square}{7}=\square$

《2》 図にかいて考えます。

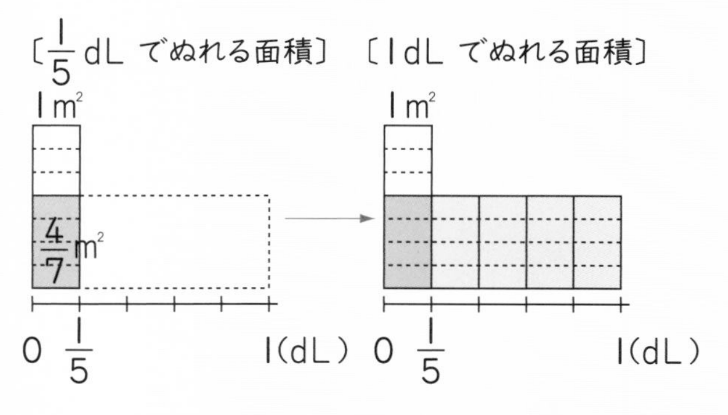

答え $\square$ m²

1 $\frac{1}{5}$L の重さが $\frac{2}{3}$kg の砂(すな)があります。この砂 1L の重さは何kg ですか。  教科書 61ページ1

式

答え（　　　）

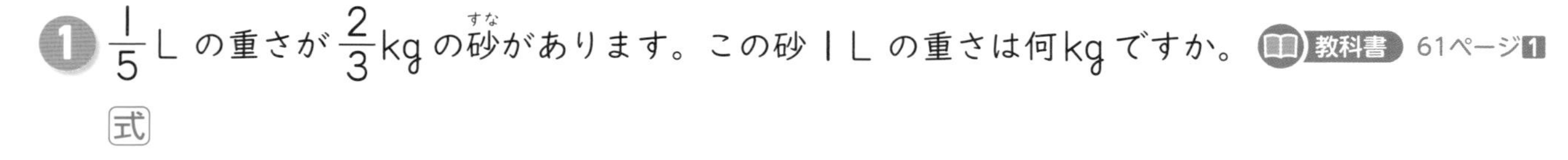

基本 2　わる数の分子が 1 でないときの、分数÷分数の計算のしかたがわかりますか。

☆ $\frac{3}{5}$dL で $\frac{4}{7}$m² のかべをぬることができるペンキ 1dL では、何m² のかべをぬれますか。

とき方

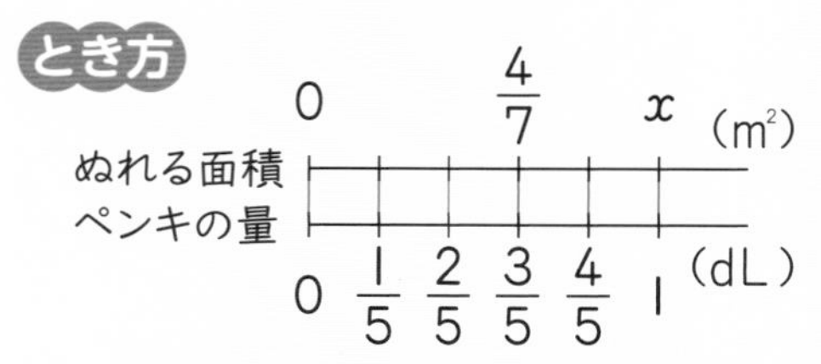

《1》 わる数を整数にします。

$\frac{4}{7}\div\frac{3}{5}=(\frac{4}{7}\times\square)\div(\frac{3}{5}\times5)$

$=(\frac{4}{7}\times5)\div\square=\frac{4\times\square}{7\times\square}$

$=\square$

《2》 逆数(ぎゃくすう)をかけて、わる数を 1 にします。

$\frac{4}{7}\div\frac{3}{5}=(\frac{4}{7}\times\square)\div(\frac{3}{5}\times\frac{5}{3})$

$=(\frac{4}{7}\times\square)\div1=\square$

《3》 図にかいて考えます。

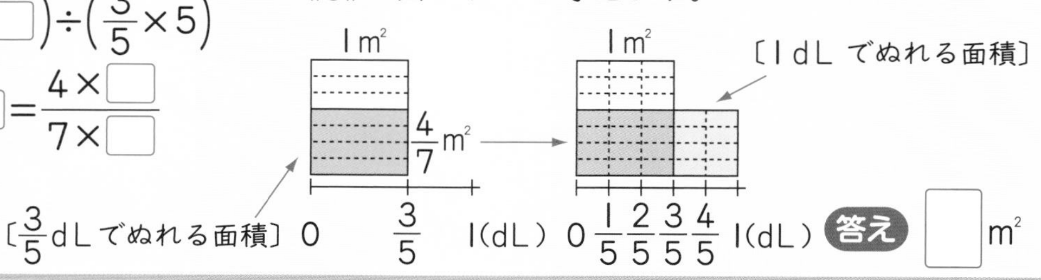

答え $\square$ m²

さんすうはかせ
分数は日本では、分母→分子の順に読むけど、英語では、分子→分母の順に読むんだよ。
たとえば 3 分の 2 は two(トゥー) thirds(サーズ)と読むよ。

2 $\frac{5}{7}$L の重さが $\frac{2}{3}$kg の砂があります。この砂 1L の重さは何kg ですか。 教科書 63ページ2

式

答え（　　　　　　）

ふくしゅう

できるかな？

例 $\frac{5}{4}\div 3$ の計算をしましょう。

考え方 $\frac{5}{4}\div 3=\frac{5}{4\times 3}=\frac{5}{12}$

問題 次の計算をしましょう。

❶ $\frac{2}{7}\div 5$　　❷ $\frac{5}{3}\div 4$

基本 3　分数÷分数はどのようにして計算しますか。

☆ $\frac{1}{6}\div\frac{3}{5}$ の計算をしましょう。

とき方 分数÷分数の計算は、わる数の逆数をかけます。

$\frac{1}{6}\div\frac{3}{5}=\frac{1}{6}\times\frac{\square}{\square}=\frac{1\times\square}{6\times\square}=\square$

$\square$

$\frac{b}{a}\div\frac{d}{c}=\frac{b}{a}\times\frac{c}{d}=\frac{b\times c}{a\times d}$

3 次の計算をしましょう。 教科書 65ページ2

❶ $\frac{2}{3}\div\frac{3}{5}$　❷ $\frac{1}{4}\div\frac{2}{3}$　❸ $\frac{1}{3}\div\frac{6}{7}$　❹ $\frac{3}{5}\div\frac{5}{6}$

❺ $\frac{2}{5}\div\frac{5}{8}$　❻ $\frac{4}{7}\div\frac{5}{6}$　❼ $\frac{8}{7}\div\frac{3}{5}$　❽ $\frac{3}{7}\div\frac{5}{2}$

基本 4　約分できる分数÷分数の計算ができますか。

☆ $\frac{3}{8}\div\frac{9}{10}$ の計算をしましょう。

とき方 $\frac{3}{8}\div\frac{9}{10}=\frac{3}{8}\times\frac{10}{9}=\frac{\overset{1}{\cancel{3}}\times\overset{\square}{\cancel{10}}}{\underset{\square}{\cancel{8}}\times\underset{\square}{\cancel{9}}}=\square$

答え $\square$

分数のかけ算と同じように、約分してから計算すると、かんたんです。

4 次の計算をしましょう。

❶ $\frac{3}{8}\div\frac{3}{4}$　❷ $\frac{5}{8}\div\frac{5}{6}$　❸ $\frac{2}{5}\div\frac{4}{3}$　❹ $\frac{4}{9}\div\frac{2}{7}$

❺ $\frac{2}{3}\div\frac{5}{9}$　❻ $\frac{3}{8}\div\frac{1}{6}$　❼ $\frac{7}{4}\div\frac{3}{8}$　❽ $\frac{9}{14}\div\frac{12}{7}$

ポイント 分数÷分数の計算は、わる数の逆数をかけるかけ算になおし、約分できるものは約分してから計算します。

勉強した日　月　日

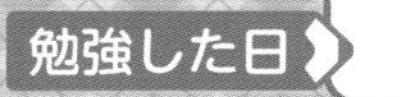

1 分数でわる計算 [その2]

基本のワーク

学習の目標
分数と整数、帯分数のわり算のしかたを身につけよう。

教科書 66～68ページ　答え 6ページ

基本1 分数と整数のわり算のしかたがわかりますか。

☆ 次の計算をしましょう。 ❶ $3\div\frac{2}{5}$ ❷ $\frac{3}{4}\div5$

とき方 3 を $\frac{3}{1}$、5 を $\frac{5}{1}$ と表して考えます。

❶ $3\div\frac{2}{5}=\frac{3}{\square}\div\frac{2}{5}$

$=\frac{3}{\square}\times\frac{\square}{\square}$

$=\frac{3\times\square}{\square\times\square}$

$=\square$　答え $\square$

❷ $\frac{3}{4}\div5=\frac{3}{4}\div\frac{5}{\square}$

$=\frac{3}{4}\times\frac{\square}{\square}$

$=\frac{3\times\square}{4\times\square}$

$=\square$　答え $\square$

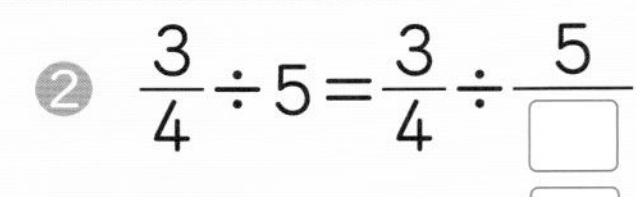

さんこう
答えが仮分数のときは、帯分数でも表せます。

1 次の計算をしましょう。 教科書 66ページ4

❶ $3\div\frac{4}{7}$　❷ $8\div\frac{4}{3}$

❸ $\frac{2}{3}\div6$　❹ $\frac{3}{4}\div12$

基本2 帯分数のわり算のしかたがわかりますか。

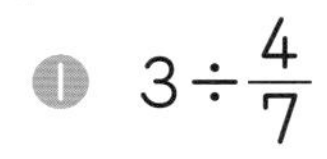

☆ $\frac{3}{7}\div1\frac{1}{4}$ の計算をしましょう。

とき方 帯分数のわり算は、帯分数を仮分数になおして計算します。

$\frac{3}{7}\div1\frac{1}{4}=\frac{3}{7}\div\frac{\square}{\square}=\frac{3}{7}\times\frac{\square}{\square}=\frac{3\times\square}{7\times\square}=\square$　答え $\square$

2 次の計算をしましょう。 教科書 67ページ5

❶ $\frac{3}{4}\div1\frac{1}{8}$　❷ $1\frac{1}{6}\div\frac{3}{8}$

❸ $2\frac{5}{6}\div3\frac{1}{2}$　❹ $4\frac{7}{8}\div3\frac{1}{4}$

さんすうはかせ
分数のかけ算は分母どうし、分子どうしをかけるけど、実はわり算も分母どうし、分子どうしをわると正しい答えになるんだよ。わりきれる数でためしてみて。

基本 3 わる数を逆数にして、かけ算だけの式にできますか。

☆ $\frac{3}{10}\times\frac{5}{6}\div\frac{3}{8}$ の計算をしましょう。

とき方 $\frac{3}{10}\times\frac{5}{6}\div\frac{3}{8}=\frac{3}{10}\times\frac{5}{6}\times\frac{\square}{\square}$

$=\frac{\overset{1}{\cancel{3}}\times\overset{1}{\cancel{5}}\times\overset{\overset{2}{\cancel{4}}}{\cancel{8}}}{\underset{\underset{1}{\cancel{2}}}{\cancel{10}}\times\underset{3}{\cancel{6}}\times\underset{1}{\cancel{3}}}=\square$

分数のかけ算とわり算がまじった計算は、わる数を逆数にすることで、すべてかけ算の計算にまとめることができます。

答え □

3 次の計算をしましょう。 教科書 67ページ6

❶ $\frac{1}{6}\times\frac{7}{9}\div\frac{7}{12}$

❷ $\frac{3}{4}\times\frac{5}{6}\div\frac{10}{11}$

❸ $\frac{8}{9}\div\frac{2}{5}\times\frac{3}{7}$

❹ $\frac{2}{3}\div\frac{4}{5}\times\frac{3}{10}$

❺ $\frac{7}{8}\div\frac{3}{4}\div\frac{5}{9}$

❻ $\frac{5}{12}\div\frac{3}{4}\div\frac{5}{9}$

基本 4 分数と小数がまじったわり算ができますか。

☆ $0.3\div\frac{4}{5}$ の計算をしましょう。

とき方 《1》 小数にして考えます。

$\frac{4}{5}=\square$ だから、

$0.3\div\square=\square$ 　答え □

分数と小数がまじったわり算は、分数か小数どちらかにそろえて計算します。
分数にそろえると、いつでも計算できます。

《2》 分数にして考えます。

$0.3=\frac{3}{\square}$ だから、

$\frac{3}{\square}\div\frac{4}{5}=\frac{3}{\square}\times\frac{\square}{4}=\frac{\square\times\overset{1}{\cancel{5}}}{\underset{2}{\cancel{10}}\times\square}$

$=\square$ 　答え □

4 次の計算をしましょう。 教科書 68ページ7

❶ $0.9\div\frac{3}{5}$

❷ $1.2\div\frac{3}{4}$

❸ $0.8\div\frac{3}{4}$

ポイント 分数、小数、整数がまじった計算は、小数や整数を分数になおして計算すると、いつでも計算できます。

勉強した日　月　日

1 分数でわる計算 [その3]
2 分数のわり算を使う問題
基本のワーク

かけ算やわり算がまじった計算のしかたを身につけよう。

教科書 68～71、255ページ　答え 7ページ

基本 1 かけ算とわり算がまじった式を、かけ算になおせますか。

☆ 次の計算をしましょう。

❶ $3\div\frac{2}{5}\times0.7$　❷ $36\div14\times4\div0.3$

とき方 ❶ $3\div\frac{2}{5}\times0.7=\frac{3}{\square}\div\frac{2}{5}\times\frac{7}{\square}$

$=\frac{3\times\overset{1}{\cancel{5}}\times7}{1\times2\times\underset{\square}{\cancel{10}}}$

$=\square$

整数、小数、分数のかけ算やわり算がまじった計算は、分数のかけ算になおして計算することができます。

答え $\square$

❷ $36\div14\times4\div0.3=\frac{36}{1}\div\frac{14}{1}\times\frac{4}{\square}\div\frac{3}{\square}=\frac{36}{1}\times\square\times\frac{4}{1}\times\square$

$=\frac{\overset{12}{\cancel{36}}\times1\times\overset{\square}{\cancel{4}}\times10}{1\times\underset{\square}{\cancel{14}}\times1\times\underset{1}{\cancel{3}}}=\square$

答え $\square$

1 分数のかけ算になおして計算しましょう。

教科書 68ページ8 255ページ

❶ $4\frac{2}{3}\div6\times2.8$　❷ $2\frac{3}{4}\times6\div2.5$

❸ $12\times1\frac{2}{5}\div\frac{7}{18}$　❹ $46\times3\div0.6\div5$

❺ $25\times0.3\div15\div0.8$　❻ $0.7\div6\times12\div4$

さんすうはかせ　昔は、はしたの数を表すのに、小数は使われていなくて、分数だけだったんだよ。小数が使われるようになったのは、400年くらい前からだよ。

基本 2 分数のわり算で、わる数と商の大きさの関係がわかりますか。

☆ 商が 15 より小さくなるのはどれですか。

㋐ $15 \div \frac{4}{5}$　㋑ $15 \div 1$　㋒ $15 \div \frac{7}{5}$　㋓ $15 \div \frac{1}{4}$　㋔ $15 \div 1\frac{1}{2}$

とき方 わる数が 1 より大きいとき、商はわられる数より [　　] なります。わる数が 1 より小さいとき、商はわられる数より [　　] なります。

実際に計算してみると、次のようになります。

㋐ $18\frac{3}{4}$、㋑ 15、㋒ $10\frac{5}{7}$、

㋓ [　　]、㋔ [　　]　　**答え** [　　　　]

たいせつ
わる数＞1　のとき、商＜わられる数
わる数＝1　のとき、商＝わられる数
わる数＜1　のとき、商＞わられる数

2 計算をしないで、商が $\frac{5}{9}$ より小さくなるものを見つけましょう。　教科書 69ページ 10

㋐ $\frac{5}{9} \div \frac{1}{3}$　㋑ $\frac{5}{9} \div \frac{7}{4}$　㋒ $\frac{5}{9} \div \frac{5}{6}$　㋓ $\frac{5}{9} \div 2\frac{1}{3}$　（　　　　）

基本 3 速さの公式に、分数は使えますか。

☆ 126km の道のりを、1 時間 45 分で走る自動車の速さは時速何 km ですか。

とき方 45 分＝$\frac{\square}{60}$ 時間＝ [　] 時間なので、

$126 \div 1\frac{3}{4} = 126 \div \frac{\square}{4}$

$= \frac{\overset{18}{\cancel{126}} \times \square}{\underset{1}{\cancel{7}}} = \square$　**答え** 時速 [　　] km

3 18km の道のりを、1 時間 12 分で走る自転車の速さは時速何 km ですか。

式　　教科書 70ページ 1

答え（　　　　）

4 $\frac{4}{7}$kg が 168 円の玉ねぎがあります。この玉ねぎ 1kg では何円になりますか。

式　　教科書 71ページ

答え（　　　　）

ポイント 整数や小数のわり算は、分数になおすことで、すべてかけ算の計算にまとめることができます。

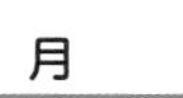
勉強した日　月　日

練習のワーク

教科書 60〜72ページ　答え 7ページ

できた数　/13問中

1 分数のわり算　次の計算をしましょう。

❶ $\frac{5}{7}\div\frac{1}{9}$　❷ $\frac{2}{3}\div\frac{6}{11}$

❸ $\frac{4}{9}\div\frac{8}{15}$　❹ $8\div\frac{3}{4}$

❺ $\frac{3}{5}\div 1\frac{2}{7}$　❻ $5\frac{5}{6}\div 2\frac{1}{12}$

❼ $\frac{8}{9}\div\frac{1}{6}\times\frac{1}{2}$　❽ $\frac{5}{6}\div\frac{5}{7}\times\frac{6}{7}$

❾ $0.5\div\frac{3}{8}$　❿ $25\times0.4\div6\times9$

2 わる数と商の大きさ　商が24より大きくなるものを選びましょう。

㋐ $24\div\frac{8}{9}$　㋑ $24\div\frac{7}{5}$　㋒ $24\div1\frac{1}{8}$　㋓ $24\div\frac{15}{16}$

（　　　）

3 分数のわり算の問題　$\frac{7}{9}$ m² の重さが $\frac{5}{6}$ kg の板があります。この板 1 m² の重さは、何kgですか。

式

答え（　　　）

4 速さの問題　144kmの道のりを2時間40分で走る電車の速さは時速何kmですか。

式

答え（　　　）

1 分数のわり算

$\frac{b}{a}\div\frac{d}{c}$

$=\frac{b}{a}\times\frac{c}{d}$

$=\frac{b\times c}{a\times d}$

ちゅうい
計算のとちゅうで約分できるときは、約分してから計算します。

帯分数のわり算は、帯分数を仮分数になおします。
分数のかけ算とわり算がまじった計算は、わる数を逆数に変えて、かけ算だけの式になおします。
小数や整数は分数になおして計算します。

2 わる数と商の大きさ

ヒント
わる数＞1…
商＜わられる数
わる数＝1…
商＝わられる数
わる数＜1…
商＞わられる数

4 速さの問題

速さ
＝道のり÷時間

40分を、時間を単位にして表します。

できるナビ　分数のかけ算とわり算がまじった式の計算は、わる数を逆数に変えてすべてかけ算の式になおして計算します。

まとめのテスト

教科書 60〜72ページ　答え 8ページ

時間 20分

得点　/100点

1 よく出る 次の計算をしましょう。　1つ5〔40点〕

❶ $\frac{3}{5}\div\frac{1}{3}$　❷ $\frac{2}{3}\div\frac{6}{5}$　❸ $5\div\frac{3}{7}$

❹ $\frac{2}{9}\div1\frac{5}{7}$　❺ $3\frac{2}{5}\div1\frac{2}{15}$　❻ $1\frac{3}{5}\div0.4$

❼ $\frac{5}{7}\times\frac{2}{5}\div\frac{4}{7}$　❽ $8\times0.3\div15\times4$

2 $\frac{3}{7}$dL のペンキで、板を $\frac{9}{14}$m² ぬれました。このペンキ 1dL では、板を何m² ぬれますか。

式　1つ7〔14点〕

答え（　　　　）

3 商が $\frac{7}{5}$ より小さくなるものを選びましょう。　〔7点〕

㋐ $\frac{7}{5}\div\frac{15}{16}$　㋑ $\frac{7}{5}\div1\frac{2}{15}$　㋒ $\frac{7}{5}\div\frac{13}{21}$　㋓ $\frac{7}{5}\div\frac{12}{11}$

（　　　　）

4 [2]、[3]、[4]、[5]、[6]、[7]、[8]、[9] のカードが 1 枚(まい)ずつあります。□の中にカードをあてはめて、商がいちばん小さくなる計算式をつくり、商を求めましょう。　〔7点〕

$\frac{3}{5}\div\frac{\square}{\square}$

（　　　　）

5 □にあてはまる等号、不等号をかきましょう。　1つ6〔18点〕

❶ $\frac{3}{5}\ \square\ \frac{3}{5}\div\frac{1}{2}$　❷ $\frac{5}{6}\div1\frac{2}{7}\ \square\ \frac{5}{6}$　❸ $\frac{4}{5}\times\frac{3}{7}\ \square\ \frac{4}{5}\div\frac{7}{3}$

6 560m の道のりを、1 分 45 秒で走る自転車の速さは分速何m ですか。　1つ7〔14点〕

式

答え（　　　　）

ふろくの「計算練習ノート」10〜16ページをやろう！

□分数のわり算ができたかな？
□整数や小数を分数になおして計算できたかな？

勉強した日　月　日

学びのワーク

教科書 73ページ　答え 8ページ

基本 1 単位量あたりの大きさを求めることができますか。

☆ $1\frac{7}{9}$ m² の重さが 560g の板があります。この板 1 m² の重さは何 g ですか。

とき方　図をかいて考えましょう。

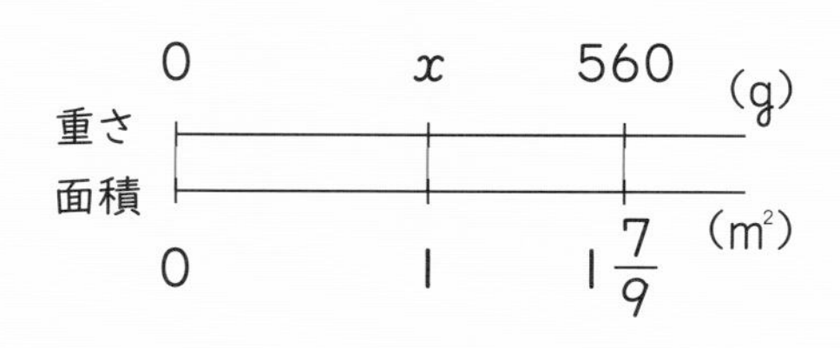

単位量あたりの大きさを求めるときには、わり算の式をたてます。

重さ(g) ÷ 面積(m²) ＝ 1 m² あたりの重さ

$560 \div 1\frac{7}{9} = 560 \div \frac{\square}{9} = 560 \times \frac{\square}{\square}$

$= \frac{\overset{\square}{\cancel{560}} \times 9}{\underset{1}{\cancel{16}}} = \square$

答え □ g

1 $2\frac{2}{3}$ kg の面積が 1.6 m² の板があります。この板 1 kg の面積は何 m² ですか。

教科書 73ページ

式

答え（　　　　）

2 $\frac{5}{6}$ L のガソリンで $\frac{25}{3}$ km 走る自動車があります。

教科書 73ページ

❶ この自動車はガソリン 1 L で何 km 走りますか。

式

答え（　　　　）

❷ この自動車が 1 km 走るのに必要なガソリンは何 L ですか。

式

答え（　　　　）

さんすうはかせ　1 L のガソリンで走った道のりの最高記録は、3600 km をこえるんだって。日本の北のはしから南のはしまで走れてしまうよ。

3 $\frac{9}{10}$ L はいったしょう油を買うと、代金は 270 円でした。このしょう油 1 L の値段（ねだん）は何円ですか。

教科書 73ページ

式

答え（　　　　　）

基本 2 単位量あたりの大きさをもとに計算することができますか。

☆ 1 m の重さが $\frac{5}{7}$ g の糸があります。この糸 $3\frac{1}{9}$ m の重さは何 g ですか。

とき方 図をかいて考えましょう。

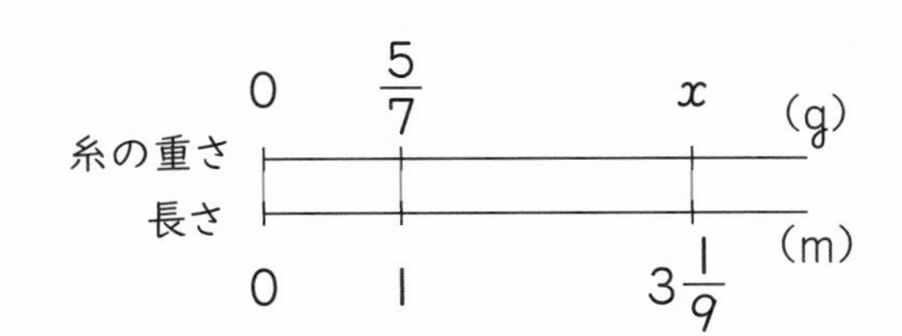

1 m あたりの重さがわかっていて、何 m かの重さを求めるときには、かけ算の式をたてます。

1 m あたりの重さ × 長さ(m) ＝ 全体の重さ(g)

$\frac{5}{7}\times3\frac{1}{9}=\frac{5}{7}\times\frac{\square}{9}$

$=\frac{5\times\overset{\square}{\cancel{28}}}{\underset{\square}{\cancel{7}}\times9}=\square$

答え □ g

4 1 m の重さが $2\frac{1}{4}$ g の針金（はりがね）があります。この針金 $4\frac{2}{3}$ m の重さは何 g ですか。

教科書 73ページ

式

答え（　　　　　）

5 $3\frac{1}{4}$ m の値段が 1170 円の針金があります。

教科書 73ページ

❶ この針金を 1 m 買うと、代金は何円ですか。

式

答え（　　　　　）

❷ この針金を $\frac{7}{8}$ m 買うと、代金は何円ですか。

式

答え（　　　　　）

ポイント 文章題は、図や表に表して考えると、式がたてやすくなります。

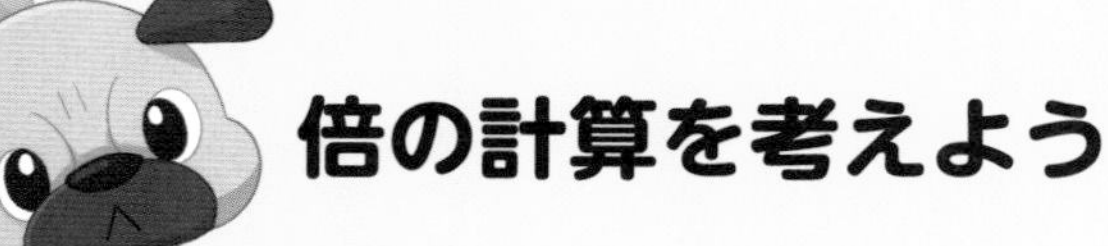

倍の計算を考えよう

基本のワーク

学習の目標
文章題から分数の式をつくり、割合の求め方を身につけよう。

教科書 74〜77ページ　答え 8ページ

基本1 もとにする量の何倍かわかりますか。

☆ 木の棒（ぼう）の重さは$\frac{3}{4}$kg、鉄の棒の重さは$\frac{4}{5}$kgでした。

1. 木の棒の重さは鉄の棒の重さの何倍ですか。
2. 木の棒の重さを1としてみたとき、鉄の棒の重さはいくつにあたりますか。

もとにする量を1としたとき、比べる量がどれだけの割合（わりあい）にあたるかを求めます。ある数の□倍のことを、ある数の□ということがあります。

とき方 分数のときも、ある量がもとにする量の何倍にあたるかを求めるには、わり算を使います。

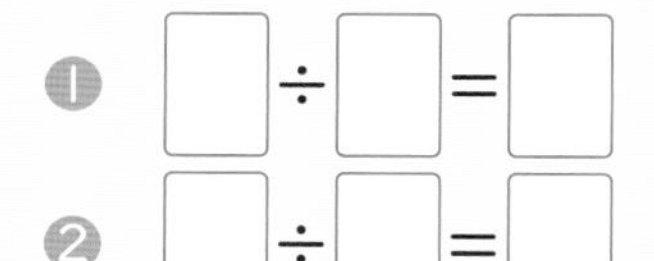

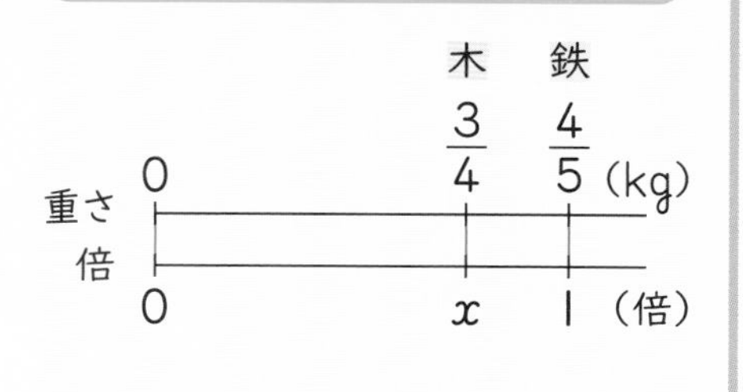

1 基本1の木の棒と鉄の棒以外に、$\frac{1}{6}$kgのプラスチックの棒があります。　教科書 74ページ1

1. 木の棒の重さをもとにすると、プラスチックの棒の重さは何倍にあたりますか。

式

答え（　　　　　）

2. 鉄の棒の重さを1としてみたとき、プラスチックの棒の重さはいくつにあたりますか。

式

答え（　　　　　）

基本2 分数の倍の数量の求め方がわかりますか。

☆ 父の体重は60kgです。子どもの体重は、父の体重の$\frac{3}{5}$です。子どもの体重は何kgですか。

とき方 比べる量＝もとにする量×割合 を利用します。

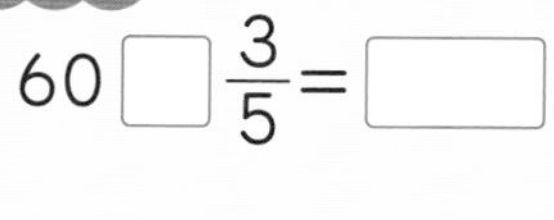

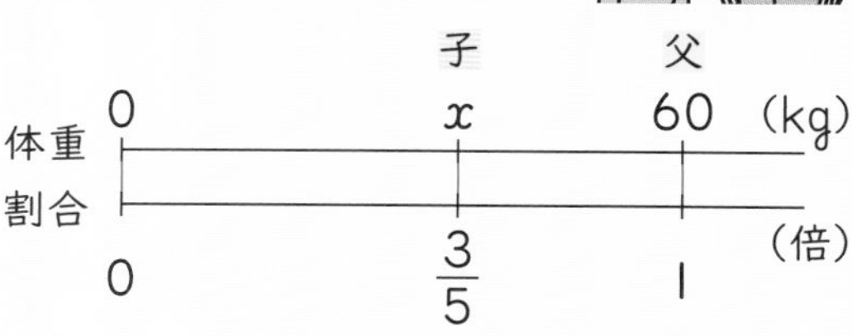

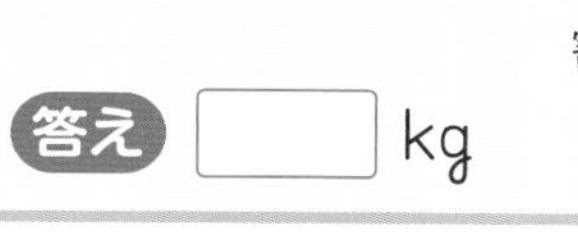

さんすうはかせ　分数の考え方は古代のエジプトにもあったけど、ほとんどは分子が1の分数だったんだって。

2 次の問題に答えましょう。　教科書 76ページ2

❶ ペンキが9Lあります。そのうちの $\frac{5}{12}$ を使いました。使ったペンキは何Lですか。

式

答え（　　　　　）

❷ まりこさんは720m走りました。けいこさんが走った道のりは、まりこさんの $\frac{7}{9}$ です。けいこさんは何m走りましたか。

式

答え（　　　　　）

基本3 もとにする量の求め方がわかりますか。

☆ 水そうに水を12L入れると、水そうの容積の $\frac{3}{8}$ になりました。この水そうの容積は何Lですか。

とき方　この水そうの容積を x Lとすると、

12Lは x Lの $\frac{3}{8}$ 倍です。$x\times\frac{\square}{\square}=12$

x にあてはまる数を求めると、

$x=12\div\frac{\square}{\square}$

$x=\square$

答え $\square$ L

はいった量　全体

水そうの水の量　0　12　x　（L）

割合　0　$\frac{3}{8}$　1　（倍）

たいせつ

もとにする量を求めるときは、x を使って、かけ算の式に表すとわかりやすくなります。

3 次の問題に答えましょう。　教科書 77ページ3

❶ ある本の代金は480円で、これは持っていたお金の $\frac{3}{10}$ です。持っていたお金は何円ですか。

式

答え（　　　　　）

❷ リボンとテープがあります。リボンの長さは $\frac{9}{10}$ mで、これはテープの長さの $\frac{5}{6}$ にあたります。テープは何mありますか。

式

答え（　　　　　）

ポイント　文章題の場合、文章中に出てくる数値（すうち）が何を表しているのかを理解しましょう。わからないときは、必ず図にかいて考えましょう。

まとめのテスト

教科書　74〜77ページ　答え　9ページ

1 トマトが$\frac{5}{8}$kg、ナスが$\frac{7}{12}$kgあります。　1つ10〔40点〕

❶ トマトの重さは、ナスの重さの何倍にあたりますか。

式

答え（　　　　　）

❷ トマトの重さを１としてみたとき、ナスの重さはいくつにあたりますか。

式

答え（　　　　　）

2 白い玉が48個あります。赤い玉の数は白い玉の$\frac{5}{8}$です。赤い玉はいくつありますか。

1つ10〔20点〕

式

答え（　　　　　）

3 かずきさんの組の人数は28人で、これは学年全体の児童数の$\frac{7}{20}$です。この学年全体の児童数は何人ですか。　1つ10〔20点〕

式

答え（　　　　　）

チャレンジ！ **4** たかしさんの学校の６年生は117人で、そのうち$\frac{2}{13}$はめがねをかけています。６年生でめがねをかけていない児童は何人ですか。　1つ10〔20点〕

式

答え（　　　　　）

□比べる量やもとにする量が分数でも割合（わりあい）を求めることができたかな？
□割合が分数でも、もとにする量や比べる量を求めることができたかな？

勉強した日　月　日

学びのワーク

教科書 78ページ　答え 9ページ

基本1 どんな計算になるかわかりますか。

☆ しゅんさんは色紙を35枚使いました。それは、色紙全体の$\frac{7}{15}$にあたります。色紙全体では何枚ありましたか。

とき方 色紙全体の枚数をx枚とすると、

35枚はx枚の$\frac{7}{15}$です。$x\times\frac{\square}{\square}=35$

xにあてはまる数を求めると、

$x=35\div\frac{\square}{\square}=\square$

答え □ 枚

使った量　全体

	0	35	□	（枚）
枚数				
割合				
	0	$\frac{7}{15}$	1	（倍）

たいせつ
どんな式になるか考えるときは、xを使って図に表すと考えやすくなります。

1 家から駅までの道のりは630mです。家から学校までの道のりは家から駅までの道のりの$\frac{5}{7}$です。家から学校までの道のりは何mですか。 教科書 78ページ

式

答え（　　　）

2 ジュースを160mL飲みました。それは、びんにはいっていたジュースの$\frac{2}{9}$にあたります。びんにはいっていたジュースは何mLですか。 教科書 78ページ

式

答え（　　　）

3 なほさんは読書を$\frac{7}{15}$時間して、運動を$\frac{3}{5}$時間しました。読書をした時間は、運動をした時間の何倍ですか。 教科書 78ページ

式

答え（　　　）

4 しょうさんは280円のクッキーを買いました。これはケーキの値段の$\frac{7}{11}$倍です。ケーキの値段は何円ですか。 教科書 78ページ

式

答え（　　　）

ポイント 文章中の数値が、もとにする量、比べる量、割合のどれを表しているのかを考えましょう。

勉強した日　月　日

1 平均とちらばりのようす［その1］

基本のワーク

学習の目標
データのちらばりのようすを、ドットプロットや表に表そう。

教科書 80～84ページ　答え 9ページ

基本 1 記録をドットプロットに表せますか。

☆ 右の表は、6年1組の小テストの点数の記録です。

❶ 平均値を求めましょう。

❷ 記録をドットプロットに表しましょう。

小テストの記録(1組)

番号	点数(点)	番号	点数(点)	番号	点数(点)
①	7	⑥	4	⑪	10
②	5	⑦	6	⑫	4
③	10	⑧	10	⑬	10
④	9	⑨	6	⑭	5
⑤	8	⑩	5	⑮	6

とき方 ❶ 点数の合計を人数でわります。

(7+5+10+9+8+4+6+10+6+5+10+4+10+5+6)÷□=□(点)

データの平均の値を平均値といいます

答え □点

❷ 右の図のように、数直線に記録などのしるしをならべた図のことを□といいます。

答え 右の図にかく。

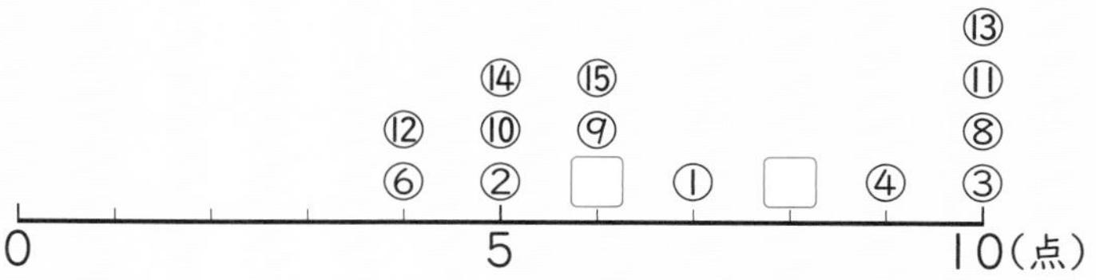

(ドットプロット：4点 ⑥⑫、5点 ②⑩⑭、6点 □⑨⑮、7点 ①、8点 □、9点 ④、10点 ③⑧⑪⑬)

0　5　10(点)

1 右の表は、6年2組の小テストの点数の記録です。

教科書 81ページ1 82ページ2

小テストの記録(2組)

番号	点数(点)	番号	点数(点)	番号	点数(点)
①	8	⑥	5	⑪	9
②	7	⑦	9	⑫	6
③	4	⑧	7	⑬	8
④	10	⑨	6	⑭	7
⑤	7	⑩	7	⑮	5

❶ 平均値を求めましょう。

式

答え (　　　)

❷ 記録をドットプロットに表しましょう。

0　5　10(点)

❸ ドットプロットの、記録の平均値を表すところに↑をかき入れましょう。

❹ 基本1 の1組と2組を比べて、記録が平均値の近くに集まっているのは、どちらの組ですか。

(　　　)

さんすうはかせ　ドットプロットのドットは「点」、プロットは「置く」という意味だよ。数直線に点を置いていくから、こんなよび方なんだね。

基本 2　ちらばりのようすを表にまとめられますか。

☆ 下のドットプロットは、6年1組の小テストの点数と人数を表しています。

❶ 1組の記録を右の表にまとめましょう。

❷ 右の表の階級（かいきゅう）のはばは何点ですか。

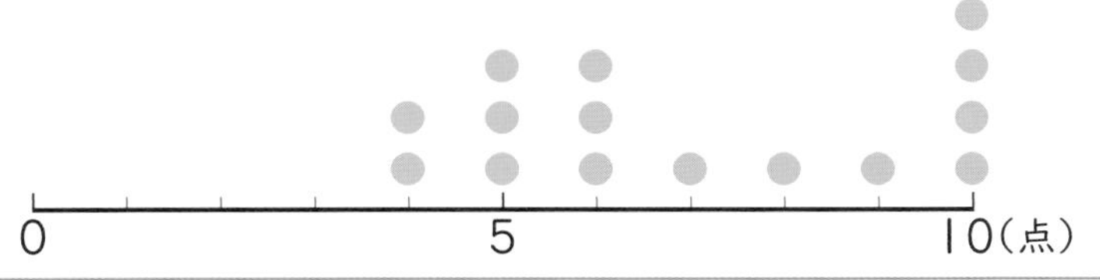

小テストの記録(1組)

点数(点)			人数(人)
以上		未満	
3	～	5	
5	～	7	
7	～	9	
9	～	11	
合計			

とき方 右のような表で、「5点以上7点未満」などのような区切りのことを ＿＿＿、区切りのはばのことを ＿＿＿ といいます。階級にはいるデータの個数のことを ＿＿＿、データを階級ごとに整理した表を ＿＿＿ といいます。

❶ ドットプロットのそれぞれの値が、どの階級にはいるか考えます。
3点以上5点未満は ＿＿ 人、5点以上7点未満は ＿＿ 人、7点以上9点未満は ＿＿ 人、9点以上11点未満は ＿＿ 人になります。　**答え** 上の表にかく。

❷ この表では区切りのはばは ＿＿ 点になっています。

答え ＿＿ 点

5点以上7点未満なら、5点はふくみますが7点はふくみません。

2 下のドットプロットは、6年2組の小テストの点数と人数を表しています。

教科書 84ページ3

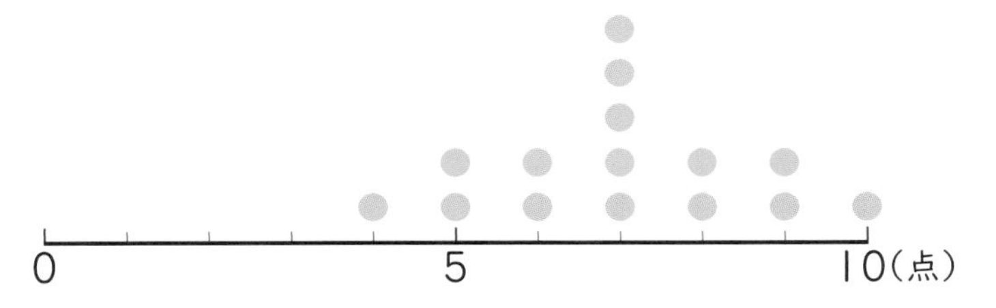

小テストの記録(2組)

点数(点)			人数(人)
以上		未満	
3	～	5	
5	～	7	
7	～	9	
9	～	11	
合計			

❶ 2組の記録を右の表にまとめるとき、6点と7点の人は、それぞれどの階級にはいりますか。

6点の人（　　　　　）

7点の人（　　　　　）

❷ 2組の記録を右上の表にまとめましょう。

❸ 度数が3人の階級はどこですか。

（　　　　　）

❹ 人数の合計のらんの数は何を表していますか。

（　　　　　）

ポイント ドットプロットや階級ごとに区切った表を使って、ちらばりのようすをよみとれるようにしましょう。

勉強した日　月　日

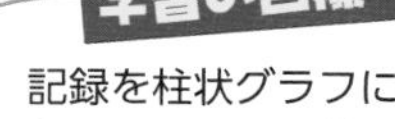
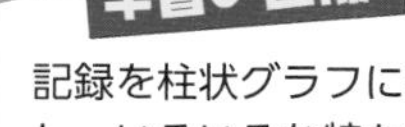
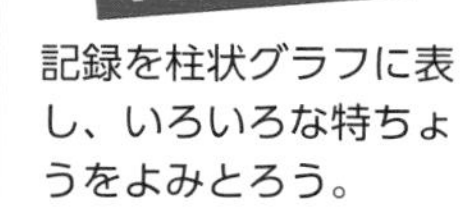

学習の目標
記録を柱状グラフに表し、いろいろな特ちょうをよみとろう。

1 平均とちらばりのようす [その2]

基本のワーク

教科書 84～86ページ　答え 9ページ

基本1 度数分布表からちらばりのようすがわかりますか。

☆ 右下の表は、6年1組と2組の身長の記録です。

❶ 130cm未満の人数が多いのはどちらのクラスですか。

❷ 1組で6番めに身長が高い人は、どの階級（かいきゅう）にはいっていますか。

とき方 ❶ 130cm未満にあてはまる階級は、120cm以上125cm未満と□cm以上□cm未満です。

1組は 4＋7＝□（人）

2組は 3＋6＝□（人）

130cm未満の人数が多いのは□組です。

答え □組

身長の記録（1組）

身長（cm）	人数（人）
以上　未満	
120 ～ 125	4
125 ～ 130	7
130 ～ 135	8
135 ～ 140	5
140 ～ 145	3
合計	27

身長の記録（2組）

身長（cm）	人数（人）
以上　未満	
120 ～ 125	3
125 ～ 130	6
130 ～ 135	12
135 ～ 140	2
140 ～ 145	3
合計	26

❷ 1組の140cm以上145cm未満の階級は3人、135cm以上140cm未満の階級は□人なので、

この2つの階級であわせて 3＋□＝□（人）となります。

6番目の人は□cm以上□cm未満の階級にはいっています。

答え □cm以上□cm未満

1 基本1 の身長の記録について、次の問題に答えましょう。　教科書 85ページ 1

❶ 135cm以上の人数が多いのはどちらのクラスですか。

（　　　　）

❷ 2組で6番目に身長が高い人は、どの階級にはいっていますか。

（　　　　）

❸ 各クラスで身長が低いほうから10番めの人は、それぞれどの階級にはいっていますか。

1組（　　　　）　2組（　　　　）

ヒストグラムはギリシャ語のヒストス（すべてのものを直立にする）とグラマ（かいたり、記録したりする）を合わせたものだよ。

基本 2 データのちらばりのようすを柱状グラフで表せますか。

☆ 右の表は、6年1組のテストの点数を整理したものです。

❶ この記録を、柱状グラフに表しましょう。

❷ 22点以上の人は何人いますか。

テストの記録(1組)

点数(点)			人数(人)
以上		未満	
10	～	14	2
14	～	18	1
18	～	22	2
22	～	26	5
26	～	30	5
合計			15

とき方 ❶ 右上のようなグラフを　　　グラフまたはヒストグラムといいます。
横軸に点数、縦軸に人数の目もりをとり、点数の階級を横、人数を縦とする長方形をかいて表します。
データのちらばりのようすを見るときに利用します。　答え 上の図にかく。

❷ 22点以上の人は、22点以上26点未満と　　　点以上　　　点未満の階級にはいっています。

5＋　　　＝　　　(人)　答え　　　人

2 右の表は、6年2組のテストの点数を整理したものです。

教科書 86ページ4

テストの記録(2組)

点数(点)			人数(人)
以上		未満	
10	～	14	1
14	～	18	2
18	～	22	3
22	～	26	3
26	～	30	6
合計			15

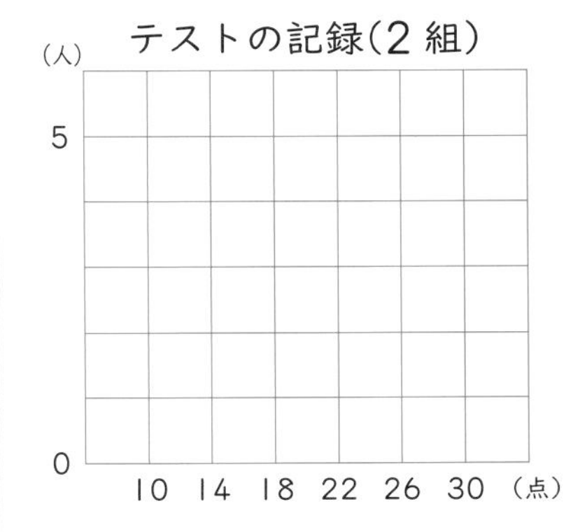

❶ この記録を柱状グラフに表しましょう。

❷ 人数が最も多いのは、何点以上何点未満の階級ですか。

(　　　　)

❸ 18点未満の人は何人いますか。

式

答え (　　　　)

❹ このクラスの平均値は22.9点でした。これはどの階級にはいりますか。

(　　　　)

❺ このクラスの点が低いほうから5番めの人は、どの階級にはいっていますか。

(　　　　)

ポイント 度数分布表からいろいろな数値をよみとったり、柱状グラフをかいたりできるようにしましょう。

勉強した日　　月　　日

2 データを代表する値
3 データの調べ方とよみとり方
基本のワーク

学習の目標
いろいろな代表値の意味を理解し、いろいろなグラフをよみとろう。

教科書 87〜103ページ　答え 10ページ

基本1 いろいろな代表値を求められますか。

☆ 右の表は、6年2組の小テストの点数をまとめたデータです。
❶ データの値(あたい)の平均値(へいきんち)を求めましょう。
❷ データの中で、最も多く出てくる値はどれですか。
❸ データを小さい順にならべたときにちょうど真ん中にある値はどれですか。

小テストの点数(点)

4	5	5	6	6
7	7	7	7	7
8	8	9	9	10

とき方 ❶ 平均値はデータの値の合計を、データの数でわります。
(4+5+5+6+6+7+7+7+7+7+8+8+9+9+10)÷□=□

答え □ 点

❷ データの中で最も多く出てくる値のことを、最頻値(さいひんち)(モード)といいます。このデータでは、□ 点が5回で最も多く出てきます。　答え □ 点

5回で最も多い

4、5、5、6、6、7、7、7、7、7、8、8、9、9、10

ちょうど真ん中にある

❸ データの個々の値を小さい順にならべたとき、中央にくる値のことを中央値(ちゅうおうち)(メジアン)といいます。このデータの中央値は、小さい方から □ 番めの □ 点です。　答え □ 点

データの個数が偶数(ぐうすう)になるときは、中央にくる2つの値の平均値を中央値にします。

たいせつ
平均値、最頻値、中央値のように、データの特ちょうを代表する値を、代表値(だいひょうち)といいます。

1 右の表は、6年1組の小テストの点数をまとめたデータです。

教科書 87ページ 1

小テストの点数(点)

4	4	5	5
5	6	6	6
7	7	8	9
10	10	10	10

❶ データの平均値を求めましょう。
式

答え (　　　　)

❷ データの最頻値を求めましょう。

(　　　　)

データの個数が偶数の16個だから、中央値は小さい方から8番目と9番目の値の平均値だね。

❸ データの中央値を求めましょう。
式

答え (　　　　)

テストの結果などに使われる偏差値(へんさち)という値は、平均値を50として、そこからどのくらい高い(または低い)点数だったかを表しているよ。

2 下のドットプロットは、ある日のパン屋で売れたパンの値段(ねだん)と個数を表しています。

教科書 89ページ3

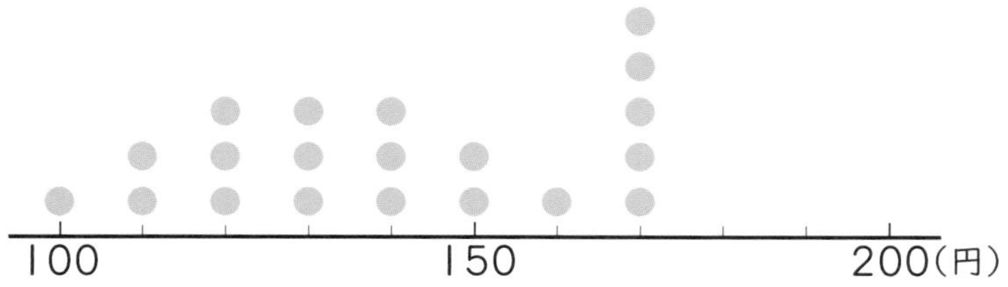

100　150　200(円)

❶ 120 円のパンは何個売れましたか。

(　　　　　)

❷ データの平均値を求めましょう。

式

答え (　　　　　)

❸ データの最頻値を求めましょう。

(　　　　　)

❹ データの中央値を求めましょう。

(　　　　　)

基本 2 いろいろなグラフをよみとれますか。

☆ 右のグラフは、ある県の男女別、年れい別の人口の割合(わりあい)を表したものです。

❶ 男性の中で、人口がいちばん多いのは、どの階級ですか。

❷ 70 才以上の人口の割合は、総人口の何％ですか。

男女別、年れい別人口の割合

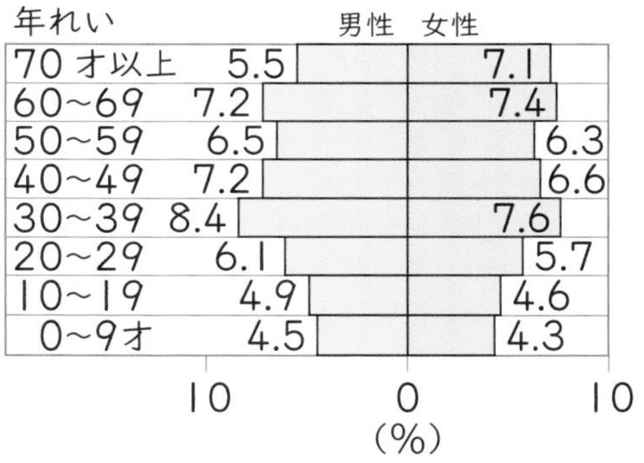

年れい	男性	女性
70 才以上	5.5	7.1
60~69	7.2	7.4
50~59	6.5	6.3
40~49	7.2	6.6
30~39	8.4	7.6
20~29	6.1	5.7
10~19	4.9	4.6
0~9才	4.5	4.3

10　0　10
(％)

とき方 このように、年れい別、男女別の人口のようすを表したグラフを「人口ピラミッド」といいます。

❶ このグラフでは、左側が[　　]、右側が[　　]の人口の割合を表しているので、左側の中で、最も割合が多い階級を選びます。 **答え** [　　]才以上[　　]才以下

❷ 70 才以上の男性と女性の割合の合計を求めます。

5.5＋[　　]＝[　　](％) **答え** [　　]％

3 基本2 について、次の問題に答えましょう。

教科書 102ページ1

❶ 男女あわせた割合がいちばん多いのは、どの階級ですか。

(　　　　　)

❷ 60 才以上の人口の割合は、総人口の何％ですか。

(　　　　　)

ポイント 中央値はデータの個数が奇数(きすう)か偶数かで求め方がちがうので気をつけましょう。

練習のワーク①

教科書 80～105ページ　答え 10ページ

できた数 /8問中

1 データの特ちょう　下の表は、6年1組の15人の体重の記録です。

❶ 平均値を求めましょう。

6年1組の体重の記録

番号	体重(kg)	番号	体重(kg)	番号	体重(kg)
①	42	⑥	35	⑪	36
②	41	⑦	29	⑫	45
③	49	⑧	47	⑬	44
④	43	⑨	40	⑭	33
⑤	45	⑩	45	⑮	41

式

答え（　　　）

❷ 記録を番号を使ってドットプロットに表しましょう。

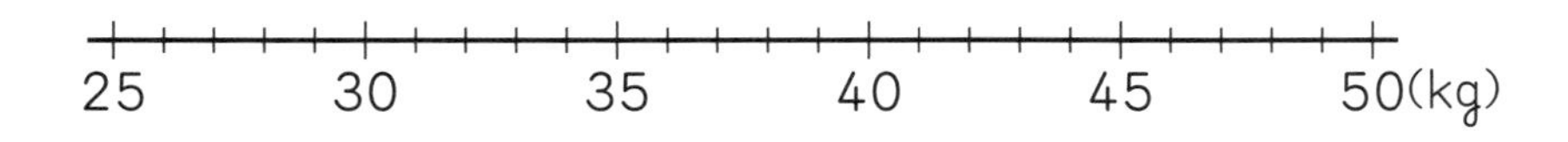

❸ 右の度数分布表の階級のはばは何kgですか。

（　　　）

❹ 記録を右の表にまとめましょう。

6年1組の体重の記録

体重(kg)	人数(人)
以上　未満	
25 ～ 30	
30 ～ 35	
35 ～ 40	
40 ～ 45	
45 ～ 50	
合計	

❺ 人数が最も多いのは、何kg以上何kg未満の階級ですか。

（　　　）

❻ 体重が軽いほうから5番めの人は、どの階級にはいっていますか。

（　　　）

❼ 体重が40kg以上の人は何人いますか。

（　　　）

❽ データの中央値を求めましょう。

（　　　）

1 データの特ちょう

❶体重の合計を人数でわります。

❷数直線に記録などのしるしをならべた図のことをドットプロットといいます。①、②の場合、下のようにならべます。

②①
40　45

❸度数分布表で、25kg以上30kg未満のような区切りのことを階級といい、区切りのはばのことを階級のはばといいます。

❹それぞれの記録が、どの階級にはいるか考えます。

❻ドットプロットで、軽いほうから5番めの人の体重が何kgなのか考えます。

❼体重が40kg以上の人は、40kg以上45kg未満と45kg以上50kg未満の階級にはいっています。

❽データの個々の値を小さい順にならべたとき、中央にくる値のことを中央値といいます。

できるナビ　記録をドットプロットに表したり、表にまとめたりするときは、整理したものに印をつけて、数えもれがないようにしましょう。

練習のワーク②

教科書 80～105ページ　答え 10ページ

できた数 /9問中

1 データの特ちょう　下のドットプロットは、あるクラスの小テストの点数と人数を表しています。

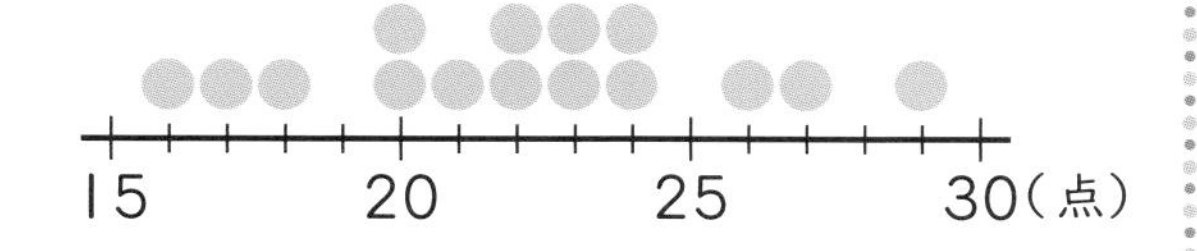

❶ 記録を右下の度数分布表にまとめましょう。

小テストの点数の記録

点数（点）	人数（人）
以上　未満	
15 ～ 18	
18 ～ 21	
21 ～ 24	
24 ～ 27	
27 ～ 30	
合計	

❷ 人数が最も多いのは、何点以上何点未満の階級ですか。

（　　　　）

❸ 18点以上27点未満の人は何人いますか。

（　　　　）

❹ 記録を右下の柱状グラフに表しましょう。

小テストの点数の記録

（人） 5 0
15 18 21 24 27 30（点）

❺ 点数が高いほうから10番めの人は、どの階級にはいっていますか。

（　　　　）

❻ データの平均値を求めましょう。

式

答え（　　　　）

❼ データの最頻値（さいひんち）を求めましょう。

（　　　　）

❽ データの中央値を求めましょう。

（　　　　）

❾ 「クラスの半分以上は、21点以上である」という考えは正しいですか。まちがっていますか。

（　　　　）

1 データの特ちょう

❶ 16点の人は、15点以上18点未満、21点の人は、21点以上24点未満の階級になります。

❸ 18点以上21点未満、21点以上24点未満、24点以上27点未満の3つの階級がふくまれます。

❹記録をまとめた表のそれぞれの階級の人数にあうように長方形をかきます。このようなグラフを柱状（ちゅうじょう）グラフといいます。

❺柱状グラフの階級の人数を、点数が高い階級から順番に数えます。

❻データの値の平均を平均値といいます。点数の合計を人数でわります。

❼データの中で最も多く出てくる値のことを最頻値といいます。

❽データの個数が偶数（ぐうすう）のときは、中央にくる2つの値の平均値を中央値にします。

❾まず、21点以上の人の割合（わりあい）を求めます。

できるナビ　平均値、最頻値、中央値といった代表値（だいひょうち）からデータの特ちょうを考えましょう。

勉強した日　月　日

まとめのテスト①

時間 20分

得点　/100点

教科書 80～105ページ　答え 11ページ

1 右の表は、ある野球チームの１試合ごとの得点の記録です。　1つ10〔100点〕

❶ 記録を番号を使ってドットプロットに表しましょう。

１試合ごとの得点の記録

番号	得点(点)	番号	得点(点)	番号	得点(点)
①	8	⑦	5	⑬	6
②	1	⑧	6	⑭	7
③	9	⑨	5	⑮	4
④	10	⑩	2	⑯	12
⑤	5	⑪	10	⑰	0
⑥	5	⑫	8	⑱	5

0　5　10　15（点）

❷ 記録を右の度数分布表にまとめましょう。

１試合ごとの得点の記録

得点(点)	試合数(回)
以上　未満	
0 ～ 3	
3 ～ 6	
6 ～ 9	
9 ～ 12	
12 ～ 15	
合計	

❸ 記録を柱状(ちゅうじょう)グラフに表しましょう。

１試合ごとの得点の記録

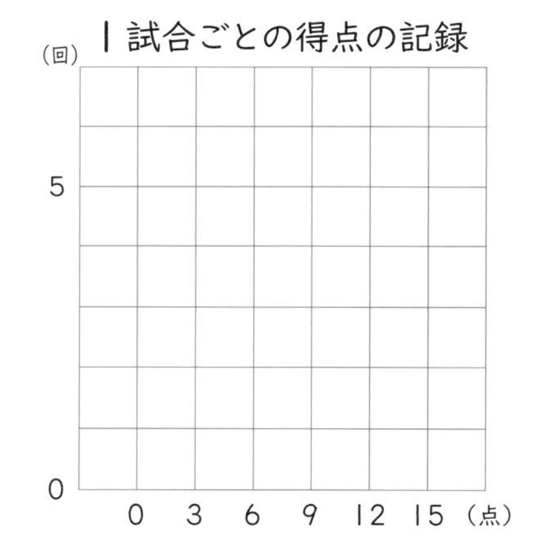

❹ 試合数が最も多いのは、何点以上何点未満の階級(かいきゅう)ですか。

（　　　　）

❺ よく出る 得点が多いほうから７番めの試合は、どの階級にはいっていますか。

（　　　　）

❻ 得点が９点未満だった試合は何回ありましたか。

（　　　　）

❼ よく出る データの平均値(へいきんち)を求めましょう。

式

答え（　　　　）

❽ データの最頻値(さいひんち)を求めましょう。

（　　　　）

❾ データの中央値(ちゅうおうち)を求めましょう。

（　　　　）

チェック
□ドットプロットに表すことができたかな？
□柱状グラフに表すことができたかな？

まとめのテスト②

教科書 80〜105ページ　答え 11ページ

時間20分　得点　/100点

1 よく出る 下の表は、6年1組の生徒のある一週間の勉強時間の合計の記録です。この表について次の問題に答えましょう。　1つ8〔64点〕

一週間の勉強時間の記録

番号	時間(時間)	番号	時間(時間)	番号	時間(時間)
①	7	⑧	1	⑮	5
②	12	⑨	2	⑯	6
③	3	⑩	17	⑰	6
④	10	⑪	13	⑱	11
⑤	7	⑫	7	⑲	7
⑥	2	⑬	8	⑳	5
⑦	5	⑭	6		

❶ この記録を、度数分布表に整理しましょう。

一週間の勉強時間の記録

時間(時間)	人数(人)
以上　未満	
0 〜 3	
3 〜 6	
6 〜 9	
9 〜 12	
12 〜 15	
15 〜 18	
合計	20

❷ この記録を、柱状グラフに表しましょう。

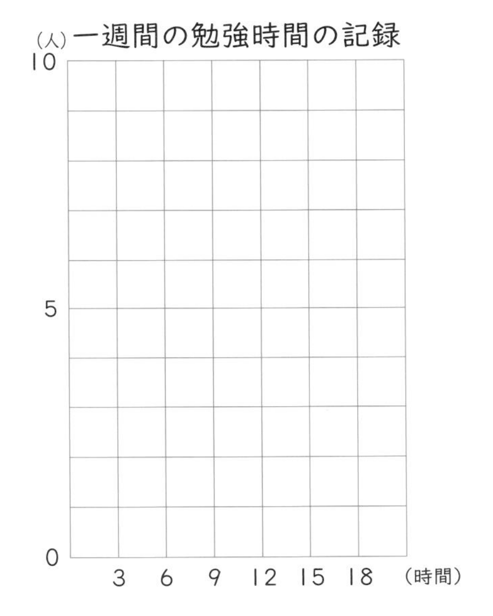

❸ あきらさんの勉強時間は、長いほうから数えて7番めです。あきらさんは、どの階級にはいっていますか。

(　　　　　)

❹ データの最頻値を求めましょう。

(　　　　　)

❺ 勉強時間が9時間未満の人の割合は、学級全体の何%ですか。

式

答え (　　　　　)

❻ この学級の勉強時間の平均値は、この記録の中央値より大きいですか、小さいですか。

式

答え (　　　　　)

2 右のグラフは、ある県の月ごとの平均気温を折れ線グラフで、降水量(こうすいりょう)を棒グラフで表したものです。　1つ12〔36点〕

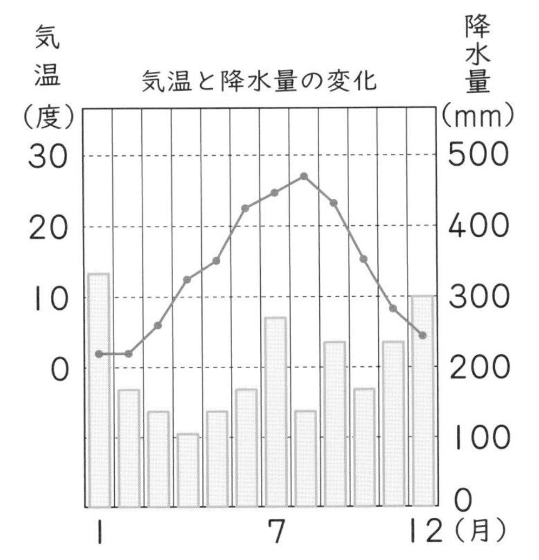

❶ 平均気温がいちばん高いのは何月ですか。

(　　　　　)

❷ 降水量がいちばん少ないのは何月ですか。

(　　　　　)

❸ 平均気温が10度未満になる月は何か月ありますか。

(　　　　　)

□いろいろな代表値(だいひょうち)を求めることができたかな？
□いろいろなグラフからデータをよみとることができたかな？

円の面積の求め方を考えよう [その1]

学習の目標
円の面積の計算のしかたを身につけよう。

教科書 110～116ページ　答え 11ページ

ふくしゅう　できるかな？

例 直径が2cmの円の円周の長さを求めましょう。

考え方 円周の長さ＝直径×円周率
円周率は、ふつう3.14を使います。
2×3.14＝6.28(cm)

問題 次の円の円周の長さを求めましょう。

❶ 直径が3cmの円

❷ 半径が4cmの円

基本 1 円の面積の求め方がわかりますか。

☆ 半径10cmの円の面積を求めましょう。

とき方 《1》 円の$\frac{1}{4}$を、1めもり1cmの方眼にかいて考えます。

□の数は ☐ 個で、1×☐＝☐(cm²)
□は、1cm²の半分の0.5cm²と考えます。
□の数は、☐ 個で、0.5×☐＝☐(cm²)
あわせて ☐ cm²
だから、円の全体の面積は、☐×4＝☐(cm²)

答え 約 ☐ cm²

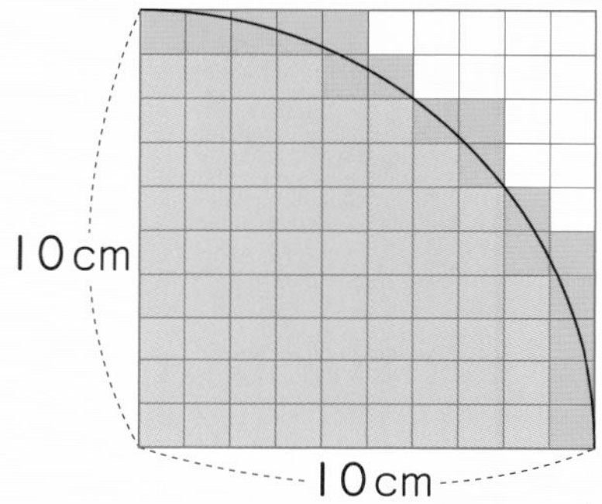

(図：10cm、10cm)

《2》 右の図のように円を細かく等分してならべかえていくと、だんだん長方形に近づいていきます。
この長方形の縦の長さは円の半径に、横の長さは円周の ☐ に等しくなるから、
円の面積は、長方形の面積＝縦×横＝半径×円周の半分に近づいていきます。

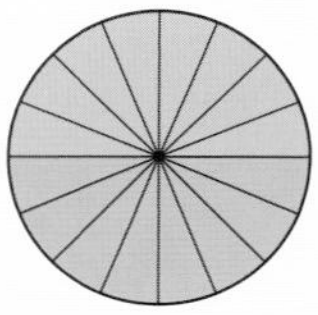

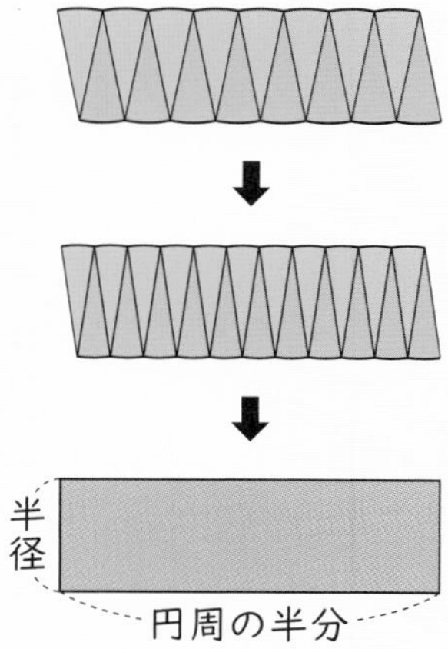

円周の半分の長さ＝円周÷☐
＝半径×☐×円周率÷☐
＝半径×☐
だから、円の面積＝半径×☐×円周率
10×☐×3.14＝☐(cm²)

答え ☐ cm²

(図：半径、円周の半分)

たいせつ
円の面積＝半径×半径×円周率

さんすうはかせ
円周率は、3.14159265358…と、どこまでも続いて終わりのない数だよ。日本人の原口證という人がまる1日かけて10万1031けたまでの暗唱に成功しているよ。

1 次の円の面積を求めましょう。 教科書 115ページ 1

❶ 半径 6cm の円

式

答え（　　　　）

❷ 半径 20cm の円

式

答え（　　　　）

❸ 直径 4cm の円

式

答え（　　　　）

❹ 直径 30cm の円

式

答え（　　　　）

基本 2　2つの円の円周や面積を比べることができますか。

☆ 半径 2cm の円と直径 2cm の円があります。

❶ 大きい円の円周の長さは、小さい円の円周の長さの何倍ですか。

❷ 大きい円の面積は、小さい円の面積の何倍ですか。

とき方 ❶ 大きい円の円周の長さ＝□×3.14

＝□(cm)

小さい円の円周の長さ＝□×3.14＝□(cm)

だから、□÷□＝□(倍)　**答え** □倍

❷ 大きい円の面積＝2×□×3.14＝□(cm^2)

小さい円の面積＝1×□×3.14＝□(cm^2)

だから、□÷□＝□(倍)　**答え** □倍

2 半径 5cm の円と半径 10cm の円があります。 教科書 116ページ 3

❶ 大きい円の円周の長さは、小さい円の円周の長さの何倍ですか。

式

答え（　　　　）

❷ 大きい円の面積は、小さい円の面積の何倍ですか。

式

答え（　　　　）

3 円周の長さが 31.4cm の円があります。 教科書 116ページ 2

❶ この円の半径を求めましょう。

式

答え（　　　　）

❷ この円の面積を求めましょう。

式

答え（　　　　）

ポイント

円周＝直径×円周率(3.14)＝半径×2×円周率(3.14)

円の面積＝半径×半径×円周率(3.14)

勉強した日　月　日

基本のワーク

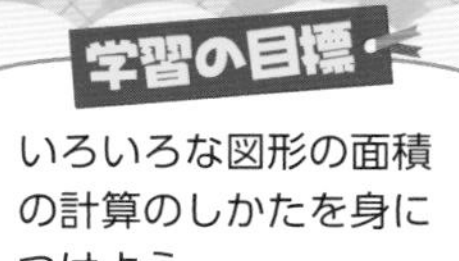

教科書　116～118ページ　答え　12ページ

基本 1　いろいろな図形の面積を求めることができますか。

☆ 右の図で、色のついたところの面積を求めましょう。

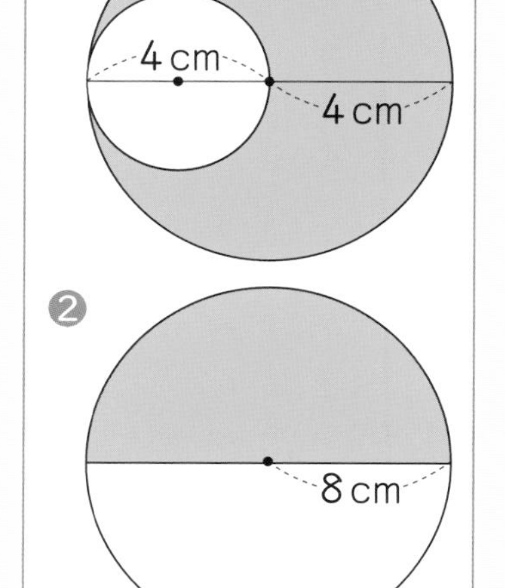

とき方　❶　半径4cmの大きい円の面積から、半径2cmの小さい円の面積をひきます。

大きい円の面積＝4×□×3.14＝□（cm²）
小さい円の面積＝2×□×3.14＝□（cm²）
だから、□－□＝□（cm²）

答え　□ cm²

❷　半径8cmの円の半分になっています。

半径8cmの円の面積＝8×□×3.14＝□（cm²）
色のついたところの面積＝□÷2＝□（cm²）

答え　□ cm²

1　下の図で、色のついたところの面積を求めましょう。　教科書 116ページ4 3

❶

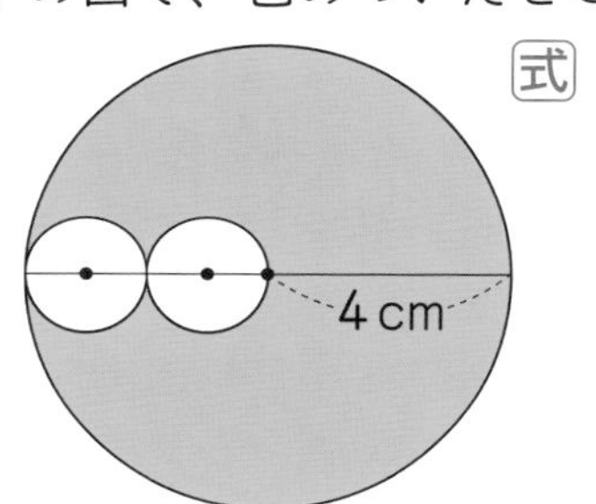

式

答え（　　　　）

❷

3 cm
2 cm

式

答え（　　　　）

❸

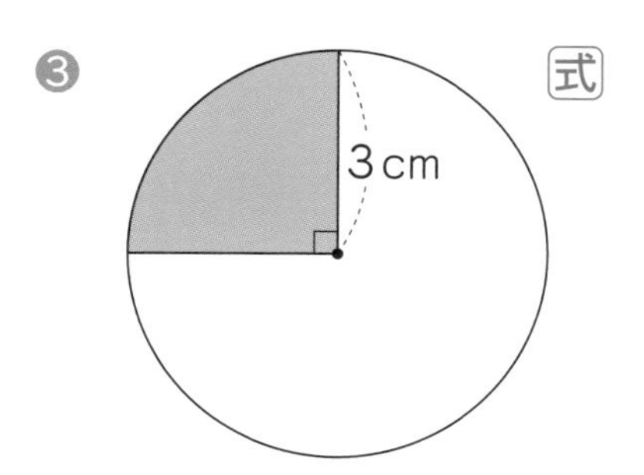

式

答え（　　　　）

❹

20 cm
8 cm

式

答え（　　　　）

さんすうはかせ　2000年以上前、アルキメデスという人は、円の内側と外側に正九十六角形をかいて、円周率のおよその値（あたい）を求めたんだって。

基本 2 いろいろな図形の面積を求めることができますか。

☆ 右の図で、色のついたところの面積を求めましょう。

20cm
20cm

とき方 《1》 円の $\frac{1}{4}$ の面積から三角形の面積をひくと、求める面積の半分になります。

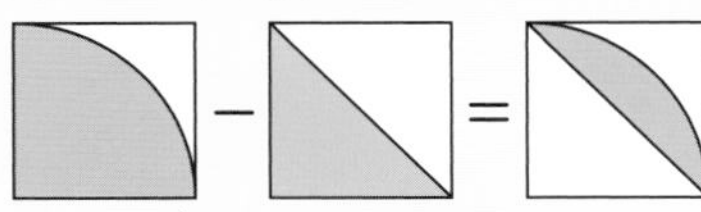

円の $\frac{1}{4}$ の面積＝20×□×3.14÷4＝□(cm²)

三角形の面積＝20×□÷2＝□(cm²)

314－200＝□(cm²)　　114×2＝□(cm²)

《2》 重なっている円の $\frac{1}{4}$ の2つ分の面積から正方形の面積をひくと、求める面積になります。

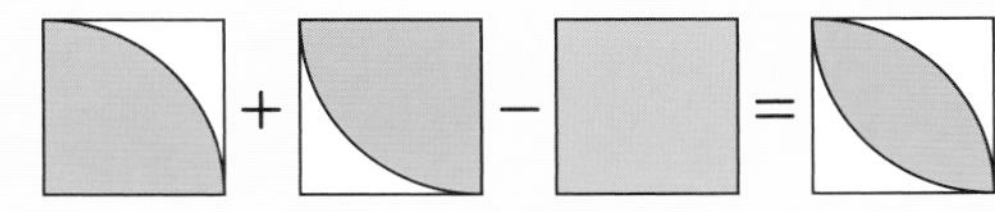

円の $\frac{1}{4}$ の面積＝20×□×3.14÷4＝□(cm²)

正方形の面積＝20×20＝□(cm²)

314×2－□＝□(cm²)

答え □cm²

図形の重なっているところや欠けているところに着目します。どんな図形が重なっていたり、欠けていたりするのか、考えましょう。

2 下の図で、色のついたところの面積を求めましょう。

教科書 117ページ 5　118ページ 4

❶

5cm
5cm

式

答え (　　　　)

❷

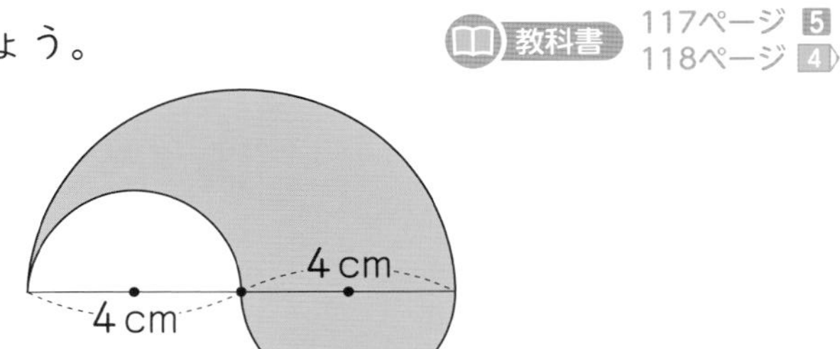

式

答え (　　　　)

❸

20cm
20cm

式

答え (　　　　)

❹

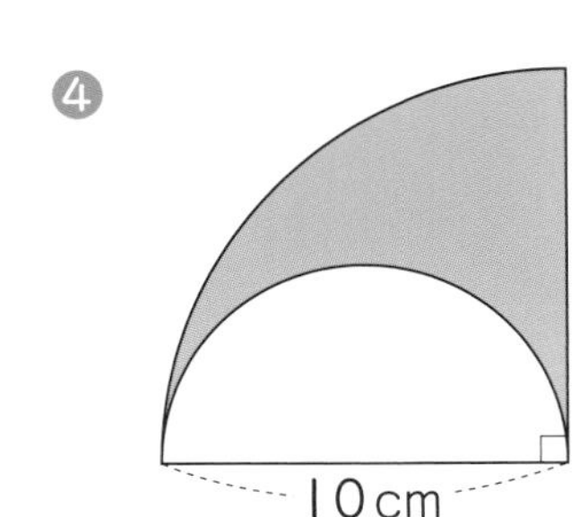

式

答え (　　　　)

ポイント 図にかかれた長さは半径なのか直径なのかしっかり確かめてから計算しましょう。

教科書 110～120ページ　答え 12ページ

できた数　/9問中

1 円の面積の公式　次の円の面積を求めましょう。

❶ 半径 5cm の円　（　　　）

❷ 半径 40cm の円　（　　　）

❸ 直径 8cm の円　（　　　）

❹ 円周の長さが 25.12cm の円　（　　　）

2 直径と面積の関係　右の図のように㋐、㋑の 2 つの円があります。㋑の円の面積は、㋐の円の面積の何倍ですか。

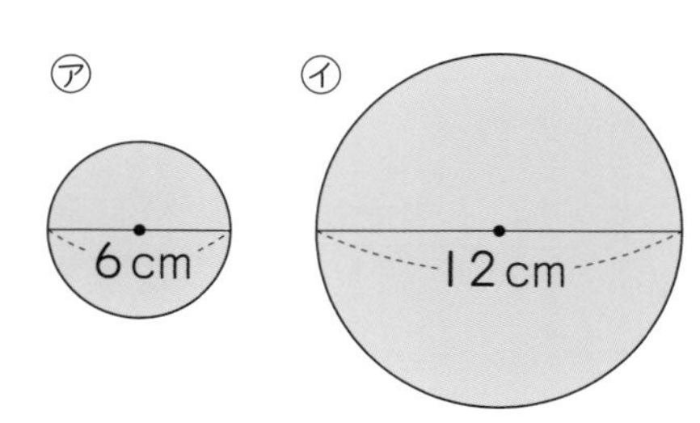

（　　　）

3 いろいろな図形の面積　下の図で、色のついたところの面積を求めましょう。

❶

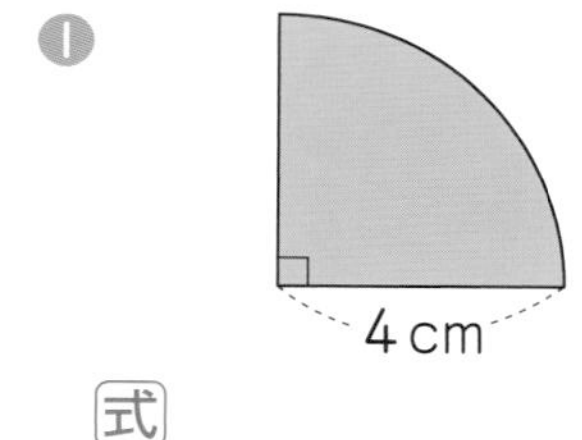

式

答え（　　　）

❷

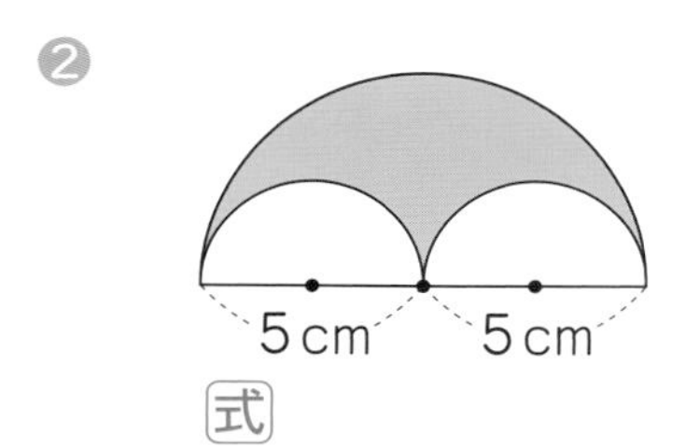

式

答え（　　　）

❸

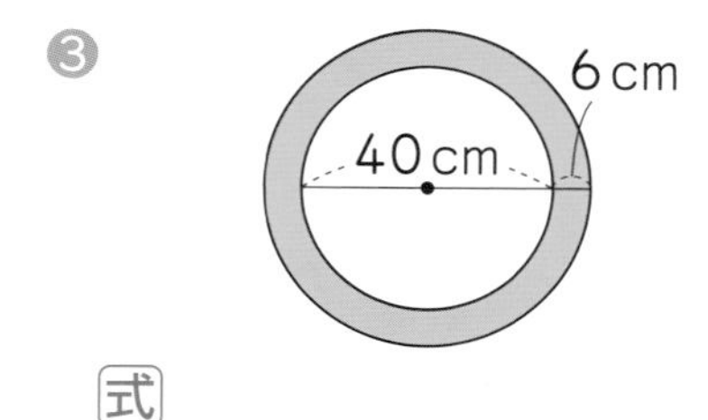

式

答え（　　　）

❹

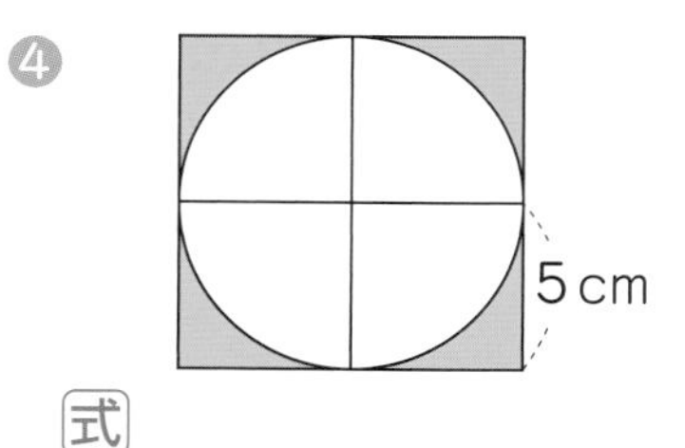

式

答え（　　　）

てびき

1 円の面積の公式
円の面積は
半径×半径×円周率
で求められます。
円周の長さは
直径×円周率
になっています。

2 直径と面積の関係

円の面積の公式より、半径が 2 倍になれば、面積は 2×2＝4(倍)になります。

3 いろいろな図形の面積
❷半径 5cm の円の半分から、半径 2.5cm の円をひいた図形の面積になります。
❸外側の円の半径は、40÷2＋6(cm)
内側の円の半径は、40÷2(cm)
になります。
❹正方形の 1 辺の長さは 10cm、円の半径は 5cm になります。

できるナビ　円周＝直径×円周率　円の面積＝半径×半径×円周率
直径と半径をまちがえないようにしよう。

勉強した日　　月　　日

まとめのテスト

得点　　/100点

教科書 110〜120ページ　答え 12ページ

1 よく出る 次の図形の面積を求めましょう。　1つ8〔32点〕

❶ 半径 8cm の円　　(　　　　)

❷ 直径 40cm の円　　(　　　　)

❸ 半径 15cm の円　　(　　　　)

❹ 円周の長さが 28.26cm の円　　(　　　　)

2 下の図で、色のついたところのまわりの長さと面積を求めましょう。　1つ7〔56点〕

❶

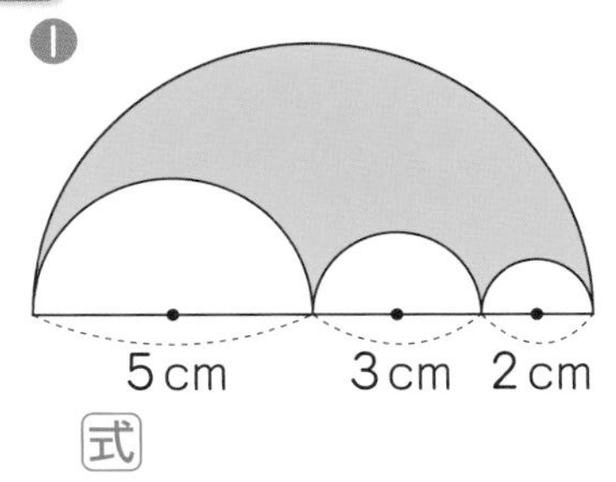

式

まわりの長さ (　　　　)　面積 (　　　　)

❷

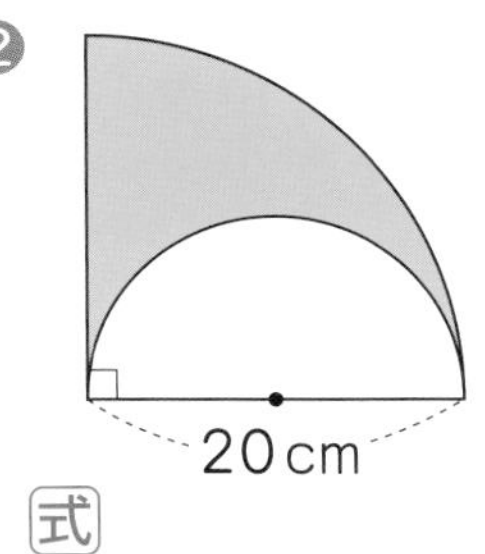

式

まわりの長さ (　　　　)　面積 (　　　　)

❸

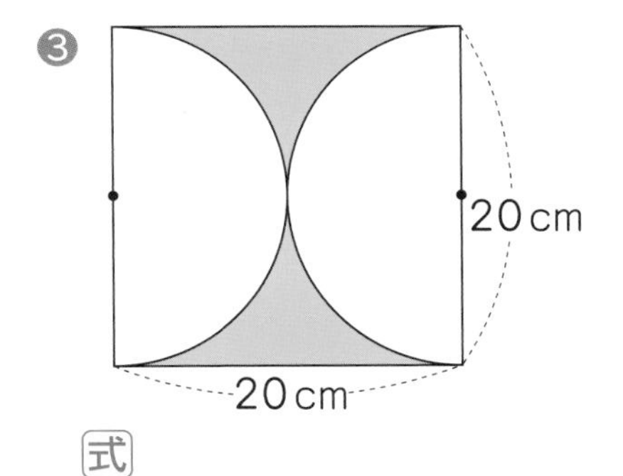

式

まわりの長さ (　　　　)　面積 (　　　　)

❹

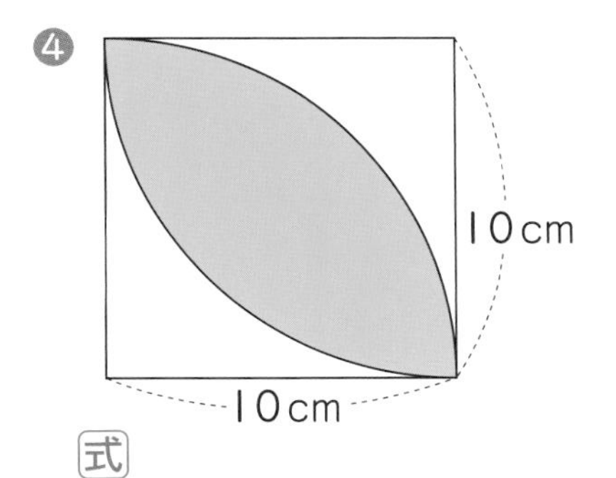

式

まわりの長さ (　　　　)　面積 (　　　　)

チャレンジ! **3** 長さ 25.12cm の 2 本のひもを使って、円と正方形の形をそれぞれつくりました。どちらの面積が何 cm^2 広いですか。　〔12点〕

(　　　　)

ふろくの「計算練習ノート」17〜18ページをやろう！

□ 円の面積を求めることができたかな？
□ いろいろな図形の面積を求めることができたかな？

勉強した日　月　日

立体の体積の求め方を考えよう

基本のワーク

学習の目標
角柱や円柱の体積の求め方を身につけよう。

教科書 122～128ページ　答え 13ページ

基本1 角柱の体積を求めることができますか。

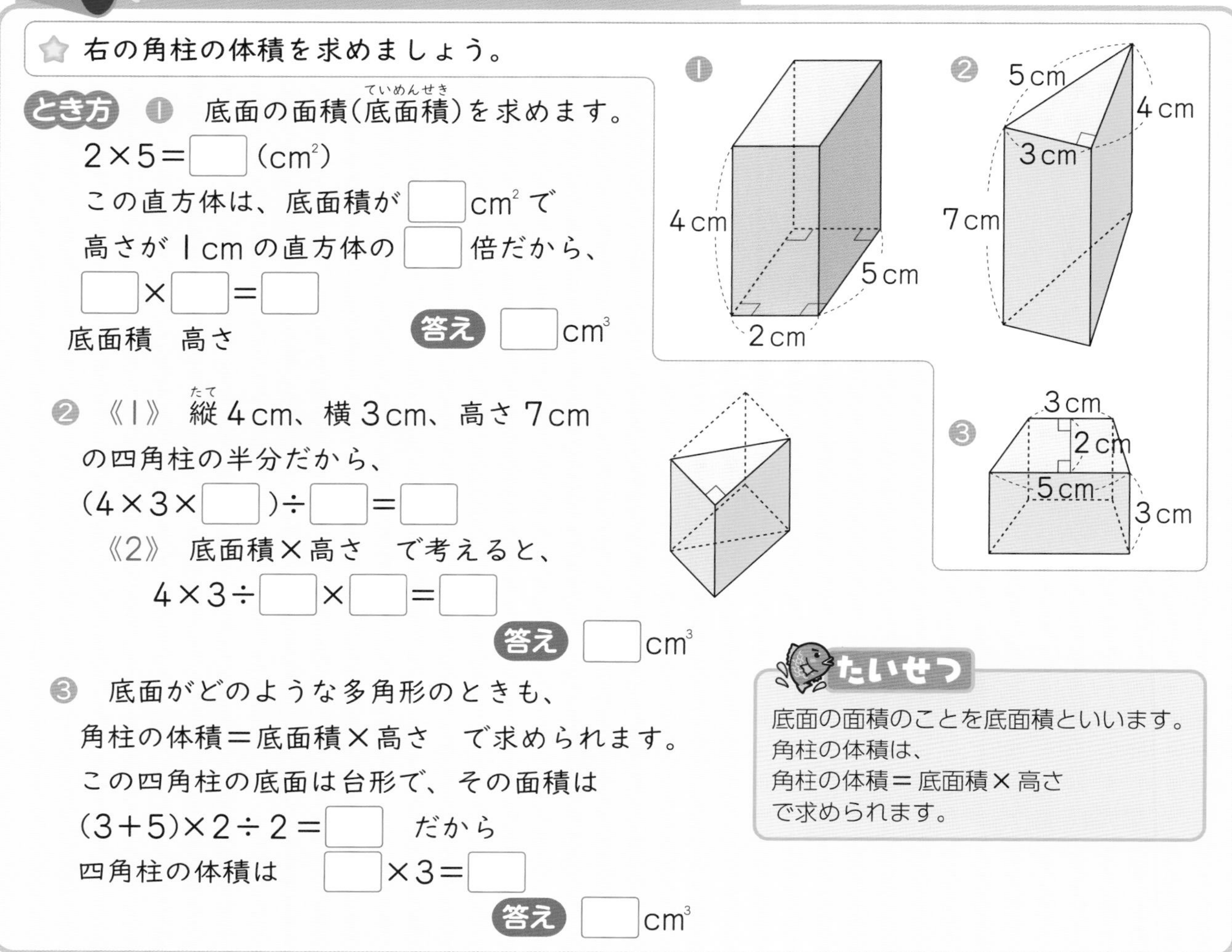

☆ 右の角柱の体積を求めましょう。

とき方 ❶ 底面の面積(底面積(ていめんせき))を求めます。

$2\times5=$ □ (cm^2)

この直方体は、底面積が □ cm^2 で

高さが $1\,\text{cm}$ の直方体の □ 倍だから、

□ × □ ＝ □
底面積　高さ

答え □ cm^3

❷ 《1》 縦(たて) 4cm、横 3cm、高さ 7cm の四角柱の半分だから、

$(4\times3\times$ □ $)\div$ □ ＝ □

《2》 底面積×高さ　で考えると、

$4\times3\div$ □ × □ ＝ □

答え □ cm^3

❸ 底面がどのような多角形のときも、

角柱の体積＝底面積×高さ　で求められます。

この四角柱の底面は台形で、その面積は

$(3+5)\times2\div2=$ □ だから

四角柱の体積は □ $\times3=$ □

答え □ cm^3

たいせつ
底面の面積のことを底面積といいます。
角柱の体積は、
角柱の体積＝底面積×高さ
で求められます。

1 下の角柱の体積を求めましょう。

教科書 123ページ1　124ページ2

❶

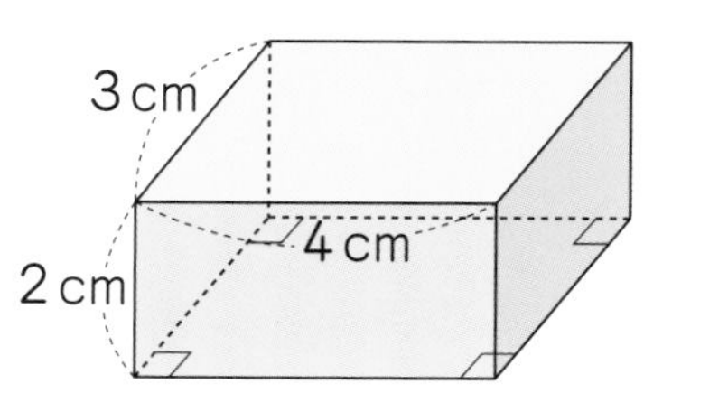

式

答え (　　　　)

❷

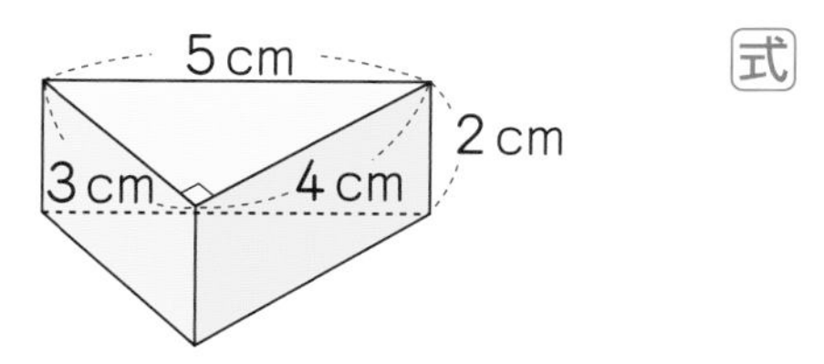

式

答え (　　　　)

日本では昔、体積の単位に石(こく)、升(しょう)、合(ごう)、勺(しゃく)などが使われていたよ。今でも、お米やお酒、おしょうゆなどの量で使われるよ。

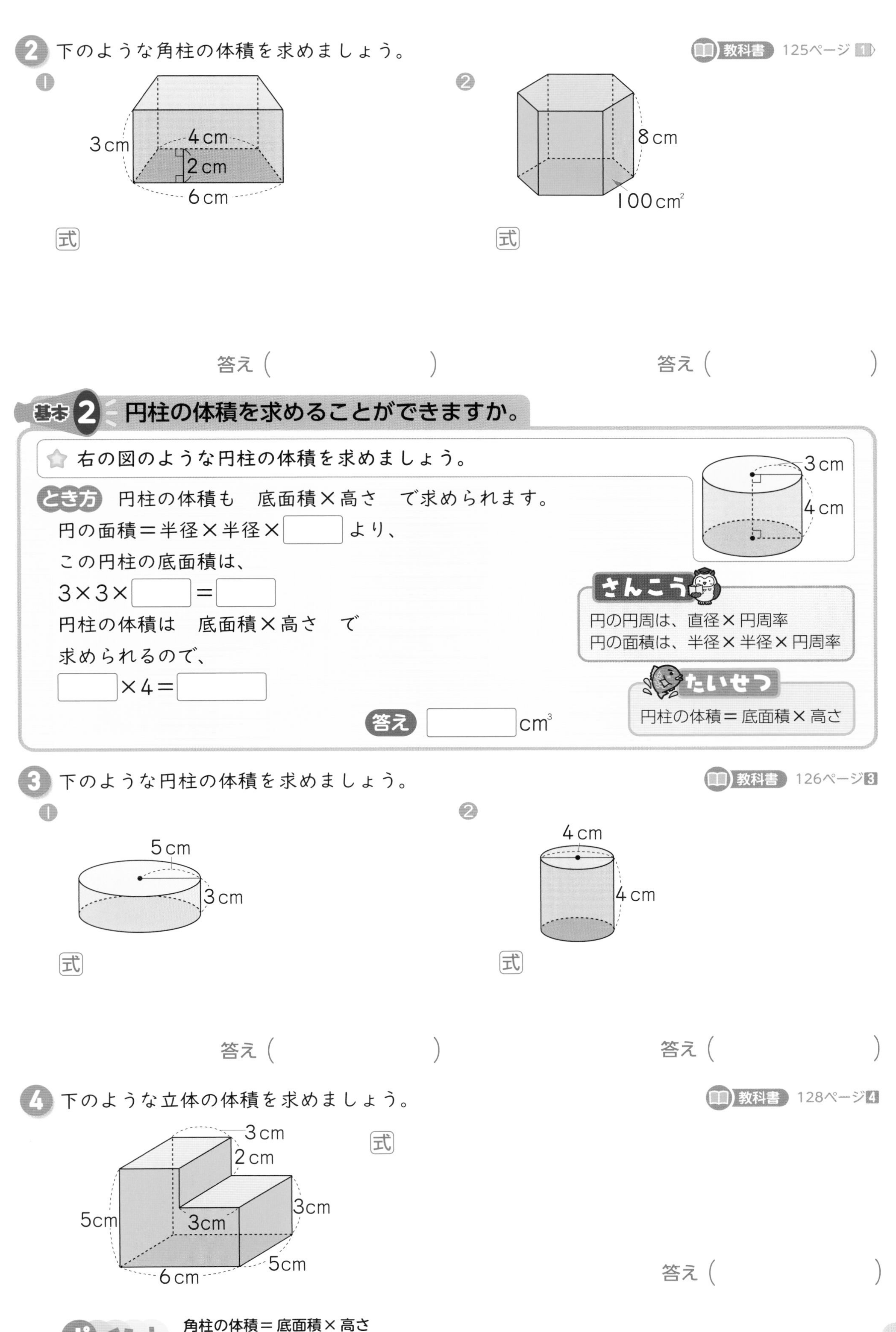

2 下のような角柱の体積を求めましょう。 教科書 125ページ 1

❶

式

答え（　　　　）

❷

式

答え（　　　　）

基本 2 円柱の体積を求めることができますか。

☆ 右の図のような円柱の体積を求めましょう。

とき方 円柱の体積も　底面積×高さ　で求められます。

円の面積＝半径×半径×［　　］より、

この円柱の底面積は、

3×3×［　　］＝［　　］

円柱の体積は　底面積×高さ　で

求められるので、

［　　］×4＝［　　］

答え ［　　］cm³

さんこう

円の円周は、直径×円周率

円の面積は、半径×半径×円周率

たいせつ

円柱の体積＝底面積×高さ

3 下のような円柱の体積を求めましょう。 教科書 126ページ 3

❶

式

答え（　　　　）

❷

式

答え（　　　　）

4 下のような立体の体積を求めましょう。 教科書 128ページ 4

式

答え（　　　　）

ポイント

角柱の体積＝底面積×高さ

円柱の体積＝底面積×高さ

勉強した日　　月　　日

練習のワーク

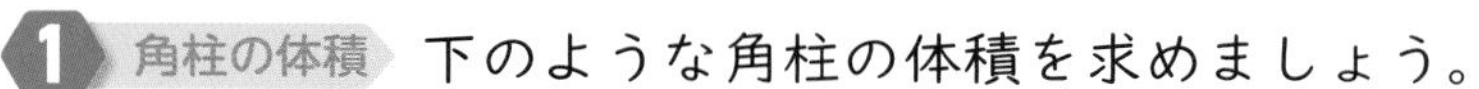

教科書 122～130ページ　答え 13ページ

できた数　　/7問中

1 角柱の体積　下のような角柱の体積を求めましょう。

❶

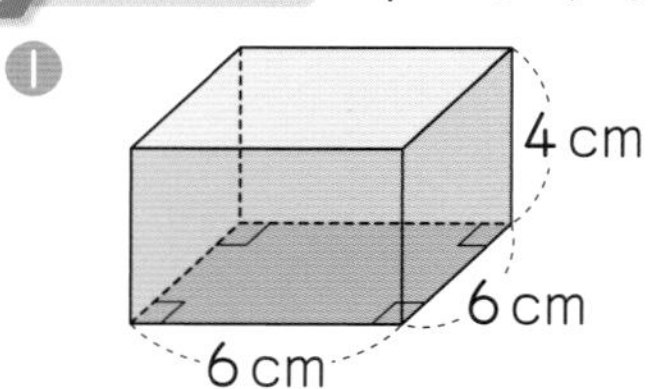

式

答え（　　　　　）

❷

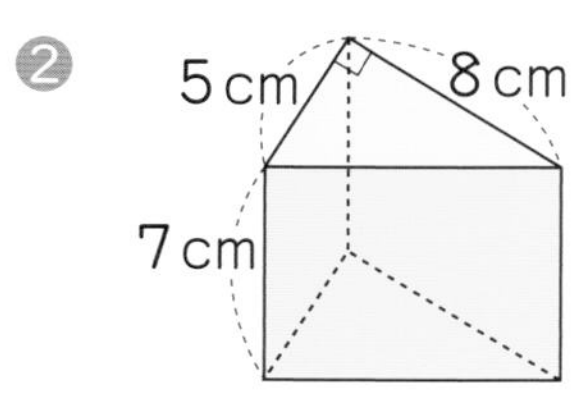

式

答え（　　　　　）

❸

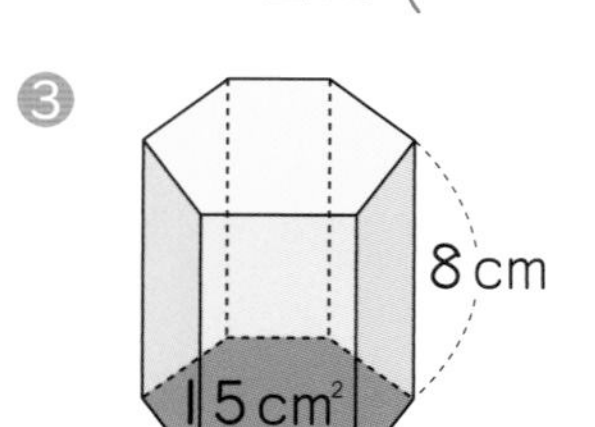

式

答え（　　　　　）

❹

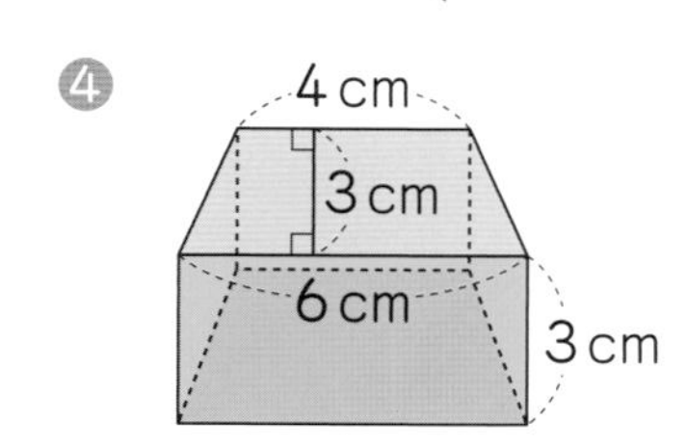

式

答え（　　　　　）

2 円柱の体積　下のような立体の体積を求めましょう。

❶

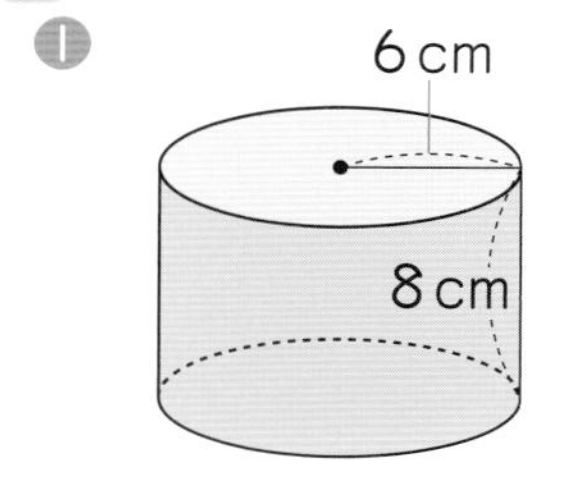

式

答え（　　　　　）

❷

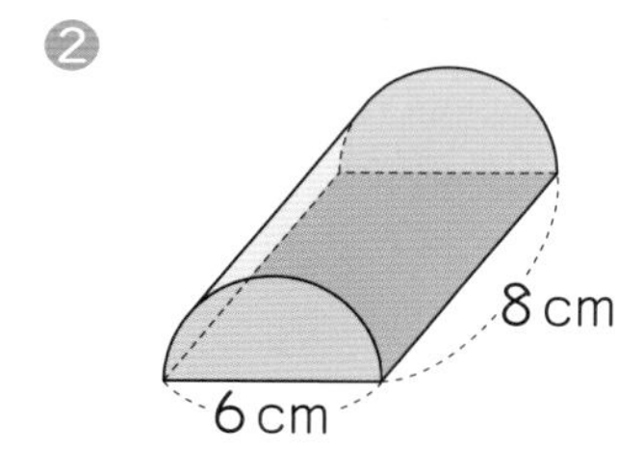

式

答え（　　　　　）

3 立体の体積　右のような立体の体積を求めましょう。

式

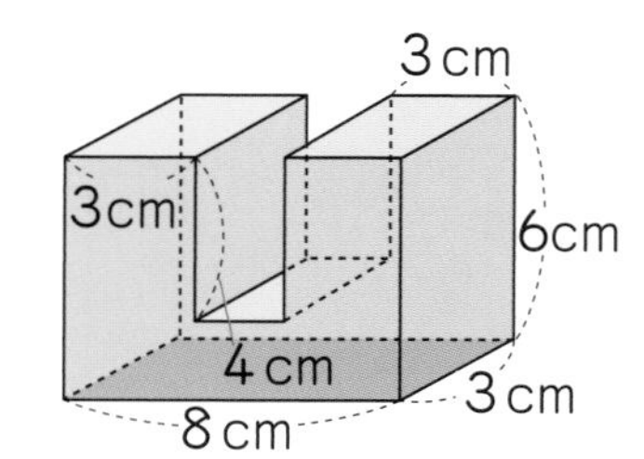

答え（　　　　　）

てびき

1 角柱の体積

たいせつ

角柱の体積
＝底面積（ていめんせき）×高さ

底面は、平行で合同な、向かい合った2つの面です。

台形の面積
＝(上底＋下底)×高さ÷2

2 円柱の体積

たいせつ

円柱の体積
＝底面積×高さ

円の面積
＝半径×半径×3.14

❷ 直径が6cmで高さが8cmの円柱を半分に切った形をしています。
半円の面積を求めて、底面積×高さ　で求めることもできます。

3 立体の体積

このような立体も、凹の面を底面と考えれば、角柱の体積の公式を使って体積を求めることができます。

できるナビ　角柱も円柱も、その体積は底面積×高さ　で求めることができます。

まとめのテスト

教科書 122〜130ページ　答え 13ページ

1 よく出る 下のような立体の体積を求めましょう。 1つ6〔72点〕

❶
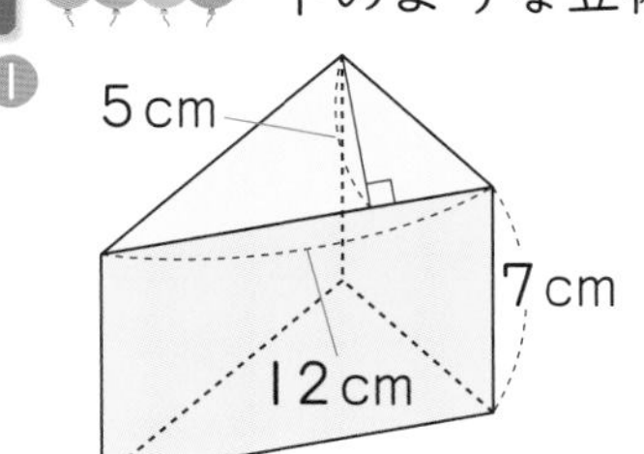

式

答え（　　　　　）

❷
7cm
18cm²

式

答え（　　　　　）

❸
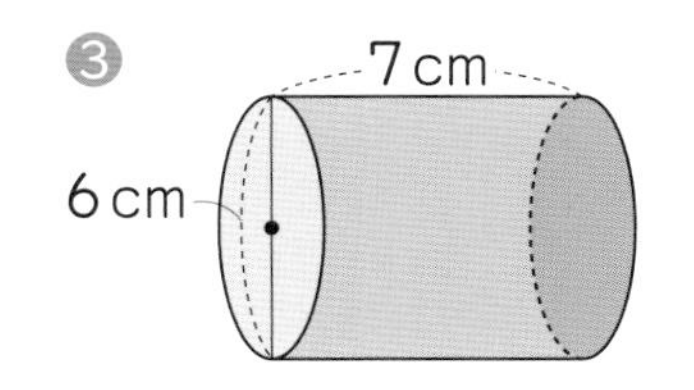

式

答え（　　　　　）

❹
5cm
5cm
5cm

式

答え（　　　　　）

❺
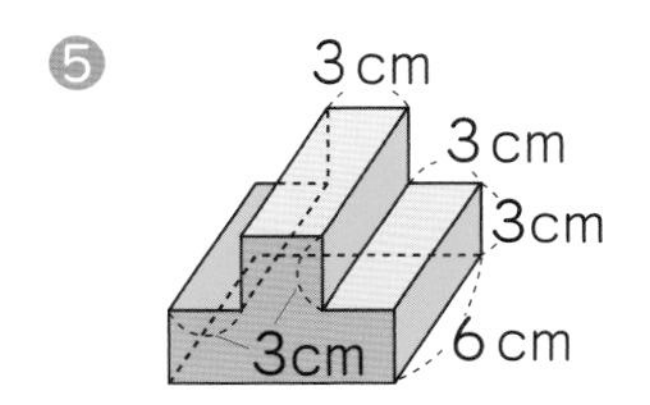

式

答え（　　　　　）

チャレンジ! ❻
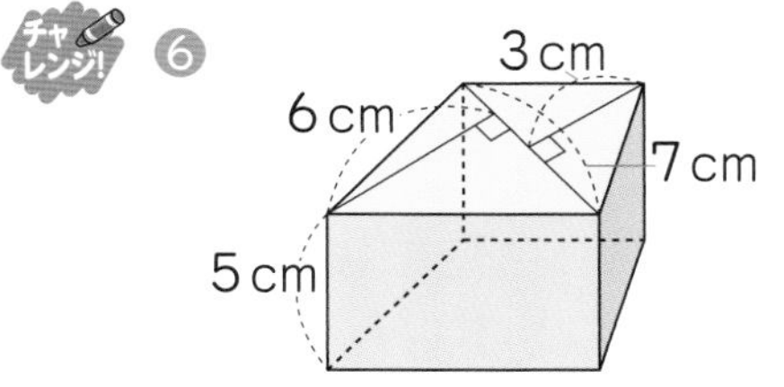

式

答え（　　　　　）

2 内のりが右の図のような容器に、水がいっぱいにはいっています。㋐の水をコップに入れると、コップ5はい分でした。㋑の水を同じコップに入れると、コップ何はい分になりますか。 1つ7〔14点〕

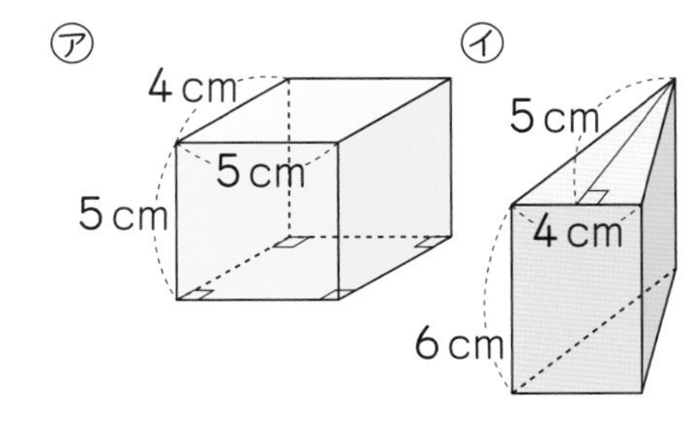

式

答え（　　　　　）

3 右のような、真ん中が円柱の形にくりぬかれた立体の体積を求めましょう。 1つ7〔14点〕

式

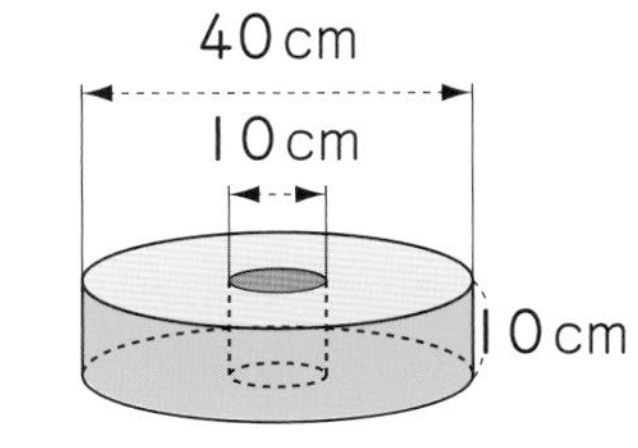

答え（　　　　　）

□角柱の体積が求められたかな？
□円柱の体積が求められたかな？

ふろくの「計算練習ノート」21ページをやろう！

月　日

1 ならび方

基本のワーク

学習の目標
落ちや重なりがないように、場合の数を調べられるようにしよう。

教科書 132～136ページ　答え 14ページ

基本 1 落ちや重なりがないように場合の数を調べることができますか。

☆ A、B、C、Dの4人でリレーのチームをつくりました。4人の走る順序は、全部で何とおりありますか。

とき方 落ちや重なりがないように、表や図を使って、ならび方を表します。

Aが1番めに走る場合を考えます。

《1》 2番めに走るのは、BかCかDです。

《2》 2番めがBの場合、3番めはCか［　］です。

《3》 3番めがCの場合、4番めは［　］です。

《4》 2番めがC、Dのときも、同じように考えます。この方法でかいたのが、右の表と図で、Aが1番めに走る場合は［　］とおりあります。

1番め	2番め	3番め	4番め
A	B	C	D
A	B	D	C
A	C	B	D
A	C	D	B
A	D	B	C
A	D	C	B

1番め　2番め　3番め　4番め

A ─ B ─ C ─ D
A ─ B ─ D ─ C
A ─ C ─ B ─ D
A ─ C ─ D ─ B
A ─ D ─ B ─ C
A ─ D ─ C ─ B

だれが1番めに走るかは、A、B、C、Dの［　］とおりあり、それぞれの場合の走る順番は［　］とおりずつあるので、

［　］×［　］＝［　］

表や図を使ってならび方を表すと、落ちや重なりなく調べることができます。

答え ［　］とおり

1 1、3、5の3つの数字をならべかえて、3けたの整数をつくります。全部で何とおりの整数ができますか。

教科書 133ページ1

（　　　）

基本 2 図をかいて、場合の数を調べられますか。

☆ あたりとはずれしかないくじ引きを3回します。このくじ引きのあたりとはずれの出方は、全部で何とおりありますか。

とき方 あたりを○、はずれを●で表します。

右の図のように、1回めにあたりを引いた場合を調べると、［　］とおりあります。同じように、1回めがはずれだった場合も［　］とおりです。

［　］×［　］＝［　］

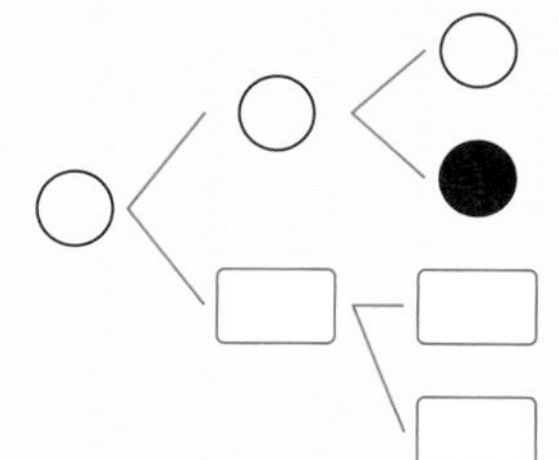

答え ［　］とおり

基本1と基本2の図は「樹形図（じゅけいず）」っていうんだよ。樹木（じゅもく）が枝分かれしているみたいでしょ。

2 右の図で、家から郵便局(ゆうびんきょく)を通って駅に行くのに、全部で何とおりの行き方がありますか。

教科書 135ページ 2

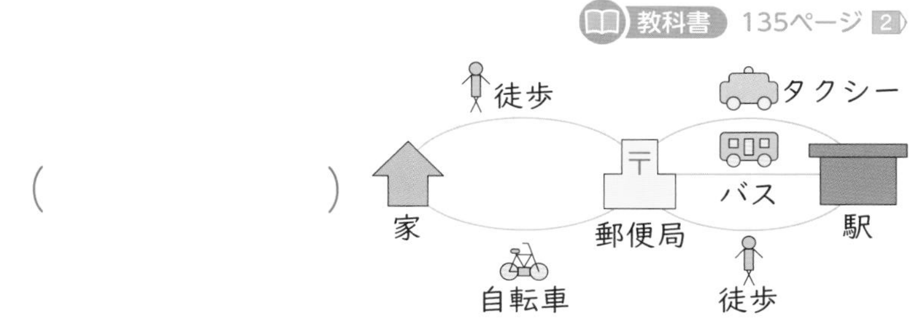

（　　　　　　）

3 あるカレー屋では、具、からさ、トッピングを右の表から１種類ずつ選べます。全部で何とおりのカレーができますか。

教科書 135ページ 2

具	からさ	トッピング
チキン	あまロ	たまご
ポーク	中から	チーズ
	からロ	

（　　　　　　）

基本 3 規則にしたがって、行き方を考えられますか。

☆ 右のようにA駅からC駅まで行くとき、次の行き方で使う乗りものを答えましょう。

❶ 運賃(うんちん)の合計がいちばん安い行き方

❷ かかる時間の合計がいちばん短い行き方

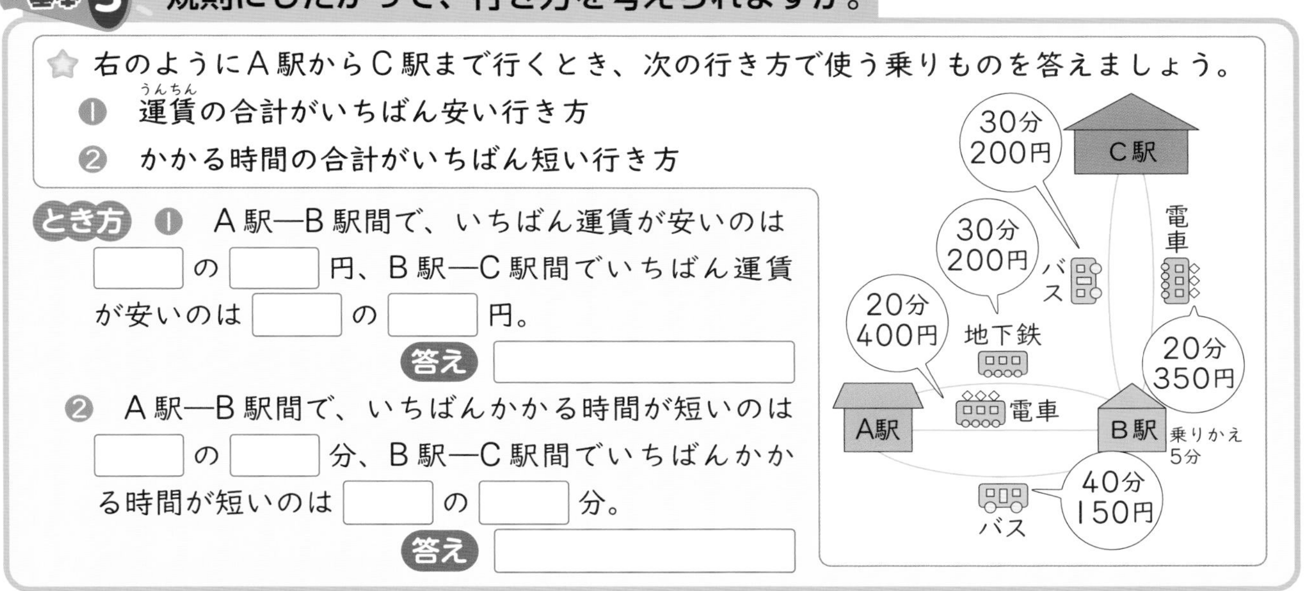

とき方 ❶ A駅―B駅間で、いちばん運賃が安いのは［　　］の［　　］円、B駅―C駅間でいちばん運賃が安いのは［　　］の［　　］円。

答え［　　　　　］

❷ A駅―B駅間で、いちばんかかる時間が短いのは［　　］の［　　］分、B駅―C駅間でいちばんかかる時間が短いのは［　　］の［　　］分。

答え［　　　　　］

4 基本 3 について、次の問題に答えましょう。ただし、B駅で乗りかえにかかる時間は５分とします。

教科書 136ページ 3

❶ 500円以内で行ける行き方をすべて答えましょう。

（　　　　　　　　　　　　　　）

❷ A駅を午後３時に出発してC駅に午後４時までに着く行き方をすべて答えましょう。

（　　　　　　　　　　　　　　）

ポイント 場合の数を調べるときには、表や図を使って、落ちや重なりがないように注意します。順序立てて、ていねいに作業しましょう。

勉強した日　　月　　日

2 組み合わせ方

基本のワーク

学習の目標
落ちや重なりがないように、組み合わせ方を調べられるようにしよう。

教科書 137～139ページ　答え 14ページ

基本1 落ちや重なりがないように組み合わせ方を調べることができますか。

☆ A、B、C、D の 4 人でバドミントンの試合をします。だれもが、ほかの全員と 1 回ずつ試合をするとき、全部で何とおりの組み合わせができますか。

とき方 《1》 枝分かれした図にかいて調べます。すでに試合をしている組み合わせは、＼で消します。

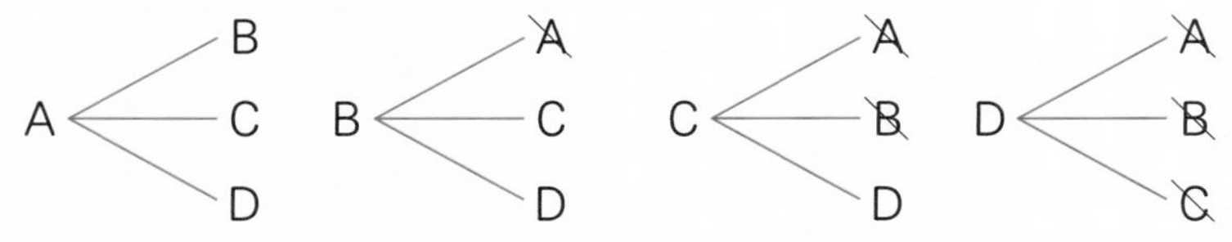

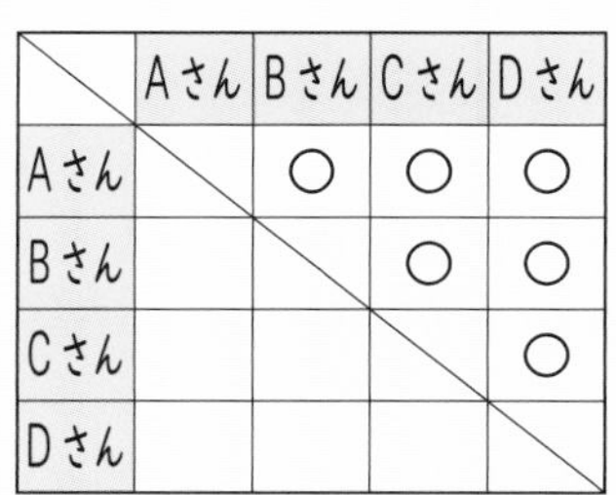

	Aさん	Bさん	Cさん	Dさん
Aさん	＼	○	○	○
Bさん		＼	○	○
Cさん			＼	○
Dさん				＼

《2》 表にかいて調べます。試合をする組み合わせに○をつけます。自分とは試合ができないので＼で消します。

《3》 長方形の図にかいて調べます。試合をする組み合わせどうしを線でむすびます。この線の数が試合の数になります。

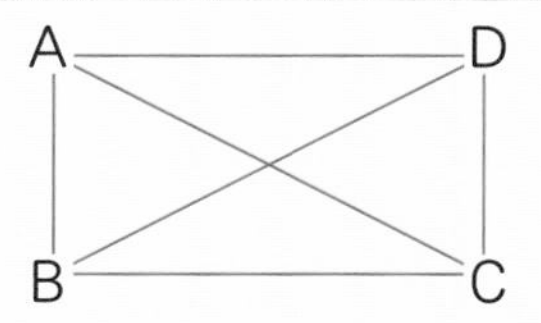

たいせつ
同じものの組み合わせに気をつけて、組み合わせを図や表に表すと、落ちや重なりなく調べることができます。

答え ＿＿ 試合

1 A、B、C、D、E の 5 人でテニスをします。だれもが、ほかの全員と 1 回ずつ試合をすることにします。全部で何とおりの組み合わせができますか。

教科書 138ページ 1

（　　　　）

基本2 ある数からいくつか選ぶとき、何とおりの組み合わせがあるかわかりますか。

☆ A、B、C、D の 4 冊(さつ)の本から、3 冊を選んで読みます。全部で何とおりの読み方がありますか。

とき方 図にかいて調べます。A—B—C と A—C—B など、同じ組み合わせは片方(かたほう)を＼で消します。

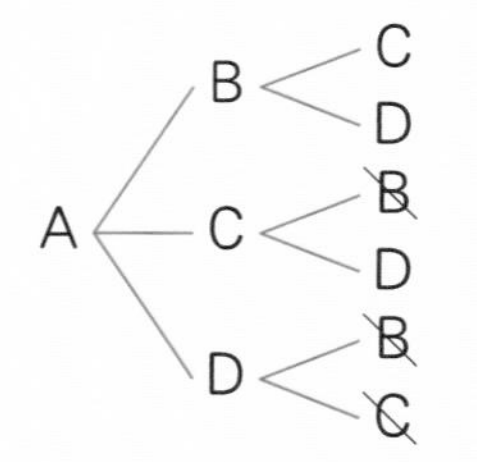

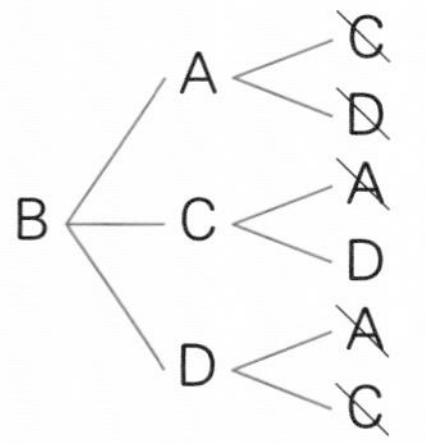

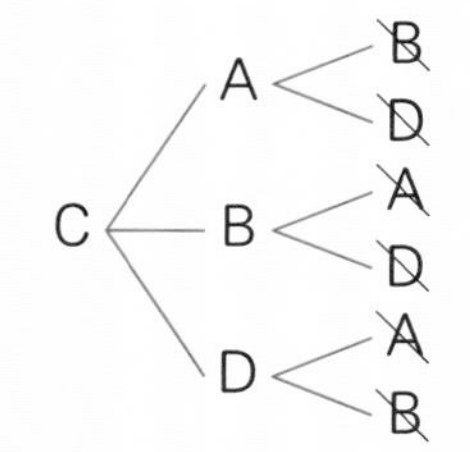

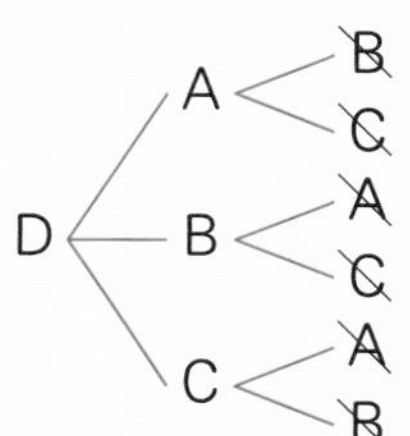

＿＿ + ＿＿ + ＿＿ + ＿＿ = ＿＿

答え ＿＿ とおり

さんすうはかせ 組み合わせのことを、combination（コンビネーション）というよ。

2 A、B、C、Dの4人の中から2人を図書委員に選びます。全部で何とおりの選び方がありますか。

教科書 139ページ2

(　　　　　)

3 100円、300円、500円の金券(きんけん)がそれぞれ1枚(まい)ずつあります。このうち2枚を組み合わせてできる金額を全部かきましょう。

教科書 139ページ2

(　　　　　)

基本3 図をかいて、組み合わせ方を調べることができますか。

☆ 1、2、3、4、5の5枚のカードの中から2枚を取り出して、2けたの数をつくる場合と、2枚の数の積を求める場合とでは、カードの選び方はそれぞれ全部で何とおりありますか。

とき方 《1》 2けたの数をつくる場合……□とおり

十の位　一の位

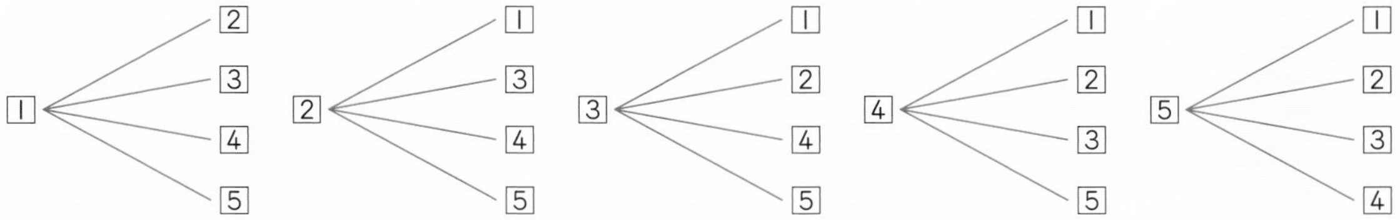

1 — 2, 3, 4, 5
2 — 1, 3, 4, 5
3 — 1, 2, 4, 5
4 — 1, 2, 3, 5
5 — 1, 2, 3, 4

《2》 2枚の数の積を求める場合……□とおり

1 — 2, 3, 4, 5
2 — ~~1~~, 3, 4, 5
3 — ~~1~~, ~~2~~, 4, 5
4 — ~~1~~, ~~2~~, ~~3~~, 5
5 — ~~1~~, ~~2~~, ~~3~~, ~~4~~

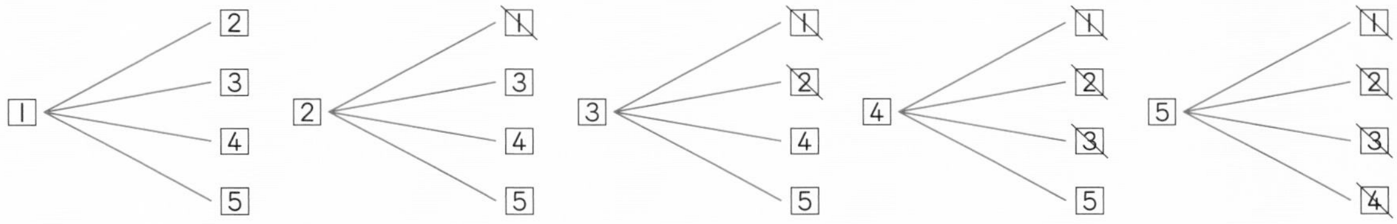

《2》の場合は、1番めに選んでも、2番めに選んでも順番は関係ないので、選び方は《1》の□になります。

答え 2けたの数をつくる場合□とおり
2枚の数の積を求める場合□とおり

4 5人の中から委員長と副委員長を選ぶ選び方と、5人の中から委員を2人選ぶ選び方は、それぞれ全部で何とおりありますか。

教科書 139ページ3

委員長と副委員長を選ぶ選び方(　　　　　)
委員を2人選ぶ選び方(　　　　　)

ポイント 順番が関係ある場合とない場合で、求め方がちがってきます。
問題をよく読んで考えましょう。

勉強した日　月　日

練習のワーク①

教科書 132～141ページ　答え 15ページ

1 ならび方　けいさん、なほさん、しょうさん、ほのかさんの4人が順番にそうじ当番をします。当番をする順番は全部で何とおりありますか。

（　　　　）

2 ならび方　１枚（まい）の100円玉を4回投げます。このときの表と裏（うら）の出方は、全部で何とおりありますか。

（　　　　）

3 ならび方　右の図で、家からA駅を通ってB駅に行くのに、全部で何とおりの行き方がありますか。

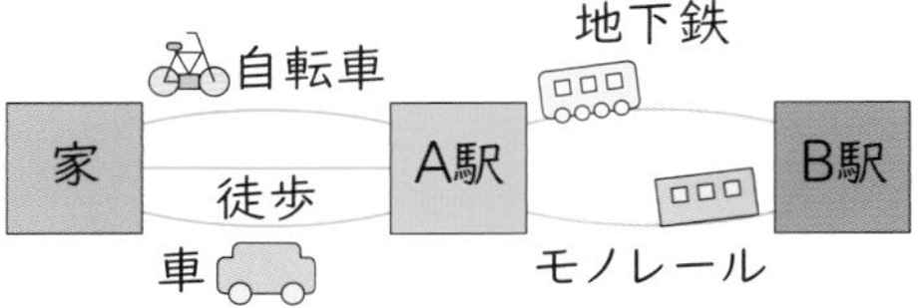

（　　　　）

4 ならび方　右のような旗を作り、赤、青、黄、緑、白の5色から2色を選んでぬり分けるとすると、全部で何とおりの旗ができますか。

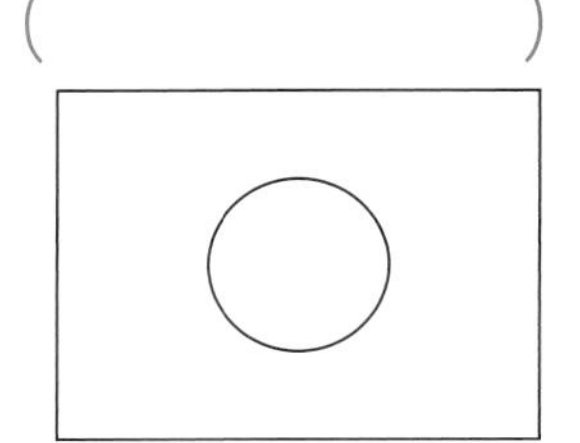

（　　　　）

5 組み合わせ方　A、B、C、D、Eの5チームでサッカーをします。どのチームもほかのチームと１回ずつ試合をすることにします。全部で何とおりの組み合わせができますか。

（　　　　）

6 組み合わせ方　5円、10円、50円、100円のお金がそれぞれ１枚ずつあります。このうち2枚を組み合わせてできる金額は、全部で何とおりありますか。

（　　　　）

てびき

1 ならび方
表や図を使って、4人が順番にならぶならび方が何とおりあるかを調べます。

2 ならび方
表が出た場合を○、裏が出た場合を×として、表や図をかいてみましょう。

3 ならび方
家からA駅までは3とおり、A駅からB駅までは2とおりの行き方があります。

4 ならび方
表や図を使って、円の内側と外側に、それぞれ何色をぬるかを考えましょう。

5 組み合わせ方
A—BとB—Aの組み合わせは同じになります。重なりがないように、気をつけて調べましょう。

6 組み合わせ方

組み合わせる2枚のお金には、順番は関係ありません。

できるナビ　ならび方や組み合わせ方を調べるときは、表や図を使って、落ちや重なりがないように気をつけましょう。

練習のワーク②

教科書 132〜141ページ　答え 15ページ

できた数　/6問中

1 ならび方　国語、算数、理科、社会、体育の5つの教科から3つを選んで3時間目までの時間割(じかんわり)を考えます。時間割は全部で何とおりできますか。

(　　　)

2 ならび方　右のような旗を作り、赤、青、黄、白、の4色から3色を選んでぬり分けるとすると、全部で何とおりの旗ができますか。

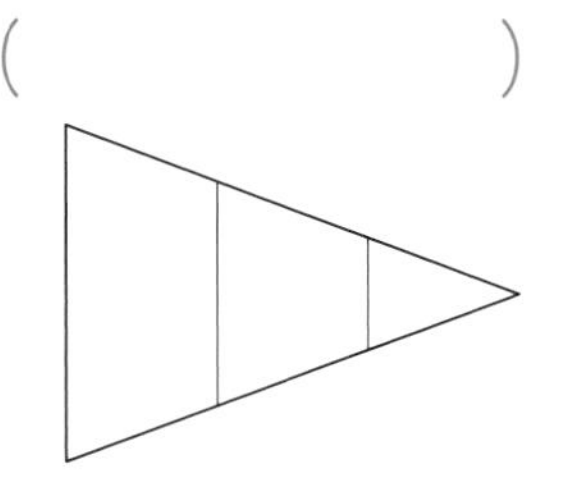

(　　　)

3 ならび方　ある食堂では、おかず、サラダ、スープを右の表から1種類ずつ選べます。全部で何とおりの組み合わせができますか。

おかず	サラダ	スープ
魚	トマト	とうふ
ぶた	たまご	わかめ
とり	ポテト	

(　　　)

4 組み合わせ方　[3]、[4]、[5]、[6]の4枚のカードから、3枚を選んで和を求めます。全部で何とおりの和がありますか。

(　　　)

5 ならび方　けいさん、なほさん、しょうさんがおかしを注文しました。注文したのはプリン、クッキー、ケーキですが、だれがどのおかしを注文したのかわからなくなってしまいました。

❶　3つのおかしを3人にわたすわたし方は何とおりありますか。

(　　　)

❷　プリンはけいさん、クッキーはなほさん、ケーキはしょうさんが注文しました。だれにも正しいおかしをわたせないわたし方は何とおりありますか。

(　　　)

1 ならび方
表や図を使って、1時間目、2時間目、3時間目の教科のならび方が何とおりあるかを調べます。

2 ならび方
表や図を使って、左から順番に、それぞれ何色をぬるかを考えましょう。

3 ならび方
おかずは3とおり、サラダは3とおり、スープは2とおり選べます。

4 組み合わせ方
表や図を使って、カードの組み合わせ方を考えます。そして、それぞれの和がいくつになっているのか調べます。

5 ならび方
❶表や図を使って、だれに何をわたすのか考えます。
❷　❶のわたし方の中から、人とおかしの組み合わせが正しいかどうかを考えます。

できるナビ　順番が関係ある場合とない場合で、ならび方や組み合わせ方の求め方が変わるので、問題をよく読んで考えましょう。

勉強した日　月　日

まとめのテスト①

時間 20分

得点　/100点

教科書 132～141ページ　答え 15ページ

1 次の❶から❸はならび方と組み合わせ方のどちらの場面だと考えればよいですか。　1つ10〔30点〕

❶ 5人の児童から図書係を2人選ぶ選び方は何とおりありますか。

（　　　）

❷ 50円、100円、200円、300円の4種類の金券（きんけん）から2種類を1枚（まい）ずつ取り出したときにできる金額は何とおりありますか。

（　　　）

❸ 4人の先生から1組と2組の担任（たんにん）を選ぶ選び方は何とおりありますか。

（　　　）

2 あるハンバーガーショップに、次のようなメニューがあります。バーガー、ソース、サイドを右の表から1種類ずつ選んでセットにすると、セットは全部で何とおりできますか。　〔10点〕

バーガー	ソース	サイド
ビーフ	トマト	ポテト
フィッシュ	和風	サラダ
チキン		ゼリー

（　　　）

3 けいさん、なほさん、しょうさん、ほのかさんの4人が横一列にならんで写真をとります。　1つ15〔30点〕

❶ 4人のならび方は全部で何とおりありますか。

（　　　）

❷ ほのかさんがはしになるならび方は、全部で何とおりありますか。

（　　　）

4 ななさん、たいちさん、みおさん、そうまさんの4人がくだものを注文しました。

注文したのは、もも、りんご、ぶどう、なしですが、だれがどのくだものを注文したかわからなくなってしまいました。　1つ15〔30点〕

❶ 4つのくだものを4人にわたすわたし方は何とおりありますか。

（　　　）

❷ ももはななさん、りんごはたいちさん、ぶどうはみおさん、なしはそうまさんが注文しました。だれにも正しいくだものをわたせないわたし方は何とおりありますか。

（　　　）

□ならび方と組み合わせ方のどちらをつかう場面かわかったかな？
□落ちや重なりがないように調べることができたかな？

まとめのテスト❷

時間20分　得点　/100点

教科書 132～141ページ　答え 16ページ

1 よく出る [6]、[7]、[8]、[9]の４枚のカードがあります。　1つ10〔40点〕

❶ この４枚のカードのうち、３枚をならべて３けたの整数をつくると、整数は何とおりできますか。

（　　　　）

❷ ❶でできた３けたの整数のうち、偶数（ぐうすう）は何とおりできますか。

（　　　　）

❸ この４枚のカードを全部使って４けたの整数をつくると、整数は何とおりできますか。

（　　　　）

❹ ❸でできた４けたの整数のうち、十の位が８になるものは、何とおりできますか。

（　　　　）

2 家から団地へ行きます。家からB駅までは徒歩で５分、A駅で乗りかえにかかる時間は５分です。

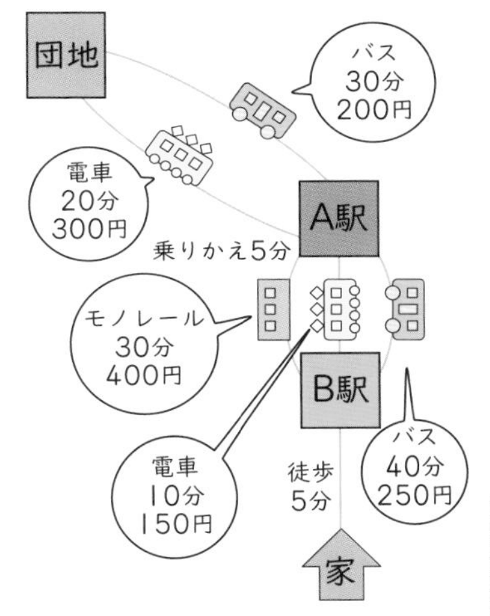

❶ 何とおりの行き方がありますか。　1つ12〔48点〕

（　　　　）

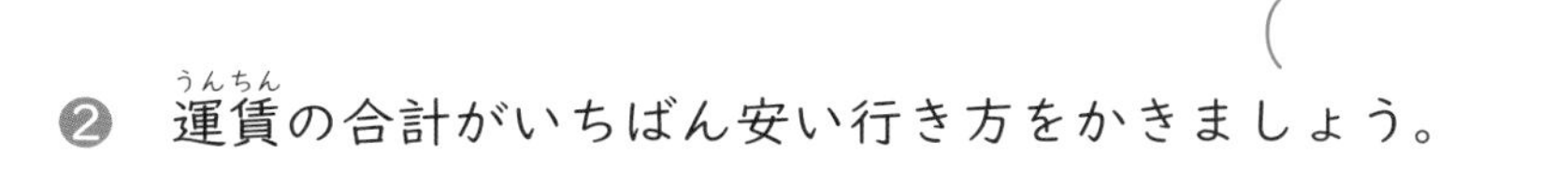

❷ 運賃（うんちん）の合計がいちばん安い行き方をかきましょう。

（　　　　）

❸ 乗りかえの時間をふくめて、ちょうど１時間かかる行き方をかきましょう。

（　　　　）

❹ かかる時間の合計がいちばん短くなるような行き方をするとき、家を何時に出発すれば、午後６時までに団地に着きますか。

（　　　　）

3 ７種類の本から、５種類を選んで借ります。全部で何とおりの借り方がありますか。　〔12点〕

（　　　　）

ふろくの「計算練習ノート」24～26ページをやろう！

チェック
□ならび方が何とおりか求められたかな？
□組み合わせ方が何とおりか求められたかな？

勉強した日 月 日

[1] 2つの数で表す割合
[2] 等しい比
基本のワーク

学習の目標
2つの量を比で表したり、等しい比を見つける方法を理解しよう。

教科書 146～152ページ　答え 16ページ

基本1 比を使って、2つの量の割合を表すことができますか。

☆ 酢(す)をカップ7はいと油をカップ3ばいまぜてドレッシングをつくります。酢と油の割合(わりあい)を比(ひ)で表しましょう。また、酢と油の比の値(あたい)を求めましょう。

とき方 2つの量の割合を表すのに、：の記号を使って、7：3のように表すことがあります。7：3は「七対(たい)三」とよみます。このような割合の表し方を □ といいます。また、a：bの比で、a÷bの商を、a：bの □ といいます。
酢の量と油の量の比は □：□
また、比の値は、□÷□＝□

答え 比 □　比の値 □

1 赤えんぴつ3本と青えんぴつ5本の比と比の値を求めましょう。

教科書 147ページ1 149ページ2

比（　　　　）　比の値（　　　　）

基本2 等しい比を見つけることができますか。

☆ あかりさんとけんじさんが、だし200mLと水600mLを、それぞれ右の表のようにはかりました。2人のだしと水のカップの数を比で表し、2人のまぜ方の比の値も求めましょう。

	だし	水
あかりさん	100mLのカップ2はい	100mLのカップ6ぱい
けんじさん	200mLのカップ1ぱい	200mLのカップ3ばい

とき方 あかりさん…100mLのカップで、
だし：水＝□：□
比の値＝□÷□＝$\frac{□}{□}$

けんじさん…200mLのカップで、
だし：水＝□：□
比の値＝□÷□＝$\frac{□}{□}$

2：6と1：3のように、比の値が等しいとき、この2つの比は □ といい、2：6＝1：3のようにかきます。

答え あかりさん　比 □、比の値 □
けんじさん　比 □、比の値 □

さんすうはかせ　地球の陸地と海の面積の比は、およそ3：7になっているよ。

2 5:8 に等しい比はどれですか。 教科書 150ページ1

㋐ 7：10　㋑ 10：16　㋒ 9：12　㋓ 25：40

（　　　　）

3 次の㋐から㋔の中から等しい比を見つけましょう。 教科書 150ページ1

㋐ 4：5　㋑ 20：16　㋒ 48：52　㋓ 12：15　㋔ 60：65

（　　　　）

基本3 等しい比のつくり方がわかりますか。

☆ 4：10 と等しい比を 2 つかきましょう。

とき方 比の両方の数に同じ数をかけたり、両方の数を同じ数でわったりします。

《1》 4：10＝8：□　（×2、×□）

《2》 4：10＝2：□　（÷2、÷□）

たいせつ

比の両方の数に同じ数をかけたり、両方の数を同じ数でわったりしてできる比は、もとの比と等しくなります。

$a:b=(a\times c):(b\times c)$

$a:b=(a\div c):(b\div c)$

答え 8：□、2：□ など

4 15:5 と等しい比を 3 つかきましょう。 教科書 151ページ2

（　　　　）

基本4 比をかんたんにすることができますか。

☆ 次の比をかんたんにしましょう。 ❶ 9：12　❷ 0.3：0.4　❸ $\frac{5}{6}:\frac{7}{9}$

とき方 比の値を変えないで、比をできるだけ小さい整数の比になおすことを、「比をかんたんにする」といいます。

❶ 9：12＝(9÷3)：(12÷□)＝□：□　**答え** □：□

❷ 0.3：0.4＝(0.3×□)：(0.4×10)＝□：□　**答え** □：□

❸ $\frac{5}{6}:\frac{7}{9}=\frac{\square}{18}\times 18:\frac{\square}{18}\times 18=$ □：□　**答え** □：□

5 次の比をかんたんにしましょう。 教科書 152ページ3

❶ 15：12　❷ 0.3：0.5　❸ $\frac{2}{3}:\frac{3}{4}$

（　　）（　　）（　　）

ポイント 小数でも分数でも、比をかんたんにするときの考え方は同じです。

3 比を使った問題

基本のワーク

比の性質を利用して、問題が解けるようになろう。

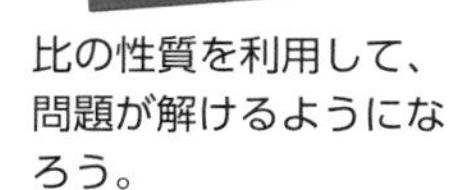

答え 16ページ

基本1 比の一方の数を求めることができますか。

☆ 赤い色紙と青い色紙の枚数(まいすう)の比(ひ)は 3：5 で、青い色紙は 25 枚です。赤い色紙は何枚ありますか。

とき方 赤い色紙の枚数を x 枚として式に表しましょう。

×□

3：5＝x：25　　x＝3×□＝□

×□

答え □ 枚

1 縦(たて)の長さと横の長さの比が 4：3 の花だんをつくります。縦の長さが 12m、16m、36m のときの横の長さをそれぞれ求めましょう。 教科書 153ページ1

式

答え 縦 12m（　　　） 縦 16m（　　　） 縦 36m（　　　）

2 次の式で、x にあてはまる数を求めましょう。 教科書 153ページ2

❶ 3：2＝21：x

式

答え（　　　）

❷ 6：18＝x：9

式

答え（　　　）

❸ 25：30＝x：12

式

答え（　　　）

❹ 32：48＝24：x

式

答え（　　　）

❺ 7：2＝0.7：x

式

答え（　　　）

❻ $\frac{2}{3}$：$\frac{5}{6}$＝x：5

式

答え（　　　）

さんすうはかせ 3辺の長さの比が 3：4：5 や 5：12：13、8：15：17 になっている三角形は、直角三角形になるよ。

基本 2 全体の量から部分の量を求めることができますか。

☆ 長さ 120cm のテープを兄と妹で分けます。長さの比を 5：3 にするには、テープの長さをそれぞれ何cm にすればよいですか。

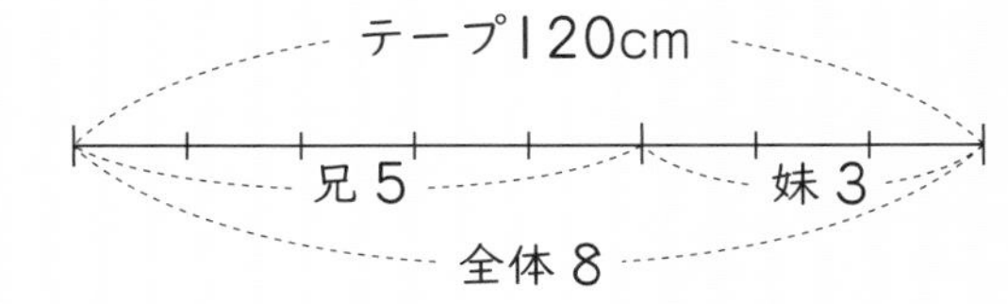

とき方 《1》 兄のテープの長さを $x$cm とします。兄を 5 とみると、全体の長さは □ とみることができるから、

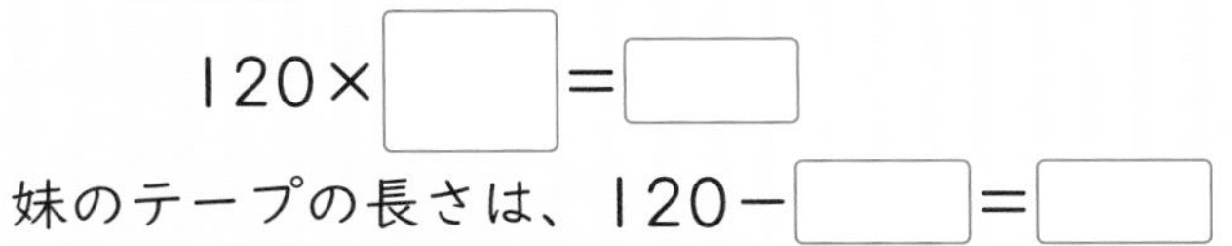

$x=5\times15=$□

《2》 全体の長さを □ とみると、兄は 5 だから、兄のテープの長さは全体の □ となります。

120×□＝□

妹のテープの長さは、120－□＝□

答え 兄 □cm 妹 □cm

3 140 人を、A チームと B チームに分けます。人数の比を 4：3 にするには、A チーム、B チームの人数をそれぞれ何人にすればよいですか。

教科書 154ページ2

式

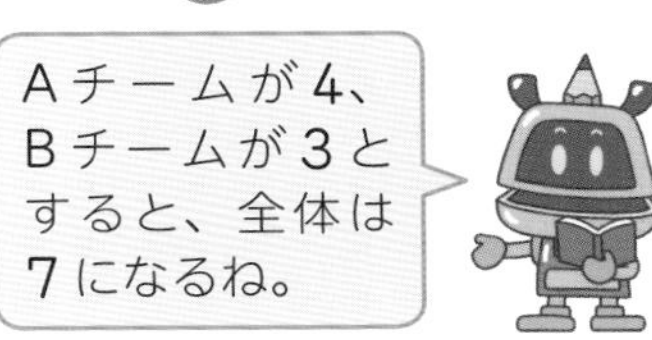

答え A チーム（　　　　） B チーム（　　　　）

4 80 枚の色紙を姉と弟で分けます。枚数の比を 3：2 にするには、色紙の枚数をそれぞれ何枚にすればよいですか。

教科書 154ページ2

式

答え 姉（　　　　） 弟（　　　　）

チャレンジ! **5** 兄と弟でジュースを 6：5 の量に分けました。分けたジュースの量を比べると、兄のほうが 20mL 多かったそうです。はじめのジュースの量を求めましょう。

教科書 154ページ2

式

兄が 6、弟が 5 とすると、全体は 11、2 人の差は 1 になるね。

答え（　　　　）

ポイント 比を使った問題は、図にかくとわかりやすくなります。

勉強した日 月 日

練習のワーク①

教科書 146〜156ページ　答え 17ページ

1 比 次の2つの数量の割合を、比で表しましょう。

❶ 赤のボールペン3本と黒のボールペン4本の本数の割合
( )

❷ 青いリボン2mと黄色いリボン5mの長さの割合
( )

❸ 7dLの牛乳と4dLの牛乳の量の割合
( )

2 比の値 次の比の値を求めましょう。

❶ 5：8 ( )　❷ 21：28 ( )　❸ 16：4 ( )

3 等しい比 次の比と等しい比を、下のⓐからⓚの中から選んで記号で答えましょう。

❶ 6：10 ( )　❷ 5：12 ( )

❸ 8：18 ( )　❹ 16：10 ( )

❺ 21：14 ( )　❻ 24：18 ( )

㋐ 3：2	㋑ 15：36	㋒ 4：3	㋓ 3：6
㋔ 5：8	㋕ 3：5	㋖ 4：9	㋗ 8：5

4 比の一方の数 次の式で、xにあてはまる数を求めましょう。

❶ $1:2=3:x$ ( )　❷ $4:3=20:x$ ( )

❸ $24:16=x:2$ ( )　❹ $21:35=3:x$ ( )

5 比を使った問題 リンゴとミカンの個数の比は4：3で、リンゴは16個です。ミカンは何個ありますか。

式

答え ( )

てびき

1 比

ちゅうい
4：3と3：4では意味がちがいます。順番をまちがえないようにしましょう。

2 比の値

$a:b$の比の値は、$a \div b$の商です。

3 等しい比

❶から❻のそれぞれの比の値を求めて、ⓐからⓚの比の値と比べましょう。

❶ 6：10の比の値は
$6 \div 10 = \frac{6}{10} = \frac{3}{5}$

❻ 24：18の比の値は
$24 \div 18 = \frac{24}{18} = \frac{4}{3}$

4 比の一方の数

比の両方の数に同じ数をかけたり、両方の数を同じ数でわったりしてできる比は、もとの比に等しくなります。

5 比を使った問題

ミカンをx個として、式に表します。

$a:b=(a \times c):(b \times c)$、$a:b=(a \div c):(b \div c)$のように、比の両方の数に同じ数をかけたり、わったりしても、もとの比に等しくなるね。

練習のワーク②

教科書 146〜156ページ　答え 17ページ

できた数 /17問中

1 比　次の2つの数量の割合を、比で表しましょう。

❶ 卵（たまご）18gとバター5gの重さの割合

（　　　　）

❷ 水50mLとだし13mLの量の割合

（　　　　）

2 比の値　次の比の値を求めましょう。

❶ 12：4　（　　　）　❷ 35：63　（　　　）　❸ 2.7：8.1　（　　　）

3 等しい比　次の比と等しい比を、それぞれ2つずつかきましょう。

❶ 10：14　（　　　）　❷ 24：64　（　　　）　❸ 30：54　（　　　）

❹ 16：18　（　　　）　❺ 100：160　（　　　）　❻ 180：240　（　　　）

4 比の一方の数　次の式で、xにあてはまる数を求めましょう。

❶ $1.5:2=x:4$　（　　　）　❷ $1.5:3.5=6:x$　（　　　）

❸ $1.8:3=x:5$　（　　　）　❹ $\frac{1}{4}:\frac{1}{6}=6:x$　（　　　）

5 比を使った問題　町内会の運動会がありました。全部で240人が参加しましたが、おとなと子どもの比は、8：7でした。おとなと子どもはそれぞれ何人でしたか。

おとな（　　　）　子ども（　　　）

1 比

❶卵：バター
❷水：だし

2 比の値

たいせつ
$a:b$の比の値は、$a \div b$の商です。

約分できる分数は、約分しましょう。

3 等しい比

比の両方の数に同じ数をかけたり、両方の数を同じ数でわったりして求めます。

4 比の一方の数

❶ $1.5:2=x:4$（×2、×2）

❷ $1.5:3.5=6:x$（×4、×4）

5 比を使った問題

おとなの人数を8とみると、全体の人数は15とみることができます。

できるナビ　3:1と1:3では意味がちがうよ。これは、3÷1と1÷3がちがうことと似ているね。

勉強した日 月 日

まとめのテスト①

時間20分

得点 /100点

教科書 146～156ページ 答え 17ページ

1 次の2つの数量の割合を比で表し、比の値を求めましょう。 1つ5〔30点〕

❶ 赤いリボン5mと青いリボン6mの長さの割合

比（ ） 比の値（ ）

❷ 9dLのお茶と4dLのコーヒーの量の割合

比（ ） 比の値（ ）

❸ さとう13gと食塩17gの重さの割合

比（ ） 比の値（ ）

2 次の比と等しい比を、下のあからくの中から選んで記号で答えましょう。 1つ6〔18点〕

❶ 3：4 （ ）　❷ 9：6 （ ）　❸ 24：18 （ ）

あ 16：12	い 20：30	う 11：8	え 2.7：1.8
お 42：56	か 8：5	き 3.6：4.5	く 18：15

3 よく出る 次の式で、xにあてはまる数を求めましょう。 1つ6〔18点〕

❶ $2:5=12:x$ （ ）　❷ $7:4=x:28$ （ ）　❸ $15:36=24:x$ （ ）

4 あめとガムがあります。あめとガムの個数の比は12：11で、あめは60個ありました。ガムは何個ありますか。 1つ5〔10点〕

式

答え（ ）

5 しゅんさんとなほさんは、ミルクとコーヒーの量の比が4：5になるようにまぜて、ミルクコーヒーをつくります。次の問題に答えましょう。 1つ6〔24点〕

❶ しゅんさんはミルクを160mL使います。コーヒーは何mL使えばよいですか。

式

答え（ ）

❷ なほさんはコーヒーを0.25L使います。ミルクは何L使えばよいですか。

式

答え（ ）

□割合を比で表すことができたかな？
□比の値を求めることができたかな？

まとめのテスト②

時間 20分　得点 /100点

教科書 146～156ページ　答え 17ページ

1 次の比の値を求めましょう。　1つ5〔15点〕

❶ 12：20　(　　　)　❷ 108：72　(　　　)　❸ 2.8：1.6　(　　　)

2 次の比と等しい比を、それぞれ2つずつかきましょう。　1つ5〔15点〕

❶ 12：28　(　　　)　❷ 48：18　(　　　)　❸ 210：135　(　　　)

3 よく出る 次の式で、xにあてはまる数を求めましょう。　1つ5〔30点〕

❶ $5:9=35:x$　(　　　)　❷ $32:28=x:7$　(　　　)　❸ $3.5:5=21:x$　(　　　)

❹ $2.4:1.6=x:4$　(　　　)　❺ $\frac{3}{4}:\frac{7}{12}=6:x$　(　　　)　❻ $\frac{8}{15}:\frac{10}{21}=\frac{4}{5}:x$　(　　　)

4 底辺と高さの比が4：3の平行四辺形をつくります。次の問題に答えましょう。　1つ5〔20点〕

❶ 底辺の長さを12cmにするとき、高さは何cmになりますか。

式

答え (　　　)

❷ 高さを15cmにするとき、平行四辺形の面積は何cm^2になりますか。

式

答え (　　　)

チャレンジ! **5** チョコレートとクッキーがあります。兄と妹でどちらも数が7：5になるように分けるとき、次の問題に答えましょう。　1つ5〔20点〕

❶ チョコレートが全部で36個あるとき、妹は何個もらえますか。

式

答え (　　　)

❷ 兄がクッキーを14個もらえるとき、クッキーは全部で何個ありますか。

式

答え (　　　)

ふろくの「計算練習ノート」19～20ページをやろう！

□等しい比を見つけることができたかな？
□比の関係を使って数量を求めることができたかな？

勉強した日　月　日

1 形が同じで大きさのちがう図形
2 拡大図と縮図のかき方 [その1]

基本のワーク

学習の目標
拡大図や縮図の性質を理解し、かけるようになろう。

教科書 158～163ページ　答え 18ページ

基本1 拡大図や縮図の性質がわかりますか。

☆ 右の図の㋐から㋓で、形が同じで、大きさのちがう図形はどれでしょう。

とき方　ある図形を、その形を変えないで、のばすことを□する、縮(ちぢ)めることを□するといい、次のような性質があります。

《1》 対応する角の大きさがすべて□。

《2》 対応する辺の長さの比がすべて□。

右の㋐と㋑を比べると、対応する角の大きさがすべて□、対応する辺の長さがすべて1：□になっています。

たいせつ
のばした図を拡大図(かくだいず)、縮めた図を縮図(しゅくず)といいます。

㋐　㋑　㋒　㋓

答え □

1 右の図は 基本1 の㋐と㋑の図上に、それぞれ対応する3つの点をとったものです。

教科書 159ページ1

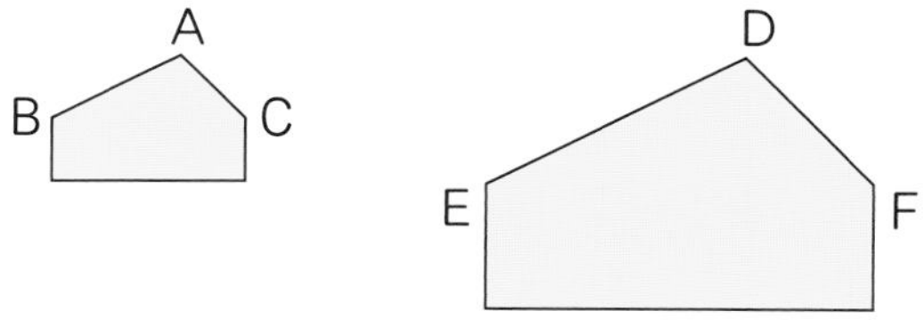

❶ 点Aと対応する点はどれですか。

(　　　　)

❷ 辺ACと対応する辺はどれですか。また、その長さは辺ACの何倍ですか。

(　　　　、　　　　)

❸ 辺DEと対応する辺はどれですか。また、その長さは辺DEの何分のいくつですか。

(　　　　、　　　　)

❹ 角Bと対応する角はどれですか。

(　　　　)

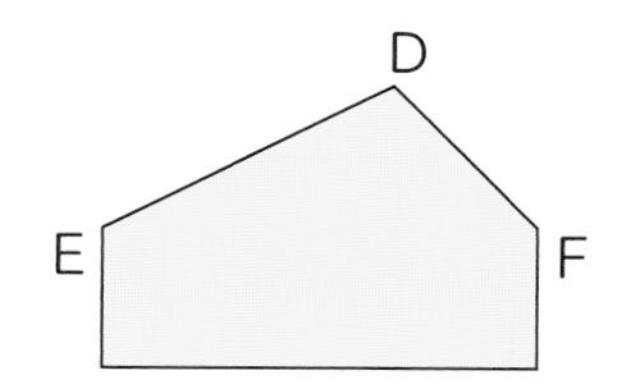

対応する辺の長さの比や、角の大きさを調べてみよう。

コピー機を使うと、拡大図や縮図をかんたんにつくることができるね。コピーするときの倍率は、百分率で表示されるよ。

基本2 方眼紙を使って、拡大図や縮図がかけますか。

☆ 右のような平行四辺形があります。

❶ $\frac{1}{2}$ の縮図をかきましょう。　❷ 2倍の拡大図をかきましょう。

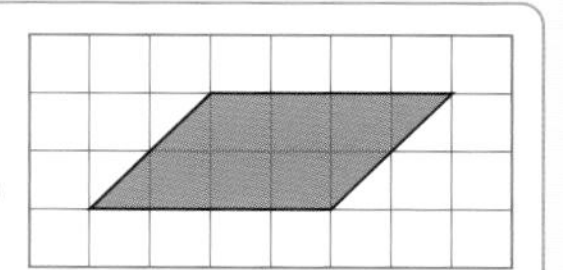

とき方 ❶ 対応する辺の長さをすべて □ にする。

❷ 対応する辺の長さをすべて □ 倍する。

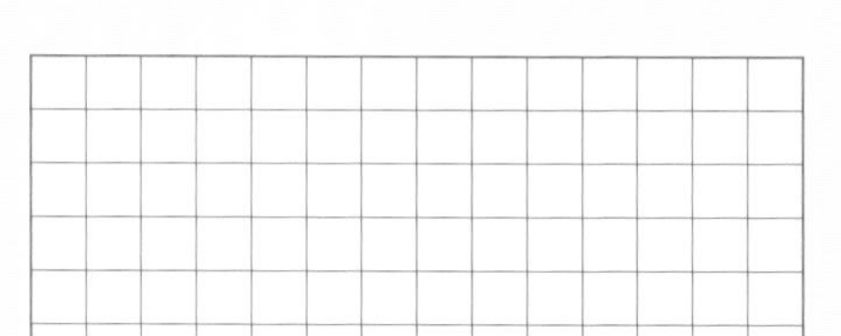

答え ❶

② 右の図の $\frac{1}{2}$ の縮図をかきましょう。

教科書 162ページ1

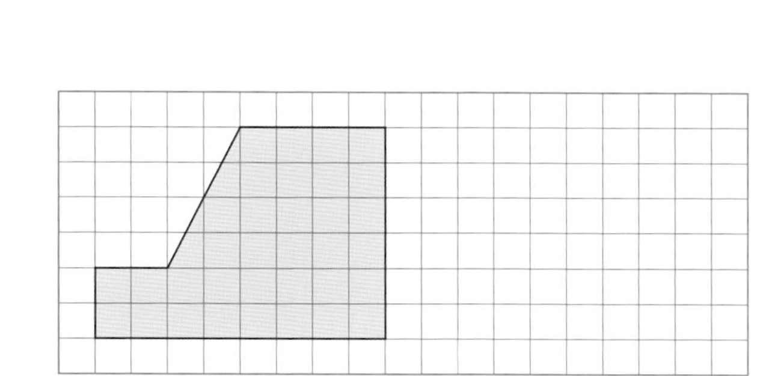

基本3 方眼紙を使わずに、拡大図や縮図がかけますか。

☆ 右のような三角形の2倍の拡大図を、方眼紙を使わないでかきましょう。

とき方 拡大図の辺の長さや角の大きさは、下の図のようになります。

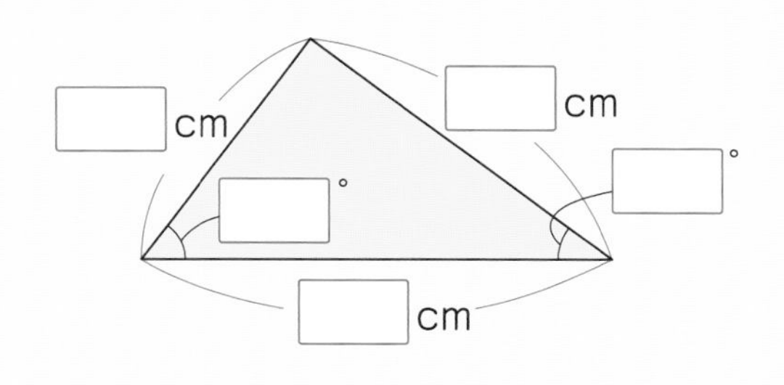

答え

③ 下の三角形の $\frac{1}{2}$ の縮図をかきましょう。

教科書 163ページ2

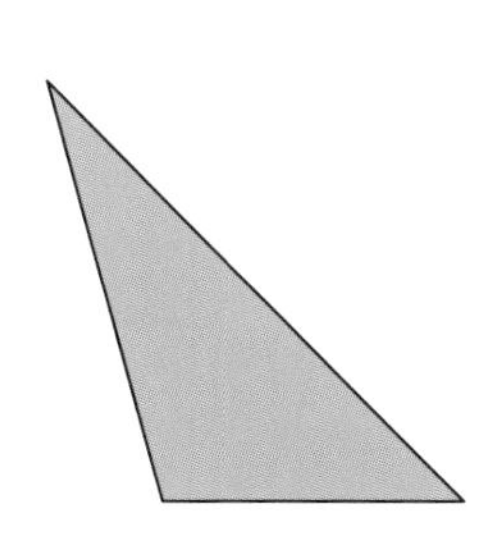

三角形は、
○ 3つの辺の長さ
○ 2つの辺の長さとその間の角の大きさ
○ 1つの辺の長さとその両はしの角の大きさ
のどれかがわかるとかけるね。

ポイント 方眼紙がない場合、定規と分度器とコンパスを使って図形をかきましょう。

勉強した日　　月　　日

2 拡大図と縮図のかき方 ［その2］
3 縮図と縮尺

基本のワーク

学習の目標
縮図を利用して、実際の長さや面積が求められるようになろう。

教科書 164～169ページ　答え 18ページ

基本 1　1つの点を中心にして、拡大や縮小ができますか。

☆ 右の三角形ABCで、頂点(ちょうてん)Bを中心に2倍に拡大(かくだい)した三角形DBEをかきましょう。

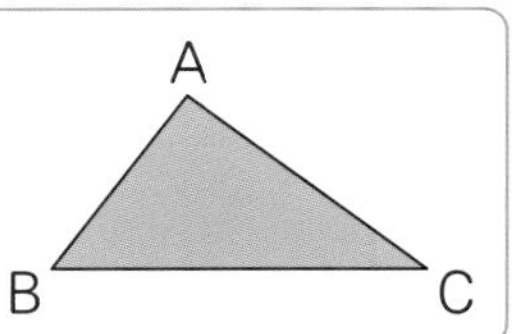

とき方 《1》 直線BAをのばして、辺BDの長さが辺BAの長さの□倍になる位置に、点Aに対応する点□をとります。

《2》 直線BCをのばして、辺BEの長さが辺BCの長さの□倍になる位置に、点Cに対応する点□をとります。

《3》 点Dと点Eを結んで、三角形DBEをかきます。

答え

A
B
C

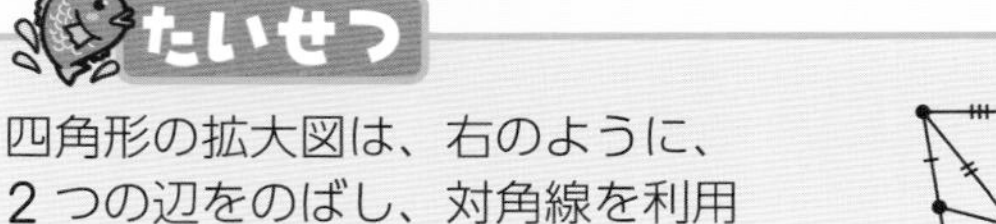

たいせつ
四角形の拡大図は、右のように、2つの辺をのばし、対角線を利用するとうまくかけます。

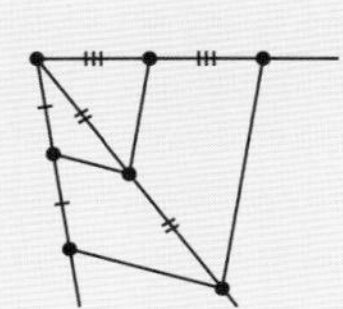

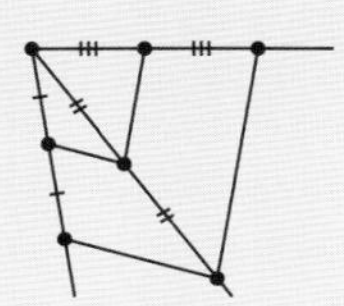

1 下の四角形ABCDについて、次の問題に答えましょう。

教科書 164ページ3　165ページ4

❶ 頂点Aを中心にして、2倍の拡大図(かくだいず)をかきましょう。

❷ 頂点Bを中心にして、$\frac{1}{2}$の縮図(しゅくず)をかきましょう。

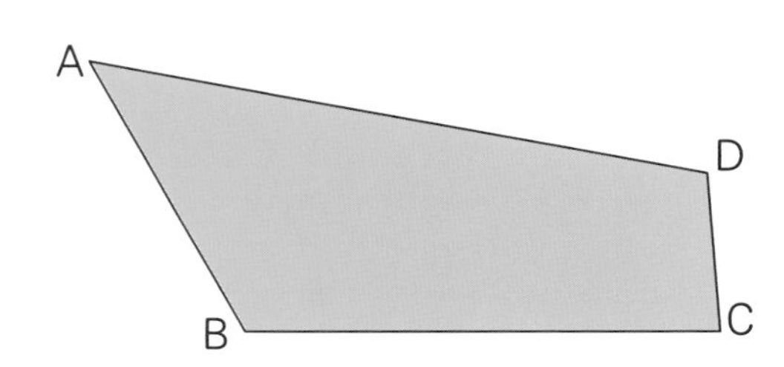

さんすうはかせ　縮図を使うと、実際にはかりにくい長さも求めることができるね。社会科で学習する地図などは、この考えを利用しているよ。

基本 2 縮図を利用して、実際の長さを求められますか。

☆ 右の図は、学校の縮図です。体育館の横の長さは実際には 30m あります。この縮図の縮尺（しゅくしゃく）を分数と比で表しましょう。

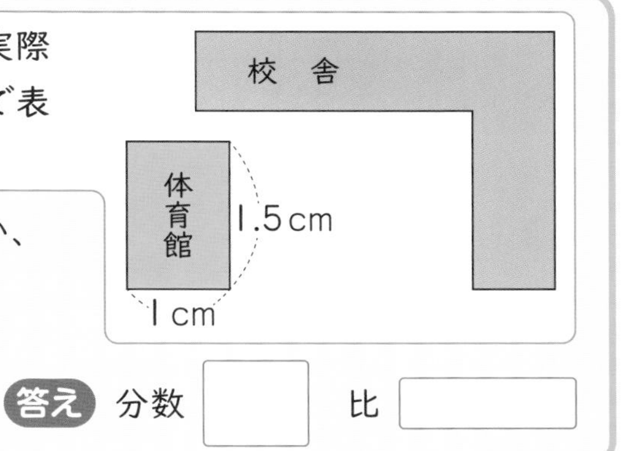

とき方 縮図で、長さを縮（ち）めた割合（わりあい）のことを縮尺といい、分数や比などで表します。
右の図の 1cm が、実際には［　　］m で、
30m＝［　　］cm より求めます。

答え 分数［　　］　比［　　　］

2 右の図は、学校の縮図です。　教科書 166ページ1

❶ 実際の学校の横の長さを求めましょう。

（　　　　　　）

❷ この縮尺を比で表しましょう。

（　　　　　　）

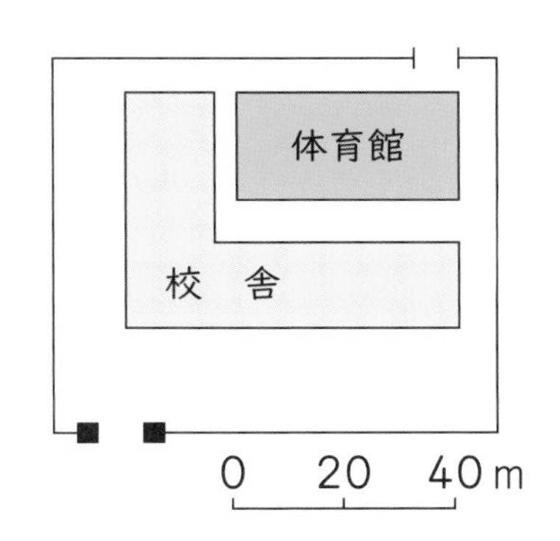

基本 3 実際にははかりにくい長さの求め方がわかりますか。

☆ 右の図で、AB の実際のきょりは 30m あります。BC で表された木の実際の高さは何 m ですか。

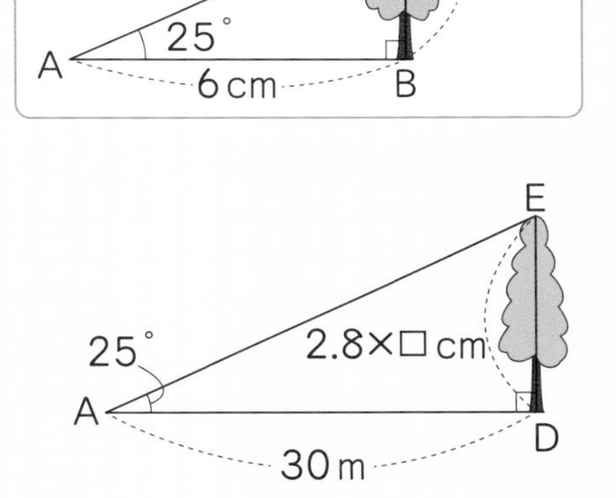

とき方 右下の図のように、AB の長さを 30m にのばした三角形ABC の拡大図である三角形ADE を考えます。
30m＝［　　］cm なので、
［　　］÷6＝［　　］より、
辺AD は辺AB の［　　］倍になっているから、
木の実際の高さは、
2.8×［　　］＝1400(cm)　1400cm＝［　　］m

答え［　　］m

3 木から 20m はなれたところに立って、木の上のはしを見上げる角度をはかると 39 度でした。
目の高さを 1.2m として、木の高さを求めましょう。
式　　教科書 168ページ3

答え（　　　　　　）

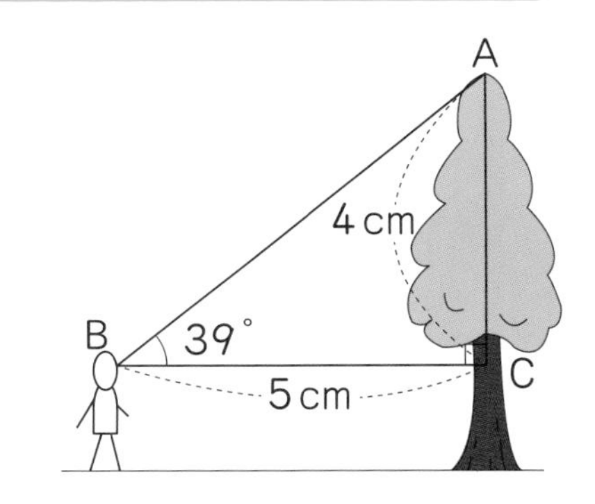

ポイント 地図には縮尺がかいてあります。縮尺を使って計算すると、実際のきょりを求められます。

勉強した日　　月　　日

練習のワーク

教科書 158〜171ページ　答え 18ページ

できた数　　/11問中

1 拡大図や縮図の性質　右の㋐、㋑の２つの図形について、次の（　）をうめましょう。

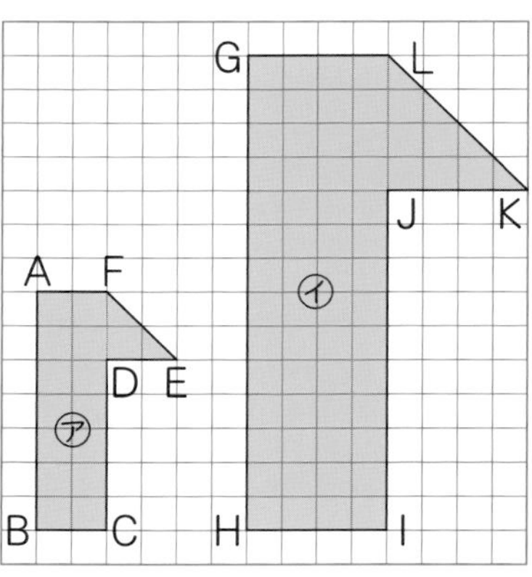

❶ 辺ABに対応する辺は、（　　　　）

❷ 角Eに対応する角は、（　　　　）

❸ 辺JKに対応する辺は、（　　　　）

❹ 角Gに対応する角は、（　　　　）

❺ 図㋐は、図㋑の（　　　　）の縮図です。

❻ 図㋑は、図㋐の（　　　　）倍の拡大図です。

2 方眼を使った拡大図と縮図　下の図の $\frac{1}{2}$ の縮図と２倍の拡大図をかきましょう。

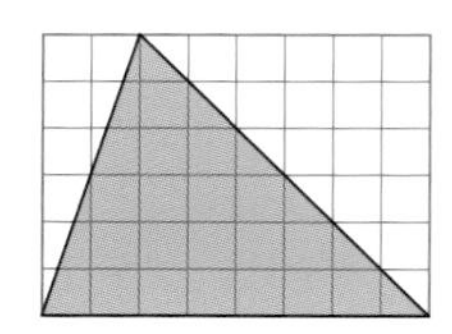

〔$\frac{1}{2}$ の縮図〕

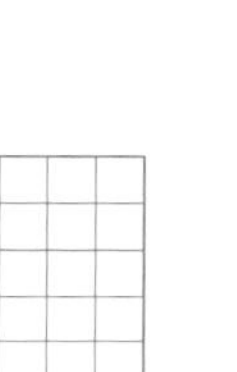

〔２倍の拡大図〕

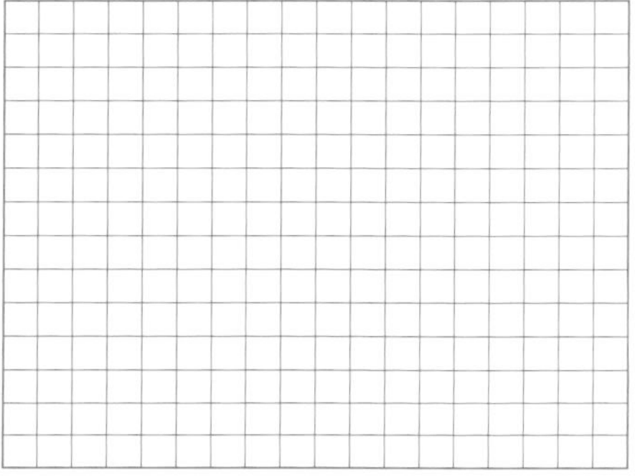

3 方眼を使わない拡大図や縮図　右の四角形ABCDについて、頂点Cを中心にした２倍の拡大図と $\frac{1}{2}$ の縮図をかきましょう。

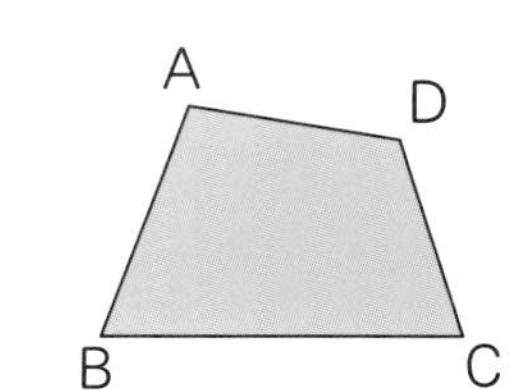

4 縮図の利用　右の三角形は、ある土地の $\frac{1}{100}$ の縮図です。この土地の実際の面積を求めましょう。

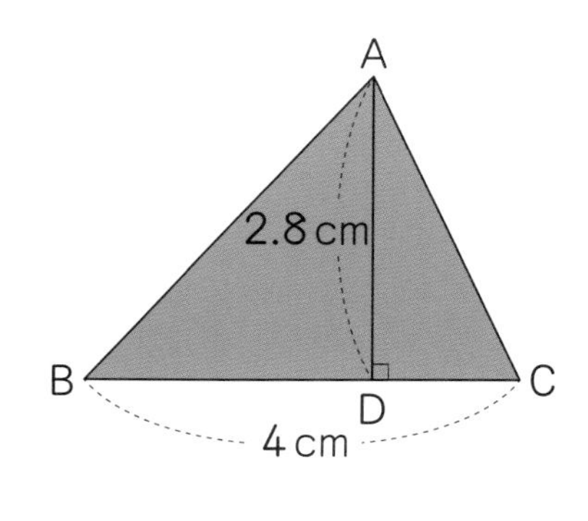

（　　　　　　）

てびき

1 拡大図や縮図の性質

たいせつ
縮図や拡大図の場合、大きさはちがいますが、形は同じです。

❺、❻対応する辺の長さを調べれば、何倍かが求められます。

2 方眼を使った拡大図と縮図

方眼がある場合、$\frac{1}{2}$ のときは方眼のめもりの数を半分に、２倍のときはめもりの数を２倍にします。

3 方眼を使わない拡大図や縮図

四角形をかく場合、BCとCDの線と対角線ACをのばして、その倍率のところに印をつけます。

4 縮図の利用

$\frac{1}{100}$ の縮図ということは、縮図での長さを100倍すれば、実際の長さになります。

できるナビ　縮図上の長さ＝実際の長さ×縮尺（分数）、実際の長さ＝縮図上の長さ÷縮尺（分数）となるよ。

勉強した日　月　日

まとめのテスト

時間20分　得点　/100点

教科書 158〜171ページ　答え 19ページ

1 よく出る 下の図で、❶の三角形の縮図と拡大図を見つけ、(　)の中に番号をかきましょう。 1つ5〔10点〕

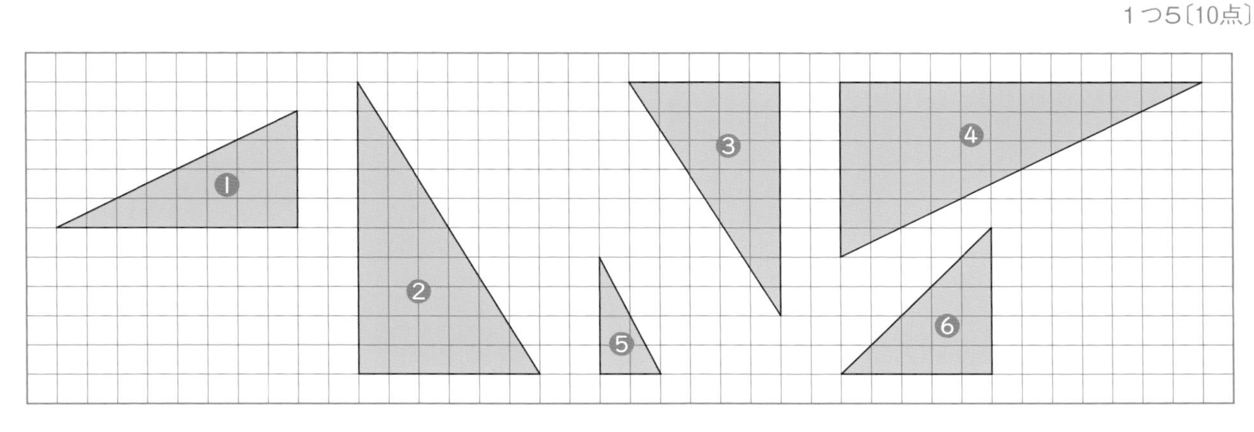

縮図 (　　　　) 拡大図 (　　　　)

2 次の問題に答えましょう。 1つ10〔50点〕

❶ 10kmを5cmに縮(ちぢ)めてかいた地図があります。この縮尺を分数と比の形でかきましょう。

式

答え 分数 (　　　　) 比 (　　　　)

❷ 縮尺 $\frac{1}{50000}$ の地図上で6cmの長さは、縮尺 $\frac{1}{200000}$ の地図上では何cmになりますか。

式

答え (　　　　)

3 池の両側にある2本の木A、Bの間の長さをはかろうと思います。右の図のように長さと角の大きさをはかりました。 1つ10〔40点〕

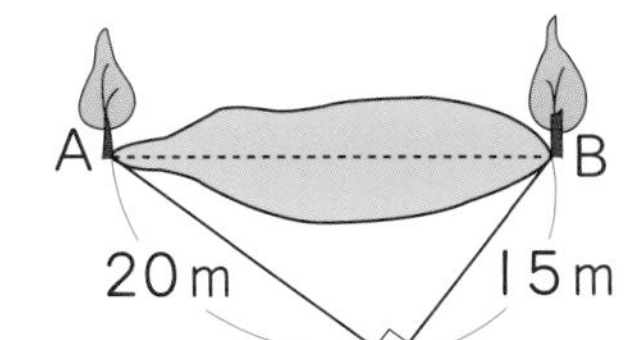

❶ 右下の□に縮図をかくには、縮尺は次のどれにするとよいですか。

1:1000　1:200　1:100　1:50

(　　　　)

❷ 縮図をかいて、実際の長さを求めましょう。

式

答え (　　　　)

チェック
□縮図や拡大図をかくことができたかな？
□縮尺を使って実際の長さを求めることができたかな？

1 およその面積
2 およその体積

基本のワーク

学習の目標
およその形の面積や体積の求め方を身につけよう。

教科書 172～174ページ　答え 19ページ

基本1 方眼を使って、およその面積を求めることができますか。

☆ 右のような形をした湖があります。この湖のおよその面積は何km^2ですか。

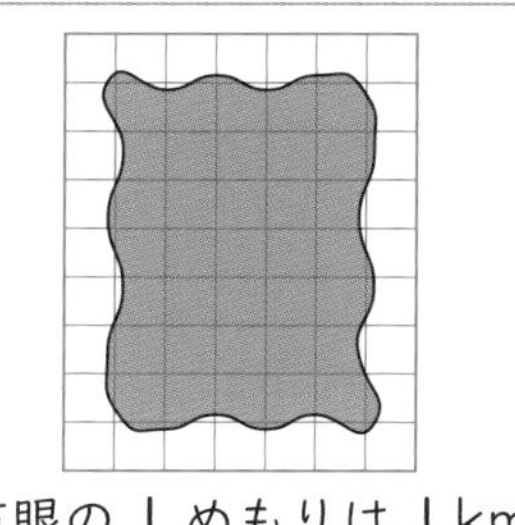

（方眼の 1 めもりは 1 km）

とき方 湖の形を長方形とみて計算します。

□×5＝□

答え 約□km^2

1 方眼の 1 めもりを 1 m として、下のような図形のおよその面積を求めましょう。

教科書 172ページ1

❶ 式

答え（　　　）

❷ 式

答え（　　　）

基本2 複雑な形の、およその面積を求めることができますか。

☆ 愛知(あいち)県の面積を、次の❶、❷のような図形とみなして、それぞれ求めましょう。

❶三角形　❷台形

とき方 ❶ 三角形とみて計算すると、

100×80÷□＝□

答え 約□km^2

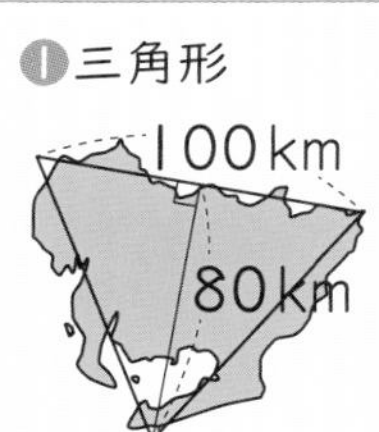

❷ 台形とみて計算すると、

（40＋□）×□÷2＝□

答え 約□km^2

❷台形
90km
80km
40km

さんこう
愛知県の実際の面積は、5173km^2です。

さんすうはかせ　広さを表すときによく使われる東京ドームの面積は、46755m^2あるんだって。

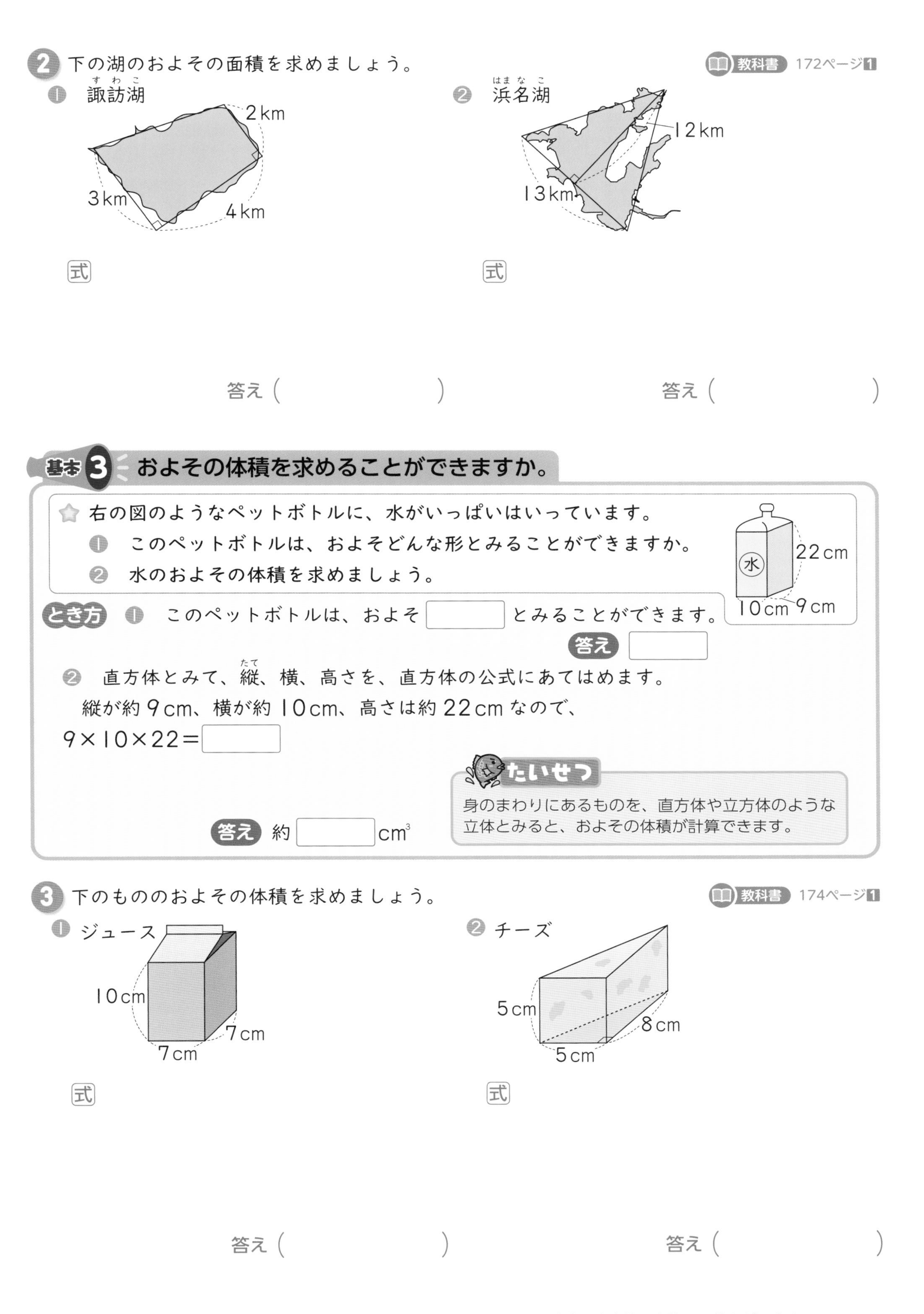

2 下の湖のおよその面積を求めましょう。　教科書 172ページ1

❶ 諏訪湖（すわこ）

式

答え（　　　　　）

❷ 浜名湖（はまなこ）

式

答え（　　　　　）

基本3　およその体積を求めることができますか。

☆ 右の図のようなペットボトルに、水がいっぱいはいっています。

❶ このペットボトルは、およそどんな形とみることができますか。

❷ 水のおよその体積を求めましょう。

とき方 ❶ このペットボトルは、およそ［　　］とみることができます。

答え［　　］

❷ 直方体とみて、縦（たて）、横、高さを、直方体の公式にあてはめます。

縦が約9cm、横が約10cm、高さは約22cmなので、

9×10×22＝［　　］

答え 約［　　］cm^3

たいせつ

身のまわりにあるものを、直方体や立方体のような立体とみると、およその体積が計算できます。

3 下のもののおよその体積を求めましょう。　教科書 174ページ1

❶ ジュース

式

答え（　　　　　）

❷ チーズ

式

答え（　　　　　）

ポイント　面積は長方形、三角形、台形、平行四辺形、ひし形、体積は直方体、角柱、円柱などの中から、いちばん近い形を考えましょう。

勉強した日　月　日

練習のワーク

教科書 172〜174ページ　答え 19ページ

できた数　/5問中

1 およその面積　方眼の１めもりを１mとして、下のような土地のおよその面積を求めましょう。

❶

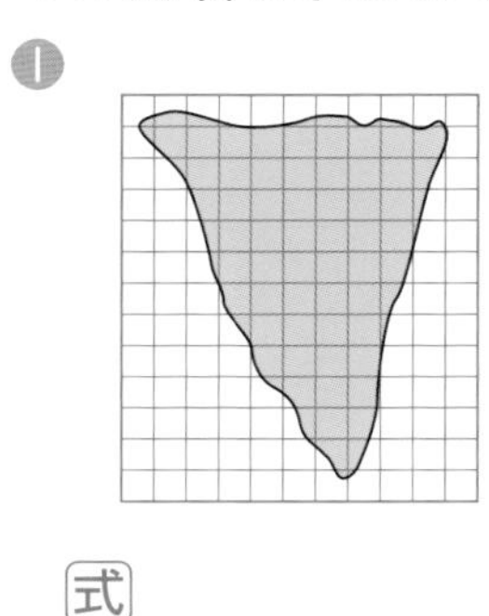

式

答え（　　　　）

❷

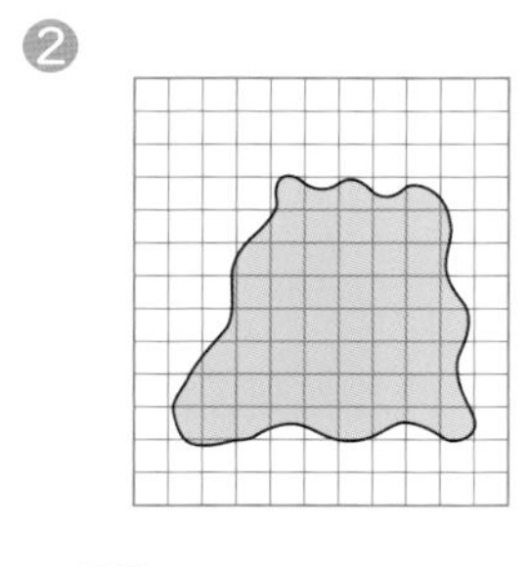

式

答え（　　　　）

2 およその面積　埼玉県のおよその面積を求めましょう。

50km
50km
100km

式

答え（　　　　）

3 およその体積　下のもののおよその体積を求めましょう。

❶ バター

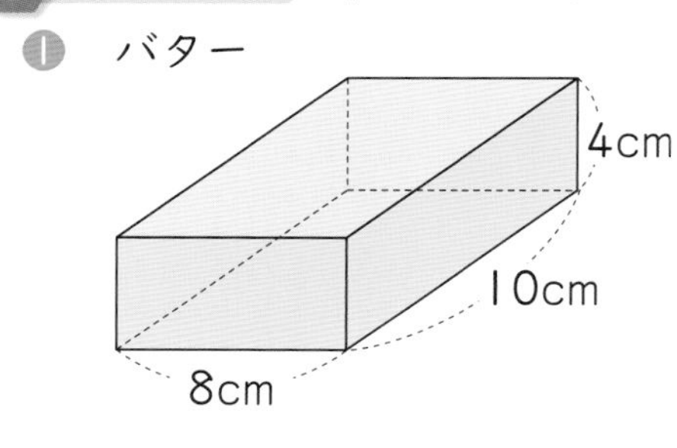

式

答え（　　　　）

❷ ケーキ

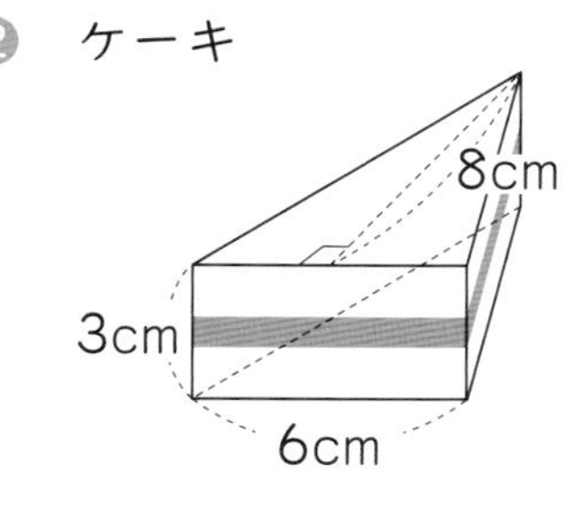

式

答え（　　　　）

1 およその面積
❶ 三角形とみます。
❷ 台形とみます。

三角形の面積
＝底辺×高さ÷2
台形の面積
＝(上底＋下底)×高さ÷2

2 およその面積
台形とみて、面積を求めます。

3 およその体積
❶ 直方体とみます。
❷ 三角柱とみます。

さんこう
直方体の体積
＝縦×横×高さ
角柱の体積
＝底面積×高さ

できるナビ　身のまわりのいろいろなもののおよその面積や体積を求めて、面積や体積の求め方を身につけよう。

まとめのテスト

時間20分

得点　/100点

教科書 172〜174ページ　答え 19ページ

1 よく出る　下の県のおよその面積を、いろいろな多角形を利用して求めましょう。　1つ10〔60点〕

❶ 岐阜県(ぎふ)

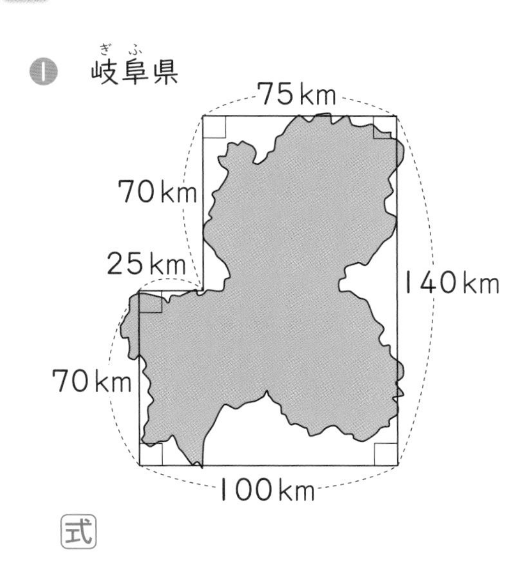

式

答え（　　　　　）

❷ 北海道(ほっかいどう)

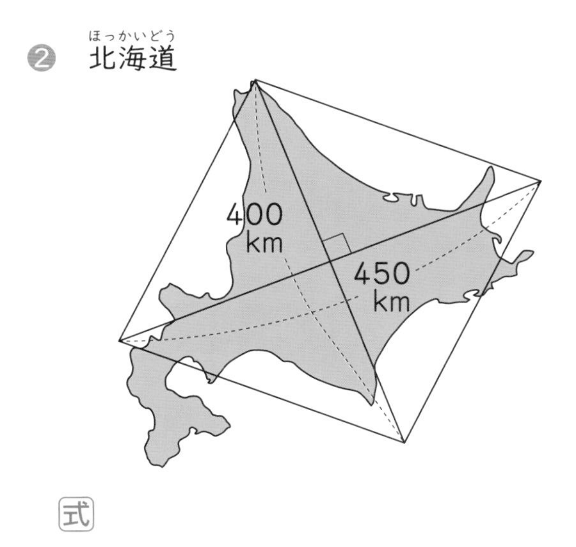

式

答え（　　　　　）

❸ 福岡県(ふくおか)

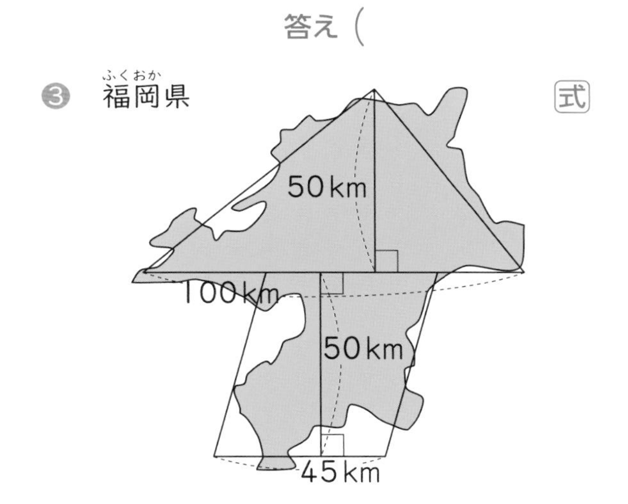

式

答え（　　　　　）

2 下のもののおよその体積を求めましょう。　1つ10〔40点〕

❶ 牛乳(ぎゅうにゅう)

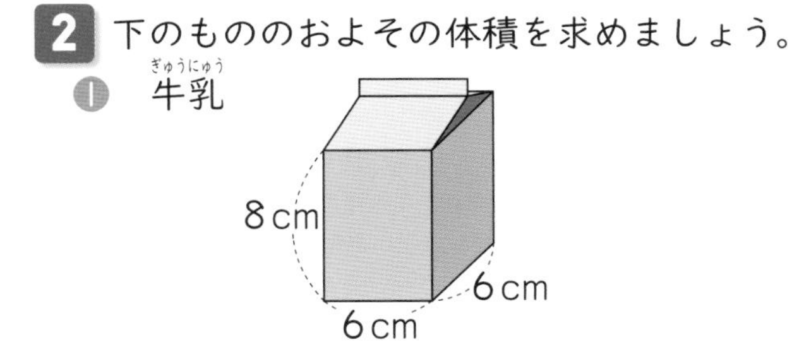

式

答え（　　　　　）

❷ ジャム

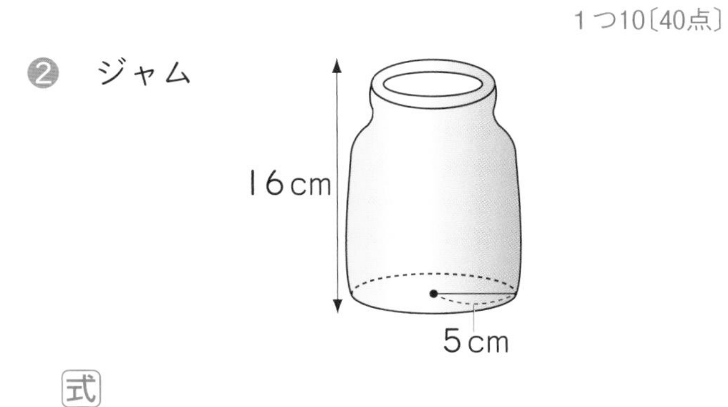

式

答え（　　　　　）

□ およその面積を求めることができたかな？
□ およその体積を求めることができたかな？

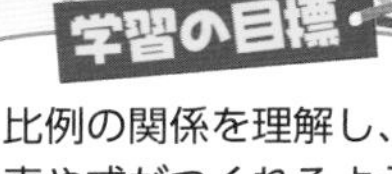

月　日

1 比例
2 比例の式とグラフ ［その1］
基本のワーク

学習の目標
比例の関係を理解し、表や式がつくれるようになろう。

教科書 176〜180ページ　答え 19ページ

基本1 比例する２つの量の関係はどうなっていますか。

☆ 分速60mで歩く人の歩いた時間 x 分と道のり y mの関係を調べましょう。

とき方 １つの量がふえると、もう１つの量がどうなっていくかを表に整理します。

（x が1→2で2倍、1→3で3倍）

時間 x（分）	1	2	3	4	5
道のり y（m）	60	120	180	240	300

（y が60→120で2倍、60→180で□倍）

答え 時間 x 分が２倍、３倍、…になると、それにともなって道のり y mも□倍、３倍、…になります。

２つの量 x と y があって、x の値（あたい）が□倍になると、それに対応する y の値も□倍になるとき、y は x に比例するといいます。

1 ばねにおもりをつるして、ばねののびを調べたら下の表のようになりました。おもりの重さ x gとのび y cmの関係について次の問題に答えましょう。　教科書 177ページ1

（x が60→20で $\frac{1}{3}$、60→30で $\frac{1}{2}$）

重さ x（g）	10	20	30	40	50	60
のび y（cm）	1.5	3	4.5	6	7.5	9

（y が9→4.5で㋐、9→3で㋑）

❶ ㋐、㋑にあてはまる数字をかきましょう。

㋐（　　　）㋑（　　　）

❷ おもりの重さとばねののびは比例していますか。

（　　　）

❸ おもりの重さが2.5倍になると、ばねののびはどうなりますか。

（　　　）

２つの量 x と y があって、x の値が $\frac{1}{2}$、$\frac{1}{3}$、…になると、それに対応する y の値も $\frac{1}{2}$、$\frac{1}{3}$、…になるときも、y は x に比例するというよ。

y が x に比例するということを、「$y \propto x$」と書くことがあるんだって。

2 2つの量 x と y の関係を表した❶、❷の表で、y が x に比例しているのはどちらですか。

教科書 177ページ 1

❶

x(分)	1	2	3	4	5	6
y(m)	6	12	18	24	30	36

❷

x(円)	3	4	5	6	7	8
y(円)	7	6	5	4	3	2

(　　　　)

基本 2 比例するとき、どのような式になりますか。

☆ 直方体の形をした水そうに、1分あたり3cmたまるように水を入れます。水を入れた時間を x 分、水の深さを y cmとして、x と y の関係を式に表しましょう。

とき方 水を入れた時間と水の深さの関係を下のような表にまとめて、x の値とそれに対応する y の値の間には、どのような関係があるのか調べます。

時間 x(分)	1	2	3	4	5	6
水の深さ y(cm)	3	6	9	12	15	18

(各列 3倍)

《1》 1×□=3
2×□=6
3×□=9
y はいつも x の □ 倍です。

《2》 3÷1=□
6÷2=□
9÷3=□
$y÷x$ はいつも □ です。

たいせつ
y が x に比例するとき、x と y の関係は、y= きまった数×x という式で表すことができます。

よって y=□

答え □

3 下の表は、自転車で走ったときの、時間と進んだ道のりの関係を調べたものです。

教科書 180ページ 1

時間 x(分)	1	2	3	4	5	6
道のり y(m)	120	240	360	480	600	720

❶ 走った時間 x 分と進んだ道のり y m の関係を式に表しましょう。

(　　　　)

❷ きまった数は何を表していますか。

(　　　　)

❸ この自転車は、8分で何m進みますか。

(　　　　)

❹ この自転車は、1800m走るのに何分かかりますか。

(　　　　)

ポイント 表から、どのように値が変化していくのかをよみとる練習をしましょう。

勉強した日　月　日

2 比例の式とグラフ ［その2］

学習の目標
比例の関係をグラフに表したり、グラフからよみとったりできるようになろう。

教科書 181～184ページ　答え 20ページ

基本 1 比例の関係をグラフに表せますか。

☆ 1Lの値段が60円の油があります。この油を2L、3L、…買ったときの代金は、次の表のようになります。

油の量 x（L）	1	2	3	4	5	6	7	8
代金 y（円）	60	120	180	240	300	360	420	480

油の量と代金の関係をグラフに表しましょう。

とき方 油の量 x が0のとき、代金 y も0で、これをグラフでは0の点で表します。次に、右のようなグラフに、x、y の値の組を表す点（図のA、B、C、Dなど）をとっていき、それらの点を直線で結びます。

点Aは、（x の値 1、y の値 □）を表しています。点Bは、（x の値 □、y の値 120）を表しています。グラフは0の点を通る □ になります。

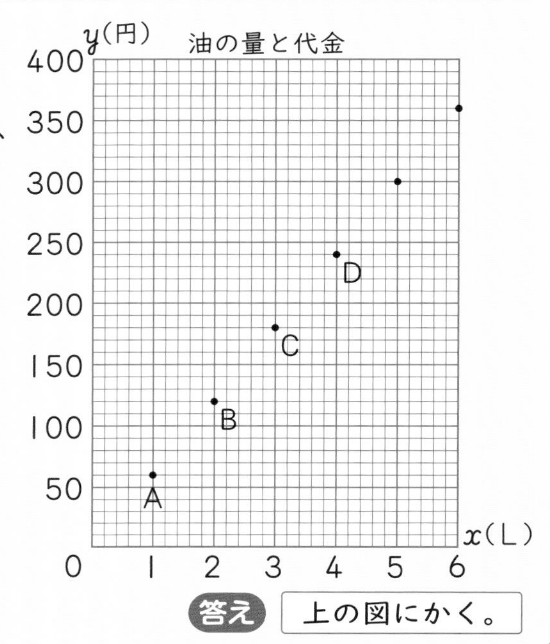

たいせつ
比例する2つの量の関係をグラフに表すと、グラフは、0の点を通る直線になります。

答え 上の図にかく。

1 底辺の長さが4cmの平行四辺形があります。　教科書 181ページ 2

❶ 高さ x cmと面積 y cm² の関係を下の表に表しましょう。

高さ x(cm)	1	2	3	4	5	6
面積 y(cm²)						

❷ x と y の関係を式に表しましょう。

（　　　　　　）

❸ x と y の関係を表すグラフを右にかき入れましょう。

y(cm²)　底辺が4cmの平行四辺形の高さと面積
（縦軸：0, 4, 8, 12, 16, 20, 24　横軸 x(cm)：0, 1, 2, 3, 4, 5, 6）

❹ 高さが3.5cmのときの平行四辺形の面積を求めましょう。

（　　　　　　）

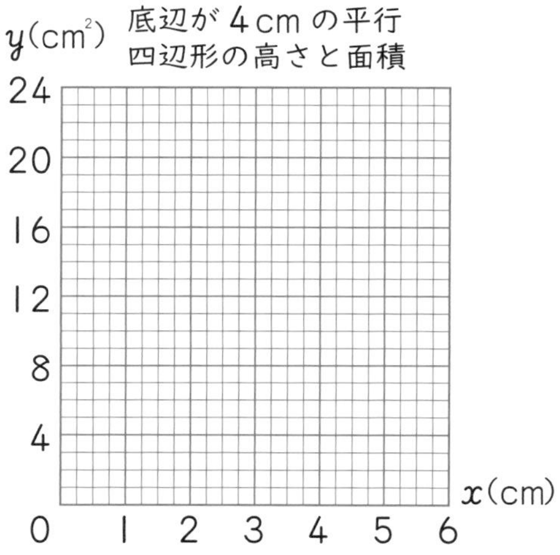

さんすうはかせ　ばねののびなど、実際に実験をすると、計算とは少しちがった値になるよ。これを誤差というよ。

2 秒速３mの速さで走る人がいます。 教科書 181ページ2

❶ 走った時間x秒と進んだ道のりymの関係を、下の表に表しましょう。

時間x(秒)	1	2	3	4	5	6
道のりy(m)						

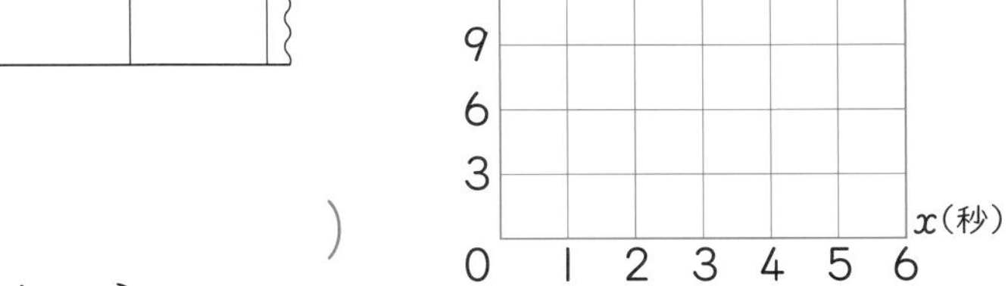

走った時間と道のり

y(m) 18, 15, 12, 9, 6, 3 / x(秒) 0, 1, 2, 3, 4, 5, 6

❷ yを、xを使った式で表しましょう。

（　　　　　）

❸ xとyの関係を表すグラフを右にかきましょう。

❹ xの値が０のとき、yの値はいくつですか。

（　　　　　）

基本 2 ２つのグラフからいろいろなことをよみとれますか。

☆ 右のグラフは、なほさんとしゅんさんが学校を出発して800mはなれた公園まで歩いたときの、歩いた時間と道のりを表しています。

❶ なほさんとしゅんさんは、どちらが速く歩きましたか。

❷ 学校から600m歩くのに、２人はそれぞれ何分かかりましたか。

歩いた時間と道のり

y(m) 800, 600, 400, 200 / x(分) 0, 2, 4, 6, 8, 10, 12

なほさん　しゅんさん

とき方 xとyのどちらかの値をきめたときの、２つのグラフのもう一方の値をよみとります。

❶ ６分で進んだ道のりは、なほさんが600m、しゅんさんが［　　］mです。

400m進むのにかかった時間は、なほさんが４分、しゅんさんが［　　］分です。

したがって、［　　］さんの方が速く歩きました。

答え ［　　］さん

❷ 600m歩くのにかかった時間は、なほさんが［　　］分、しゅんさんが［　　］分です。

答え なほさん［　　］分　しゅんさん［　　］分

3 基本2のグラフについて、次の問題に答えましょう。 教科書 184ページ4

❶ なほさんが学校から300mのところに着いたとき、しゅんさんは学校から何mのところにいますか。

（　　　　　）

❷ 学校から600mのところには、なほさんはしゅんさんより何分早く着きますか。

（　　　　　）

❸ ６分歩いたとき、２人の歩いた道のりのちがいは何mになりますか。

（　　　　　）

６分歩いたということは、xの値が６だね。600mのところということは、yの値が600だね。

ポイント 比例の関係を表すグラフは、必ず０の点を通ります。

3 比例の利用
4 反比例
基本のワーク

学習の目標
比例を利用したり、反比例の性質について考えたりしよう。

教科書 185～189ページ　答え 20ページ

基本 1 比例を利用して考えることができますか。

☆ 12mの針金（はりがね）の重さをはかると、180gありました。
❶ この針金36mの重さは、何gになるといえますか。
❷ この針金720gの長さは、何mになるといえますか。

針金の長さと重さ

長さ x(m)	12	36	
重さ y(g)	180		720

とき方 ❶ 針金の重さは、長さに比例しているとみることができます。
《1》 針金1mあたりの重さは、180÷12=□(g)
針金36mの重さは、□×36=□(g)
《2》 36mは12mの何倍にあたるかを求めると、36÷12=□(倍)
針金36mの重さは、180×□=□(g)　答え □g
❷ 針金の長さは、重さに比例しているとみることができます。
《1》 針金1mあたりの重さは□gなので、針金720gの長さは、
□÷15=□(m)
《2》 720gは180gの何倍にあたるかを求めると、720÷180=□(倍)
針金720gの長さは、12×□=□(m)　答え □m

1 基本1について、次の問題に答えましょう。　教科書 185ページ1

❶ この針金18mの重さは、何gになるといえますか。

式

答え（　　　　）

❷ この針金450gの長さは、何mになるといえますか。

式

答え（　　　　）

2 たくさんの色紙を重ねた束があり、その厚さをはかったら24mmありました。同じ色紙を30枚（まい）重ねた束の厚さは8mmです。色紙は何枚あるといえますか。　教科書 185ページ1

式

答え（　　　　）

さんすうはかせ　比例は、英語では「proportion（プロポーション）」というんだって。

基本2 ともなって変わる2つの量の関係はどうなっていますか。

☆ 面積が 48cm^2 の平行四辺形の底辺の長さ x cm と高さ y cm の関係を調べましょう。

とき方 1つの量がふえると、もう1つの量がどうなっていくかを表に整理します。

（2倍 → 3倍）

底辺 x (cm)	1	2	3	4	5
高さ y (cm)	48	24	16	12	9.6

（$\frac{1}{2}$ → □）

答え 底辺が2倍、3倍、…になると、高さは□、$\frac{1}{3}$、…になります。

たいせつ

2つの量 x と y があって、x の値（あたい）が2倍、3倍、…になると、それに対応する y の値が $\frac{1}{2}$、$\frac{1}{3}$、…になるとき、y は x に反比例（はんぴれい）するといいます。

3 基本2 について、次の問題に答えましょう。 教科書 188ページ1

❶ x の値が5倍になると、y の値は何分のいくつになりますか。

（　　　　　）

❷ x の値が $\frac{1}{4}$ になると、y の値は何倍になりますか。

（　　　　　）

❸ 底辺の長さが12cmのときの高さを求めましょう。

（　　　　　）

4 60kmはなれたところへ行くときの、時速とかかる時間の関係を調べます。時速を x km、かかる時間を y 時間として、下の表のあいているところに数をかき、次の問題に答えましょう。

教科書 188ページ1

時速 x (km)	5	10	15	20	25	30
時間 y (時間)						

❶ 時速とかかる時間はどのような関係になっていますか。

（　　　　　）

❷ x の値が4倍になると、y の値は何分のいくつになりますか。

（　　　　　）

❸ 時速が4km、50km、80kmのときにかかる時間をそれぞれ求めましょう。

時速4km（　　　　　）　50km（　　　　　）　80km（　　　　　）

5 次のことがらで、反比例の関係といえるものはどれですか。 教科書 188ページ1

あ 1000円で買い物をしたときの代金とおつり

い 高さが同じである三角形の、底辺と面積

う 家から駅まで歩く速さとかかる時間

（　　　　　）

ポイント 反比例の関係では、x の値が増えると、それにともなって y の値は減ります。

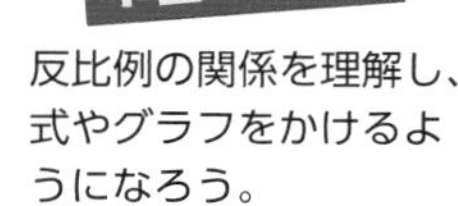

勉強した日 月 日

5 反比例の式とグラフ

基本のワーク

学習の目標
反比例の関係を理解し、式やグラフをかけるようになろう。

教科書 190～193ページ　答え 20ページ

基本1 反比例するとき、どのような式になりますか。

☆ 120kmの道のりを自動車で行くときの時速を$x$km、かかる時間をy時間として、次の問題に答えましょう。

時速 x（km）	10	20	30	40	50	60
時間 y（時間）	12	6	4	3	2.4	2

❶ xとyの積はいくつですか。
❷ かかる時間y時間を求める式をかきましょう。

とき方 ❶ 10×12=□、20×6=□、30×4=□となり、xとyの積はいつもきまった数になります。　答え □

❷ ❶より、x×y=□　これを、y=の式になおすと
y=□÷x　答え □

たいせつ
yがxに反比例するとき、xとyの関係は
y=きまった数÷x　という式で表すことができます。

1 基本1について、xの値(あたい)が15、80のときのyの値を求めましょう。　教科書 190ページ1

15のとき（　　　）　80のとき（　　　）

2 面積が18cm²の平行四辺形の底辺の長さと高さの関係を調べて、次の問題に答えましょう。　教科書 191ページ1

底辺 x（cm）	1	2	3	4	5	6	9	10
高さ y（cm）	18	9	6	4.5	3.6	3	2	1.8

❶ 底辺の長さと高さはどのような関係になっていますか。

（　　　）

❷ 底辺の長さ$x$cmと高さ$y$cmの関係を式に表しましょう。

（　　　）

❸ xの値が3.6、$\frac{9}{2}$、18のときのyの値を求めましょう。

3.6（　　　）　$\frac{9}{2}$（　　　）　18（　　　）

反比例のグラフはなめらかな曲線。カクカクした線でむすんじゃだめだよ。定規も使えないからむずかしいけど、きれいな線が引けるように練習しようね。

基本 2 反比例の関係をグラフに表せますか。

☆ 120km の道のりを自動車で行くときの時速 x km とかかる時間 y 時間の関係を、グラフに表しましょう。

とき方 x と y の関係を式に表して、対応する x の値と y の値を求めましょう。

時速 x (km)	10	20	30	40	50	60
時間 y (時間)	12	6	4	3	2.4	2

$y=$ □ $\div x$

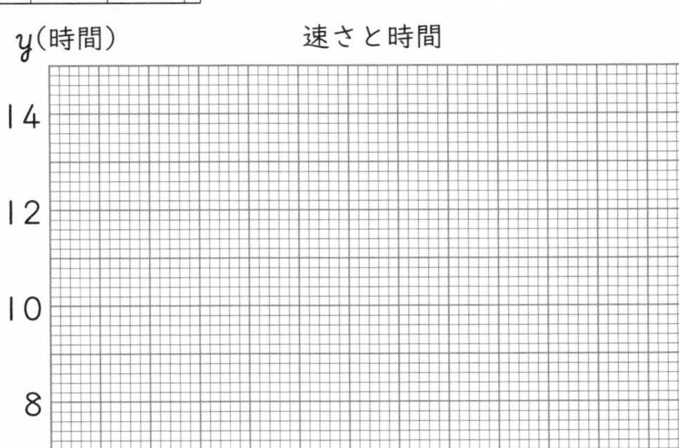

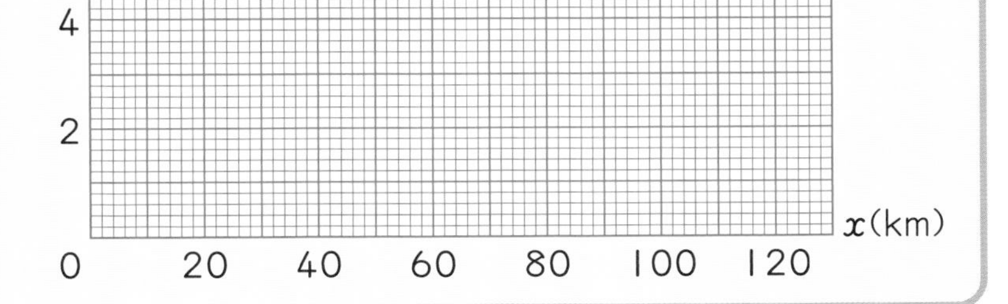

たいせつ

反比例する 2 つの量の関係をグラフに表すと、グラフは 0 の点を通らないなめらかな曲線になります。

答え 右上の図にかく。

3 容積が 15m³ のプールに水を入れます。1 時間に入れる水の量を x m³、水を入れるのにかかる時間を y 時間とします。 教科書 192ページ 2

❶ x と y の関係を、下の表をうめてからグラフに表しましょう。

水の量 x (m³)	1	2	3	5	7.5	15
かかる時間 y (時間)						

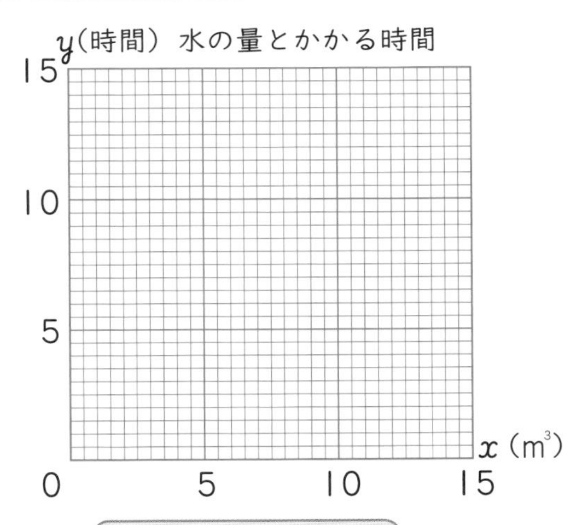

❷ x と y の関係を式に表しましょう。

(　　　　　　)

ポイント 反比例のグラフは、どこまでいっても x も y も 0 にはなりません。

勉強した日　月　日

練習のワーク

教科書 176〜195ページ　答え 21ページ

できた数 /10問中

1 比例と反比例　次の2つの数量のうち、比例の関係になっているものはどれですか。(　　)の中に○をかきましょう。また、反比例の関係になっているものには×をかきましょう。

❶(　　　)面積が 15cm^2 の三角形の底辺の長さと高さ

❷(　　　)円の直径と円周

❸(　　　)24kmの道のりを行くときの速さと時間

❹(　　　)縦4cm、横5cmの直方体の高さと体積

2 比例のグラフ　右のグラフは、ある油の体積 x L と重さ y kgの関係を表したものです。

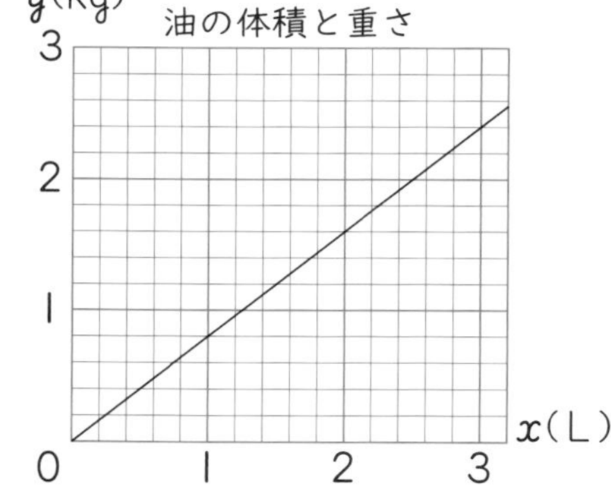

❶ 油3Lの重さは何kgですか。

(　　　　　　)

❷ 油1.6kgの体積は何Lですか。

(　　　　　　)

3 比例の式　ばねにおもりをつるしたときのおもりの重さ x gと、ばねののび y cmの関係を調べると、下の表のようになりました。

重さ x(g)	30	60	90	120	150	180
のび y(cm)	1	2	3	4	5	6

❶ x と y の関係を式に表しましょう。

(　　　　　　)

❷ 重さ330gのおもりをつるすと、ばねののびは何cmになりますか。

式

答え(　　　　　　)

4 反比例　面積が 24cm^2 になる長方形の、横の長さを x cm、縦の長さを y cmとします。

横の長さ x(cm)	1	2	3	4	6	8
縦の長さ y(cm)						

❶ 上の表を完成させましょう。

❷ y を、x を使った式に表しましょう。

(　　　　　　)

てびき

1 比例と反比例

たいせつ

2つの量 x と y があって、x の値が2倍、3倍、…になると、それに対応する y の値も2倍、3倍、…となるのが比例の関係、y の値が $\frac{1}{2}$、$\frac{1}{3}$、…となるのが反比例の関係です。

2 比例のグラフ

比例の関係をグラフに表すと、0の点を通る直線になります。

❶ x が3の部分をまっすぐに上にたどり、直線にぶつかったら、その部分の y の値をよみとります。

3 比例の式

x の値が□倍になると、それに対応する y の値も□倍になるので比例の関係です。

4 反比例

❷ x の値とそれに対応する y の値の積 $x \times y$ はいつも24になっています。

できるナビ　y が x に比例するとき、y＝きまった数×x
y が x に反比例するとき、y＝きまった数÷x、　または　$x \times y$＝きまった数

まとめのテスト

教科書 176〜195ページ　答え 21ページ

得点　/100点

1 よく出る 右のグラフは、直方体の形をした水そうに水を入れたとき、水を入れた時間 x 分と水の深さ y cm の関係をグラフに表したものです。　1つ7〔28点〕

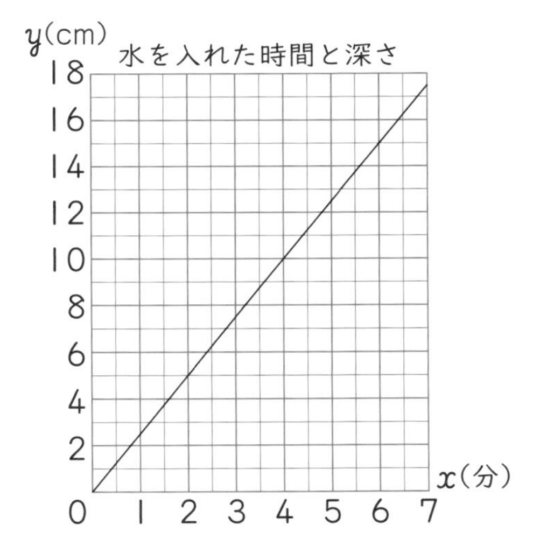

❶ 水を入れた時間と水の深さはどのような関係ですか。
(　　　　　　)

❷ 2分間水を入れたときの水の深さは何cmになりますか。
(　　　　　　)

❸ 4分間水を入れたときの水の深さは何cmになりますか。
(　　　　　　)

❹ 水の深さが15cmになるのは、何分間水を入れたときですか。
(　　　　　　)

2 ばねにいろいろな重さのおもりをつるして、おもりの重さ x g とばねののび y cm の関係を調べると、下の表のようになりました。　1つ8〔24点〕

重さ x (g)	1	2	3	4	5	6	7
のび y (cm)	0.5	1	1.5	2	2.5	3	3.5

❶ おもりの重さとばねののびはどのような関係ですか。
(　　　　　　)

❷ y を、x を使った式に表しましょう。
(　　　　　　)

❸ x と y の関係を右のグラフに表しましょう。

おもりの重さとばねののび
y(cm)
6
5
4
3
2
1
0　2　4　6　8　10　12　x(g)

3 面積が 18cm^2 の平行四辺形の底辺の長さ x cm と高さ y cm の関係を調べると、下の表のようになりました。　1つ8〔48点〕

底辺 x (cm)	1	2	3	6	9	10
高さ y (cm)	18	9	6	3	2	1.8

❶ y を、x を使った式に表しましょう。
(　　　　　　)

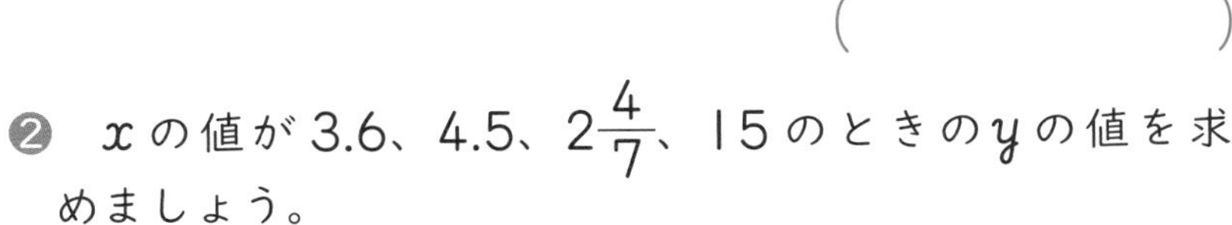

❷ x の値が3.6、4.5、$2\frac{4}{7}$、15のときの y の値を求めましょう。

3.6 (　　　)　4.5 (　　　)　$2\frac{4}{7}$ (　　　)　15 (　　　)

❸ x と y の関係を右上のグラフに表しましょう。

平行四辺形の底辺と高さ
y(cm)
15
10
5
0　5　10　15　x(cm)

ふろくの「計算練習ノート」22〜23ページをやろう！

学びのワーク

教科書　202～203ページ　答え　21ページ

基本1　お絵かきするプログラムをつくれますか。

☆ 右のプログラムを使って、一辺の長さが30歩の正方形を組みあわせて、下のような絵をかきます。㋐から㋔にあてはまる数を答えましょう。

全部消す
ペンを下ろす
㋐ 回くり返す
㋑ 回くり返す
㋒ 歩動かす
㋓ 度まわす
㋔ 度まわす

とき方　この絵には6つの正方形が使われるので、正方形をかくプログラムは　　回くり返します。

1つの正方形は、長さ　　歩の辺が4本、　　度の角が4つなので、辺をかいて向きを変えるプログラムは　　回くり返します。

6つの正方形をかく間に360度回るには、正方形の向きを360÷　　＝　　(度)ずつ変えます。

答え　㋐　　㋑　　㋒　　㋓　　㋔

1　基本1のプログラムを使って、一辺の長さが50歩の正三角形を組みあわせて、右のような絵をかきます。このとき、㋐から㋔にあてはまる数を答えましょう。　教科書 202ページ

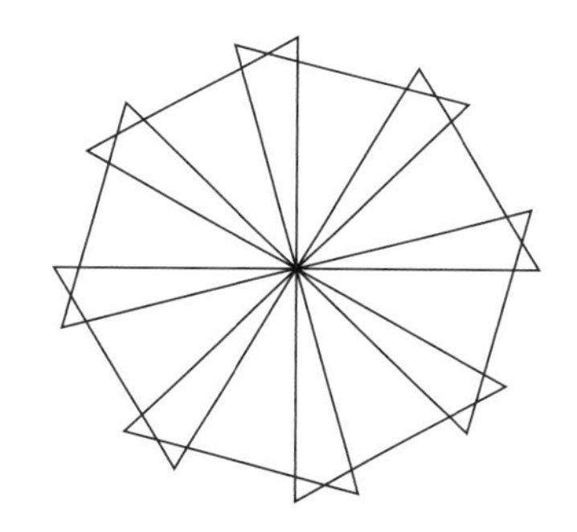

この絵には8つの正三角形が使われるので、正三角形をかくプログラムは ㋐ 回くり返します。

1つの正三角形は、長さ ㋑ 歩の辺が3本、㋒ 度の角が3つなので、辺をかいて向きを変えるプログラムは ㋓ 回くり返します。

8つの正三角形をかく間に360度回るには、正三角形の向きを ㋔ (度)ずつ変えます。

㋐（　　　　）
㋑（　　　　）
㋒（　　　　）
㋓（　　　　）
㋔（　　　　）

ポイント　辺の数や組みあわせる図形の数から、くり返す回数やまわす角度を考えましょう。

勉強した日　月　日

まとめのテスト①

教科書 228～231ページ　答え 21ページ

時間 20分

得点 /100点

1 ㋐から㋘の数を下の数直線に↓や↑で表しましょう。　1つ2〔18点〕

0　1　2　3　4

㋐ $\frac{2}{5}$　㋑ 0.7　㋒ 2.5　㋓ $\frac{3}{10}$　㋔ 3.7　㋕ $1\frac{7}{10}$　㋖ 4.2　㋗ $1\frac{2}{5}$　㋘ $2\frac{3}{5}$

2 次の数を、10倍、100倍、$\frac{1}{10}$、$\frac{1}{100}$にした数をかきましょう。　1つ5〔10点〕

❶ 400万　(　　)

❷ 53.5　(　　)

3 四捨五入(ししゃごにゅう)して、上から2けたのがい数で表しましょう。　1つ2〔8点〕

❶ 3895　❷ 275419　❸ 53.74　❹ 7.531

(　　)　(　　)　(　　)　(　　)

4 次の分数は小数に、小数は分数になおしましょう。　1つ2〔8点〕

❶ $\frac{1}{5}$　❷ $2\frac{9}{10}$　❸ 1.6　❹ 5.26

(　　)　(　　)　(　　)　(　　)

5 次の(　)の中の2つの数の最大公約数と最小公倍数を求めましょう。　1つ2〔16点〕

❶ (2、5)　❷ (3、12)　❸ (12、18)　❹ (16、32)

最大公約数(　　)　最大公約数(　　)　最大公約数(　　)　最大公約数(　　)

最小公倍数(　　)　最小公倍数(　　)　最小公倍数(　　)　最小公倍数(　　)

6 □にあてはまる等号、不等号をかきましょう。　1つ2〔8点〕

❶ 4.25□3.92　❷ 0.6□$\frac{3}{5}$　❸ $1\frac{4}{8}$□1.5　❹ $1\frac{7}{10}$□$1\frac{11}{15}$

7 次の計算をしましょう。　1つ3〔24点〕

❶ 351+435　❷ 1812−958　❸ 1.75+0.46　❹ 2.56−2.35

❺ 9.6×1.25　❻ $\frac{3}{4}+\frac{4}{5}$　❼ $1\frac{1}{6}-\frac{7}{9}$　❽ $\frac{3}{8}\div\frac{5}{6}$

8 くふうして計算しましょう。　1つ4〔8点〕

❶ $21\times\left(\frac{2}{3}-\frac{1}{7}\right)$　❷ 4.7×3.6+4.7×6.4

チェック

□整数、小数、分数の大きさがわかったかな？

□きまりにしたがって計算できたかな？

勉強した日　月　日

まとめのテスト❷

時間 20分

得点 /100点

教科書 232～234ページ　答え 22ページ

1 下の図形について、❶から❹にあてはまるものを、記号で選びましょう。　1つ10〔40点〕

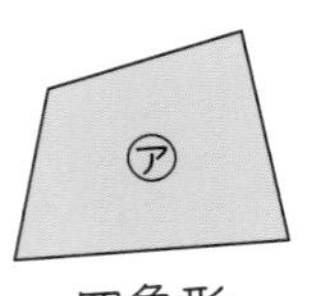

四角形

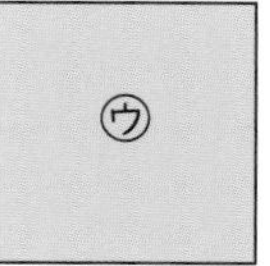

平行四辺形

正方形

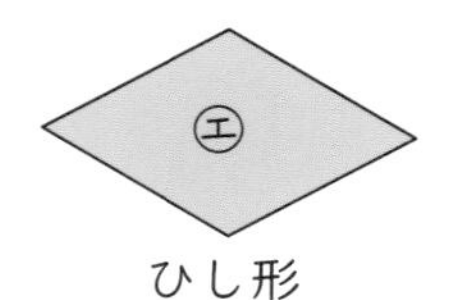

ひし形

台形

長方形

❶ 辺の長さがすべて等しい四角形　(　　　)

❷ 向かいあう2組の辺がそれぞれ平行な四角形　(　　　)

❸ すべての角が直角になっている四角形　(　　　)

❹ 2本の対角線が垂直(すいちょく)になっていて、長さも等しい四角形　(　　　)

2 次の図形を面とする立体について考えましょう。　1つ10〔30点〕

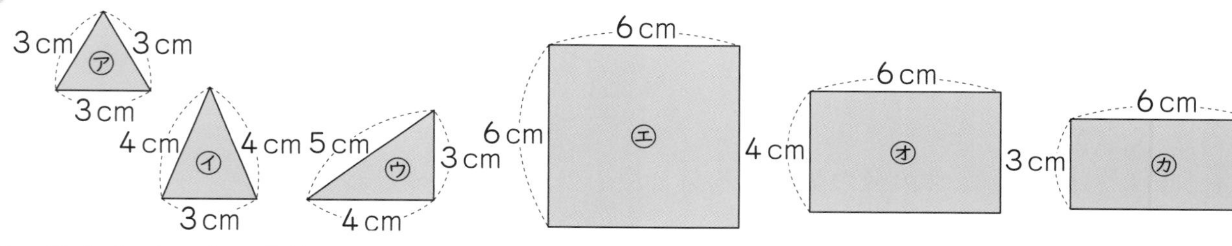

❶ ㋑を底面とする角柱をつくるとき、側面をどの図形にすればよいですか。㋐から㋕の中からすべて選びましょう。ただし、同じ面を何枚(なんまい)使ってもよいこととします。

(　　　)

❷ ㋐を2枚と、㋕を何枚かで立体をつくります。㋕は何枚いりますか。また、できる立体は何ですか。

(　　　、　　　)

3 右の展開図(てんかいず)を見て答えましょう。　1つ10〔30点〕

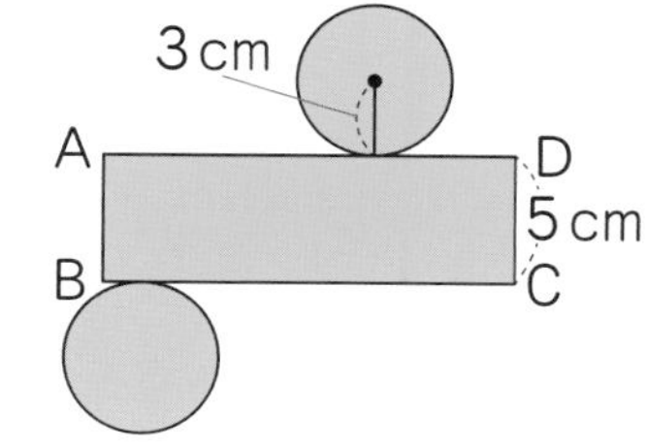

❶ 何の立体の展開図ですか。

(　　　)

❷ 辺ADの長さを求めましょう。

式

答え (　　　)

チェック
□さまざまな四角形の性質がわかったかな？
□図形を組みあわせて立体をつくることができたかな？

勉強した日　月　日

まとめのテスト③

時間20分　得点　/100点

教科書 234～238ページ　答え 22ページ

1 下の図の面積や体積を求めましょう。　1つ5〔30点〕

❶ 3cm　3cm　5cm

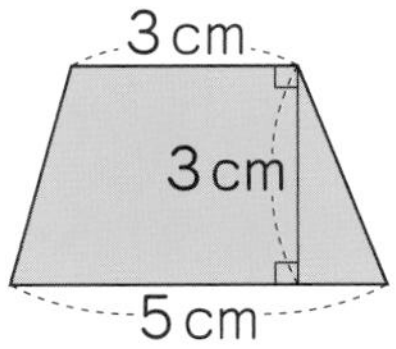

式

答え（　　　）

❷ 5cm　7cm　3cm　4cm

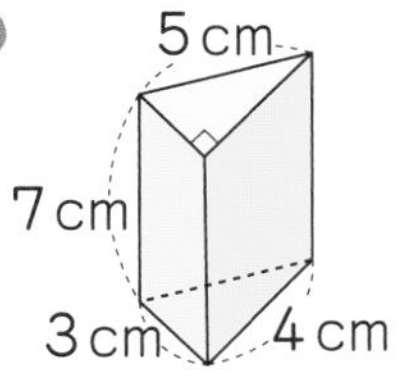

式

答え（　　　）

❸ 12cm　3cm

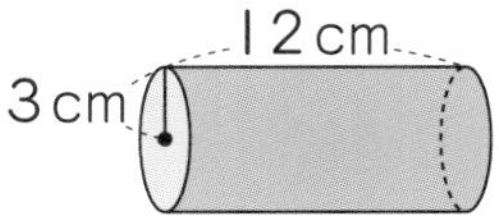

式

答え（　　　）

2 下のような正方形の4すみを切り取って、直方体の形をした容器をつくります。　〔5点〕

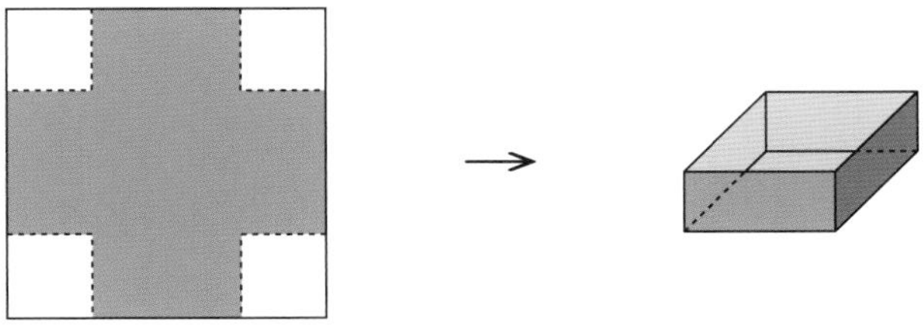

下の4つの容器のうち、容積がいちばん大きくなるのはどれですか。

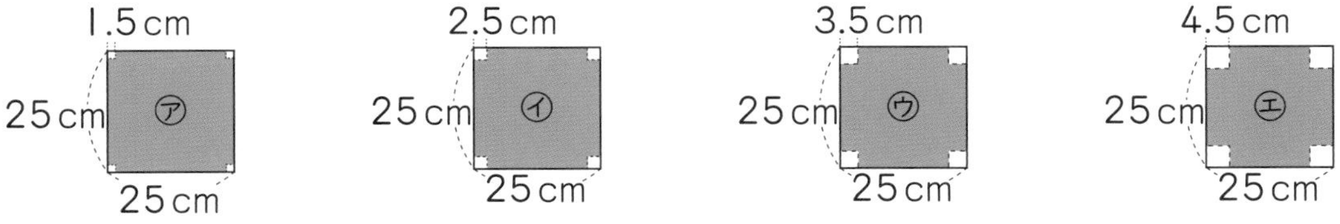

㋐ 1.5cm　25cm　25cm

㋑ 2.5cm　25cm　25cm

㋒ 3.5cm　25cm　25cm

㋓ 4.5cm　25cm　25cm

（　　　）

3 □にあてはまる数をかきましょう。　1つ5〔35点〕

❶ □m＝580cm＝□mm

❷ □t＝7800kg＝□g

❸ 9m^3＝□cm^3＝□L

❹ 0.5a＝□m^2

4 次の速さや道のり、時間を求めましょう。　1つ5〔30点〕

❶ 25分で850mを進んだときの分速

式

答え（　　　）

❷ 時速45kmで走る自動車が5時間で進む道のり

式

答え（　　　）

❸ 1周360mの花だんを、分速60mの人が1周するのにかかる時間

式

答え（　　　）

チェック

□面積や体積を求めることができたかな？

□速さや道のり、時間を求める計算ができたかな？

勉強した日 月 日

まとめのテスト④

時間20分

得点 /100点

教科書 238〜242ページ 答え 22ページ

1 ある自動車が450kmを進むのに50Lのガソリンを使います。使うガソリンの量をxL、進む道のりを$y$kmとして、yを、xを使った式に表しましょう。 〔9点〕

（ ）

2 面積が24cm²の長方形をつくるときの、縦の長さ$x$cmと横の長さ$y$cmの関係を式に表しましょう。 〔9点〕

（ ）

3 1組の児童の4割が教室にいて、12人でした。1組の児童は全部で何人ですか。

式 1つ9〔18点〕

答え（ ）

4 まゆみさんは、定価4500円の商品を、30%引きで買いました。代金は何円ですか。

式 1つ9〔18点〕

答え（ ）

5 姉と妹でクッキーを分けます。姉と妹の枚数の比は5：4で、妹の枚数は12枚です。姉の枚数は何枚ですか。 1つ9〔18点〕

式

答え（ ）

6 次のことを調べるときに使われるグラフを、下から記号ですべて選びましょう。 1つ9〔18点〕

❶ 白米にふくまれている成分の割合 （ ）

❷ あるクラスの幅とびの記録 （ ）

あ 円グラフ

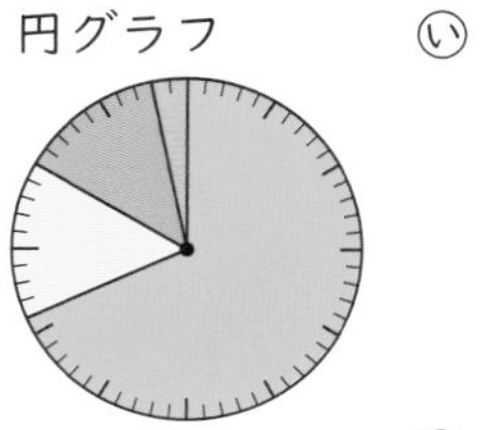

い 棒グラフ

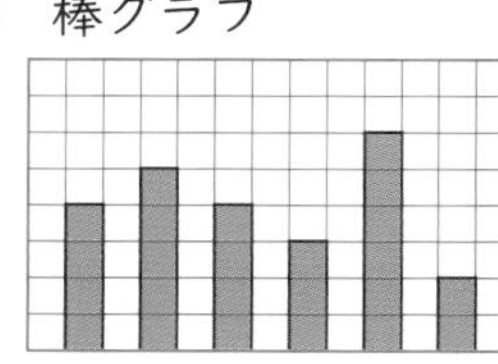

う 柱状グラフ

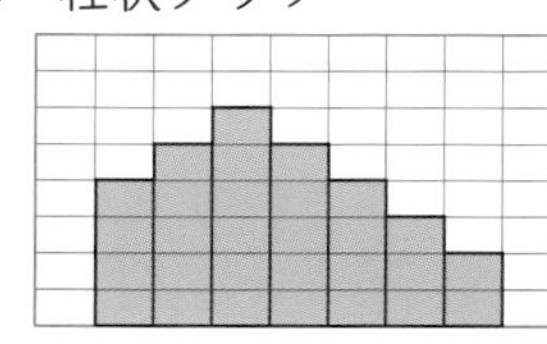

え 折れ線グラフ

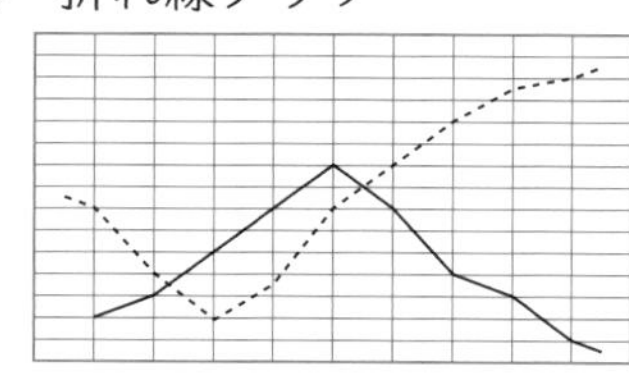

お 帯グラフ

7 まきさん、あいさん、おさむさん、なおとさんの4人が、1人ずつ順番に遊園地のゲートをくぐります。順番は全部で何とおりありますか。 〔10点〕

（ ）

ふろくの「計算練習ノート」27〜29ページをやろう！

□ 割合や比の計算ができたかな？
□ 2つの量の関係を文字を使った式で表すことができたかな？

●勉強した日　月　日

夏休みのテスト①

時間30分

名前　得点　/100点

おわったらシールをはろう

教科書 12〜105ページ　答え 23ページ

1 対称(たいしょう)な図形をかきましょう。　1つ7〔14点〕

❶ 直線アイが対称の軸(じく)となるような線対称(せんたいしょう)な図形

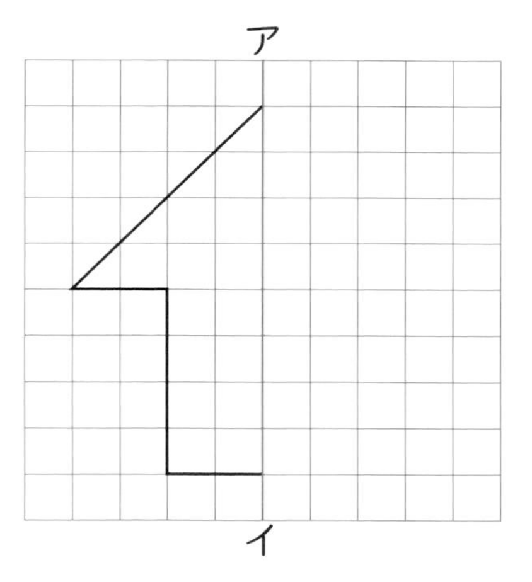

❷ 点Oが対称の中心となるような点対称(てんたいしょう)な図形

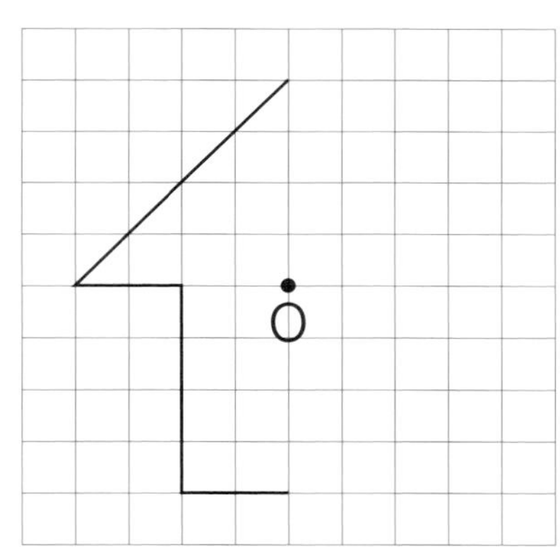

2 下の図形について、表にまとめます。　1つ6〔18点〕

直角三角形

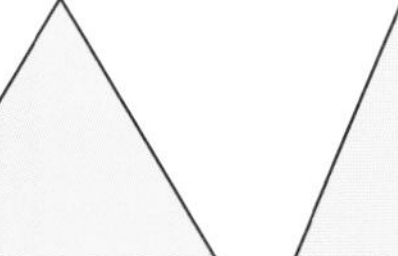
正三角形

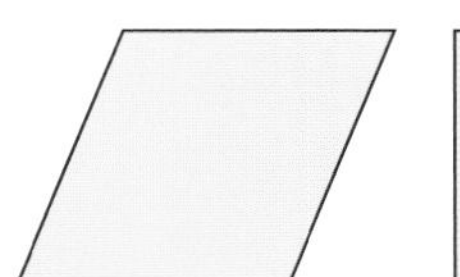
平行四辺形

正方形

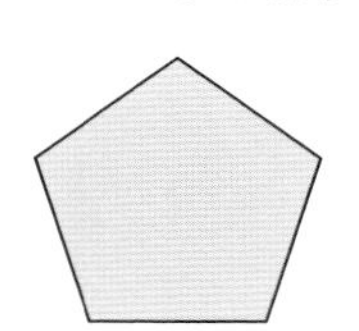
正五角形

	❶ 線対称	❷ 対称の軸の数	❸ 点対称
直角三角形			
正三角形			
平行四辺形			
正方形			
正五角形			

❶ 「線対称」のらんに、線対称な図形には○、そうでない図形には×をかきましょう。

❷ それぞれの図形の「対称の軸の数」のらんに、対称の軸の本数をかきましょう。線対称な図形ではないときは、0とかきましょう。

❸ 「点対称」のらんに、点対称な図形には○、そうでない図形には×をかきましょう。

3 次の計算をしましょう。　1つ6〔24点〕

❶ $\frac{10}{3}\times15$　(　　)

❷ $\frac{2}{5}\times\frac{5}{6}$　(　　)

❸ $4\times\frac{7}{12}$　(　　)

❹ $1\frac{4}{5}\times2\frac{1}{12}$　(　　)

4 次の計算をしましょう。　1つ6〔24点〕

❶ $\frac{5}{12}\div10$　(　　)

❷ $\frac{1}{4}\div\frac{3}{8}$　(　　)

❸ $18\div\frac{12}{5}$　(　　)

❹ $1\frac{1}{14}\div1\frac{3}{7}$　(　　)

5 次の計算をしましょう。　1つ6〔12点〕

❶ $\frac{8}{9}\times0.75\times\frac{1}{6}$　(　　)

❷ $\left(\frac{3}{8}-\frac{1}{12}\right)\times24$　(　　)

6 縦(たて)の長さが $\frac{9}{8}$ cm、横の長さが $1\frac{1}{3}$ cm の長方形の面積は何 cm^2 ですか。　1つ4〔8点〕

式

答え(　　)

時間 30分

名前　　得点　／100点

おわったらシールをはろう

教科書 12〜105ページ　答え 23ページ

1 次の計算をしましょう。　1つ5〔20点〕

❶ $\frac{5}{12}\times4$　（　　）

❷ $\frac{8}{9}\times\frac{3}{10}$　（　　）

❸ $\frac{2}{11}\times\frac{11}{2}$　（　　）

❹ $2\frac{1}{6}\times\frac{2}{3}\times\frac{9}{13}$　（　　）

2 次の計算をしましょう。　1つ5〔20点〕

❶ $\frac{9}{4}\div3$　（　　）

❷ $\frac{15}{7}\div\frac{9}{14}$　（　　）

❸ $2\frac{2}{3}\div\frac{6}{5}$　（　　）

❹ $\frac{5}{9}\div\frac{1}{12}\div3\frac{1}{3}$　（　　）

3 次の計算をしましょう。　1つ5〔10点〕

❶ $\frac{5}{6}\times1\frac{2}{5}-0.3$　（　　）

❷ $\frac{6}{7}\times8+\frac{6}{7}\times6$　（　　）

4 赤と青のテープがあります。赤のテープの長さは $\frac{5}{3}$ mで、これは青のテープの長さの $\frac{10}{9}$ にあたります。青のテープの長さは何mですか。　1つ5〔10点〕

式

答え（　　）

5 次の場面で、x と y の関係を式に表しましょう。　1つ4〔12点〕

❶ 底辺が9cm、高さが x cmの平行四辺形があります。面積は y cm^2 です。

（　　）

❷ 1.2Lのお茶があります。x L飲みました。残りは y Lです。

（　　）

❸ 120gの小麦粉を x 枚（まい）の皿に等しく分けたところ、1枚の皿の量が y gになりました。

（　　）

6 15人の小テストの得点について、次の問題に答えましょう。　1つ7〔28点〕

小テストの得点（点）

25	24	22	20	24	23	28	19	22	26
22	26	22	23	19					

❶ 最頻値（さいひんち）と中央値（ちゅうおうち）を求めましょう。

最頻値（　　）

中央値（　　）

❷ 平均値（へいきんち）を求めましょう。

（　　）

❸ 得点を右の表にまとめましょう。

小テストの得点

得点（点）	人数（人）
18以上〜21未満	
21　〜24	
24　〜27	
27　〜30	
合計	

実力判定テスト　冬休みのテスト②

時間 30分

名前　　得点　　／100点

おわったらシールをはろう

教科書 110〜195ページ　答え 23ページ

1 次の問題に答えましょう。　1つ8〔24点〕

❶ メダルを続けて4回投げます。このとき、表と裏（うら）の出方は全部で何とおりありますか。

（　　　　）

❷ Aさん、Bさん、Cさん、Dさんの4人で発表会をします。発表する順番は全部で何とおりありますか。

（　　　　）

❸ 赤、黄、緑、青のペンが1本ずつあります。このうち、2本を組み合わせて選ぶとき、選び方は全部で何とおりありますか。

（　　　　）

2 下の図について、次の問題に答えましょう。　1つ10〔30点〕

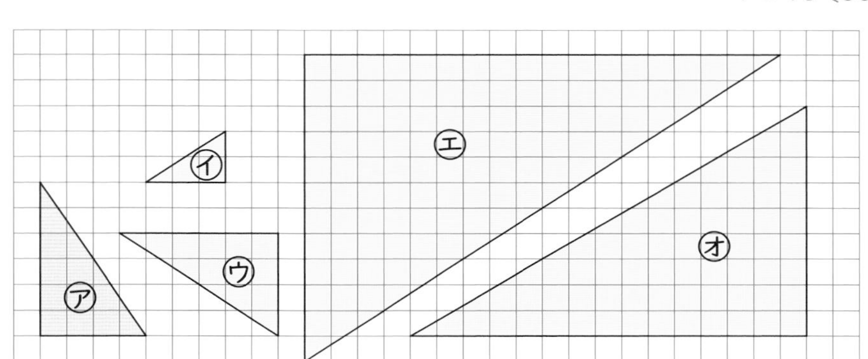

❶ ㋐の三角形と合同な三角形はどれですか。

（　　　　）

❷ ㋐の三角形の拡大図（かくだいず）はどれですか。また、それは何倍の拡大図ですか。

（　　　、　　　）

❸ ㋐の三角形の縮図（しゅくず）はどれですか。また、それは何分の一の縮図ですか。

（　　　、　　　）

3 下の表は、直方体の形をした水そうに水を入れるときの、水を入れる時間 x 分と水そうにたまる水の量 y L の関係を表したものです。　1つ9〔36点〕

時間　x(分)	1	2	3	4	5
水の量　y(L)	1.5	3	4.5	6	7.5

❶ y は x に比例していますか。

（　　　　）

❷ y を、x を使った式に表しましょう。

（　　　　）

❸ x と y の関係をグラフに表しましょう。

水を入れる時間と水の量

y(L)　10, 9, 8, 7, 6, 5, 4, 3, 2, 1, 0

0　1　2　3　4　5　6　7　x(分)

❹ 水そうの水の量が9Lになるのにかかった時間は、何分ですか。

（　　　　）

4 右の池を台形とみて、およその面積を求めましょう。　1つ5〔10点〕

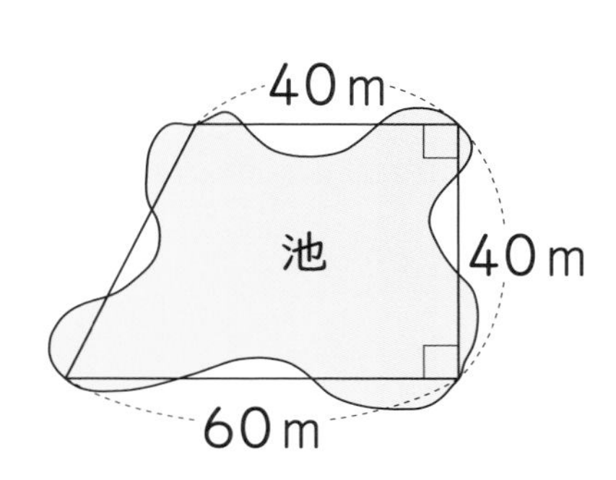

式

答え（　　　　）

●勉強した日　　月　　日

冬休みのテスト①

時間30分　名前　得点　/100点　おわったらシールをはろう

教科書 110～195ページ　答え 23ページ

1 下の図で色のついたところの面積とまわりの長さを求めましょう。　1つ6〔36点〕

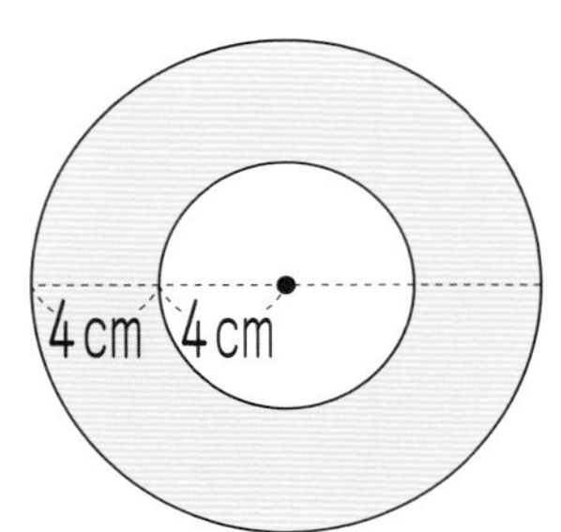

面積（　　　　）　長さ（　　　　）

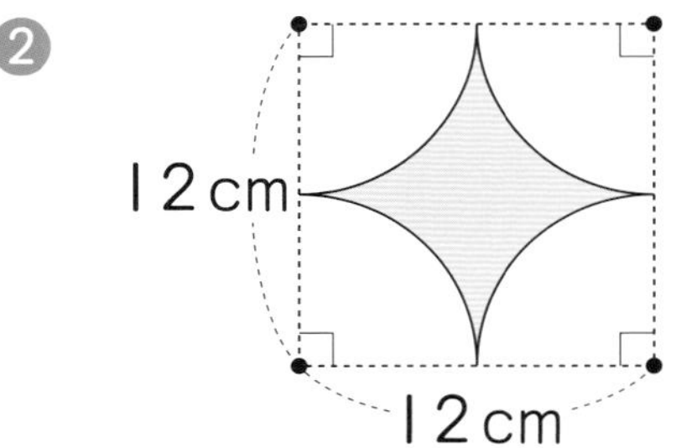

面積（　　　　）　長さ（　　　　）

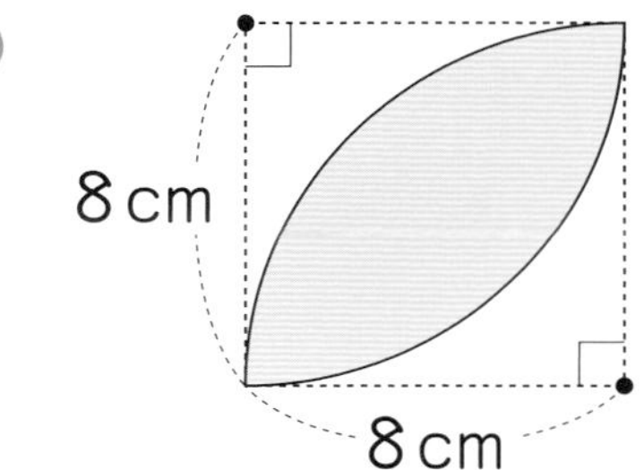

面積（　　　　）　長さ（　　　　）

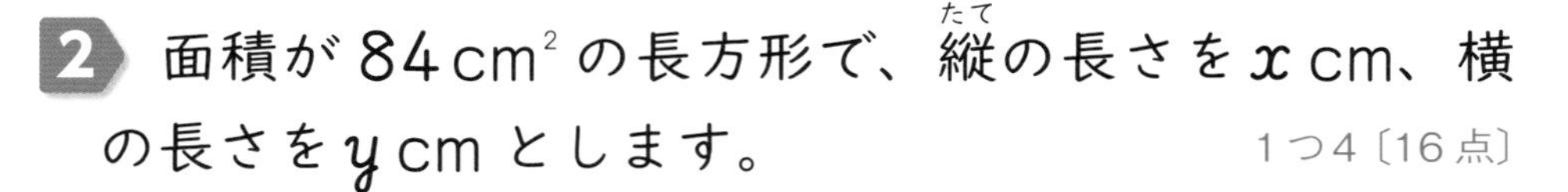

2 面積が $84\,\mathrm{cm}^2$ の長方形で、縦（たて）の長さを x cm、横の長さを y cm とします。　1つ4〔16点〕

❶ y を、x を使った式に表しましょう。

（　　　　）

❷ x の値（あたい）が 10.5 のときの y の値を求めましょう。

（　　　　）

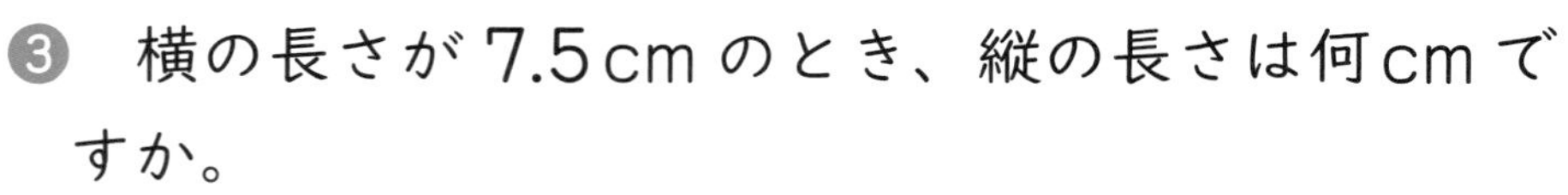

❸ 横の長さが 7.5cm のとき、縦の長さは何cm ですか。

（　　　　）

❹ y は x に比例していますか、反比例していますか。

（　　　　）

3 下のような立体の体積を求めましょう。　1つ7〔21点〕

❶

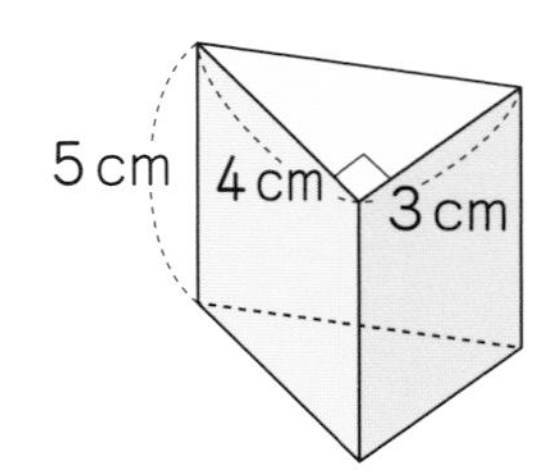

（　　　　）

❷

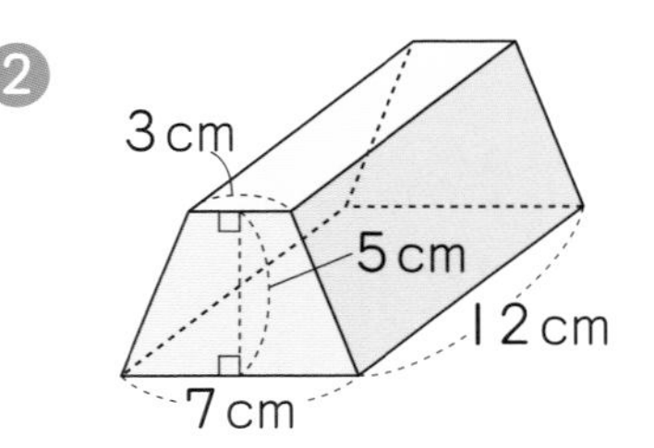

（　　　　）

❸

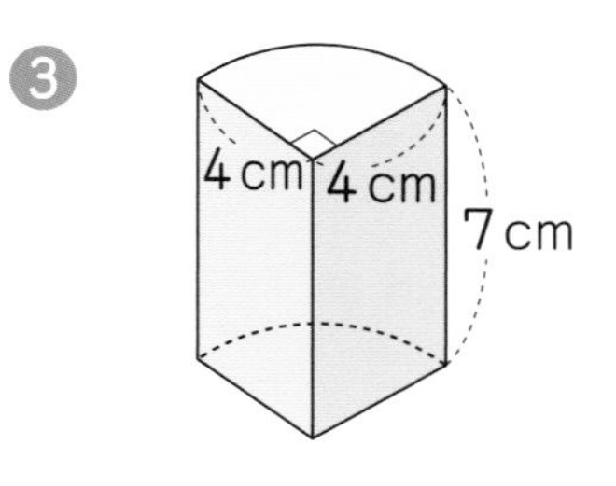

（　　　　）

4 次の式で、x にあてはまる数を求めましょう。　1つ5〔20点〕

❶ $3:8=x:72$　❷ $x:36=5:3$

（　　　　）　（　　　　）

❸ $x:\frac{2}{3}=18:4$　❹ $3:x=1.2:\frac{4}{5}$

（　　　　）　（　　　　）

5 720mL のジュースをAとBの2つの水とうに分けます。AとBの量が 7：9 の割合（わりあい）になるように分けるとき、Aには何mL のジュースが入りますか。　〔7点〕

（　　　　）

学年末のテスト①

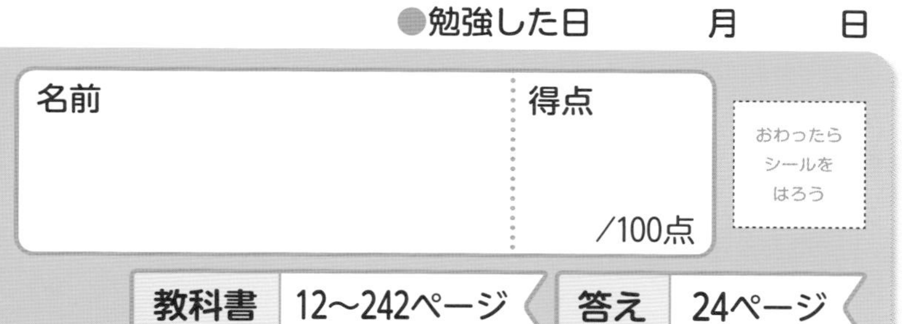

教科書 12〜242ページ　答え 24ページ

1 次の計算をしましょう。　1つ5〔30点〕

❶ $\frac{7}{12}\times9$

❷ $\frac{7}{18}\times\frac{15}{14}$

❸ $\frac{4}{5}\div\frac{2}{3}$

❹ $1\frac{5}{7}\div\frac{10}{21}$

❺ $\frac{7}{10}\div\frac{11}{5}\div\frac{21}{22}$

❻ $\frac{5}{3}\times\left(1.2-\frac{1}{15}\right)$

2 [0]、[1]、[2]、[3]、[4] の５枚（まい）のカードのうち、２枚をならべて、２けたの整数をつくります。　1つ8〔24点〕

❶ ２けたの整数は、全部で何とおりできますか。

❷ 偶数（ぐうすう）は、全部で何とおりできますか。

❸ ３の倍数は、全部で何とおりできますか。

3 右の図形について、次の問題に答えましょう。　1つ6〔12点〕

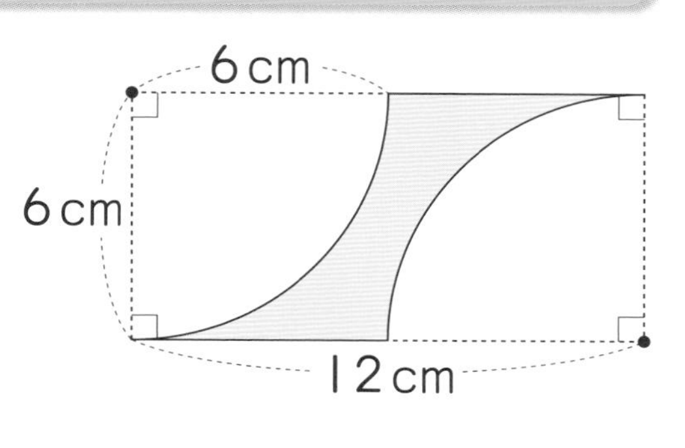

❶ 色のついたところの面積を求めましょう。

❷ 色のついたところのまわりの長さを求めましょう。

4 次の式で、x にあてはまる数を求めましょう。　1つ5〔10点〕

❶ $42:24=x:16$　❷ $2:3.2=15:x$

5 次の２つの量で、y を、x を使った式に表しましょう。また、y が x に比例しているものには○、反比例しているものには△、どちらでもないものには×をかきましょう。　1つ8〔24点〕

❶ １Lが135円のガソリンを買うときの量 x L と代金 y 円

❷ 200gの砂糖（さとう）のうち、使った重さ x g と残りの重さ y g

❸ 80cmのリボンを等分するときの、できる本数 x 本と１本の長さ y cm

●勉強した日　　月　　日

実力判定テスト

学年末のテスト②

時間 30分

名前　　得点　　/100点

おわったらシールをはろう

教科書 12～242ページ　答え 24ページ

1 次の計算をしましょう。　1つ5〔30点〕

❶ $\frac{5}{6}\times\frac{8}{15}$　（　　）

❷ $1\frac{7}{11}\times2\frac{4}{9}$　（　　）

❸ $6\div\frac{8}{9}$　（　　）

❹ $\frac{7}{15}\div2\frac{1}{10}$　（　　）

❺ $\frac{4}{9}\times\frac{3}{5}\div0.7$　（　　）

❻ $1\frac{1}{6}\times\frac{7}{4}+1\frac{1}{6}\times\frac{5}{4}$　（　　）

2 右の立体は、大きい円柱から小さい円柱をくりぬいたものです。この立体の体積を求めましょう。　〔10点〕

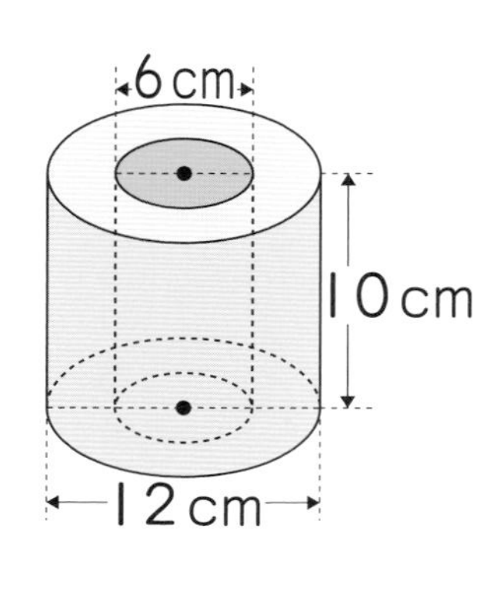

（　　）

3 水と食塩を、重さの比が13：2になるように混ぜて、食塩水を作ります。　1つ6〔18点〕

❶ 食塩を40g使うとき、水は何g必要ですか。

（　　）

❷ 食塩水を75g作るとき、水と食塩はそれぞれ何g必要ですか。

水（　　）

食塩（　　）

4 次の2つの量で、yを、xを使った式に表しましょう。また、yがxに比例しているものには○、反比例しているものには△をかきましょう。　1つ7〔14点〕

❶ 1分間に5Lずつ水を入れるときの、水を入れる時間x分と全体の水の量yL

（　　、　）

❷ 100kmの道のりを自動車で走るときの、自動車の時速$x$kmとかかる時間y時間

（　　、　）

5 16個の卵(たまご)の重さについて、次の問題に答えましょう。　1つ7〔28点〕

卵の重さ(g)

43	46	41	49	44	46	47	45	49	47
46	50	43	48	45	47				

❶ 平均値(へいきんち)を求めましょう。

（　　）

❷ 卵の重さを右の表にまとめましょう。

卵の重さ

重さ(g)	個数(個)
40以上～42未満	
42　～44	
44　～46	
46　～48	
48　～50	
50　～52	
合計	

❸ 46g以上48g未満の階級の度数の割合(わりあい)は、全体の度数の合計のおよそ何％ですか。四捨五入(ししゃごにゅう)して、上から2けたの概数(がいすう)で求めましょう。

（　　）

❹ 柱状グラフに表しましょう。

卵の重さ

(個) 8 7 6 5 4 3 2 1 0

40 42 44 46 48 50 52 (g)

実力判定テスト

まるごと文章題テスト①

時間 30分

名前　　得点　　/100点

おわったらシールをはろう

いろいろな文章題にチャレンジしよう！

答え 24ページ

1 1mの重さが$\frac{5}{8}$kgのパイプがあります。このパイプ6mの重さは何kgですか。　1つ5〔10点〕

式

答え(　　　　)

2 底辺が$1\frac{1}{2}$cm、高さが$1\frac{7}{9}$cmの三角形の面積は何cm^2ですか。　1つ5〔10点〕

式

答え(　　　　)

3 1個230円のなしを買って、280円のかごにつめます。なしは予算内でできるだけ多く買うようにします。予算が1800円のとき、買えるなしの数を求めましょう。　1つ5〔10点〕

式

答え(　　　　)

4 A、B、C、3つのおもりがあります。それぞれの重さはAが$\frac{2}{3}$kg、Bが$\frac{7}{9}$kg、Cが$\frac{8}{15}$kgです。　1つ5〔20点〕

❶ Aの重さをもとにすると、Bの重さは何倍ですか。

式

答え(　　　　)

❷ Bの重さをもとにすると、Cの重さは何倍ですか。

式

答え(　　　　)

5 食用油を$\frac{8}{3}$L買ったら、代金は1680円でした。この食用油1Lの値段(ねだん)は何円ですか。　1つ5〔10点〕

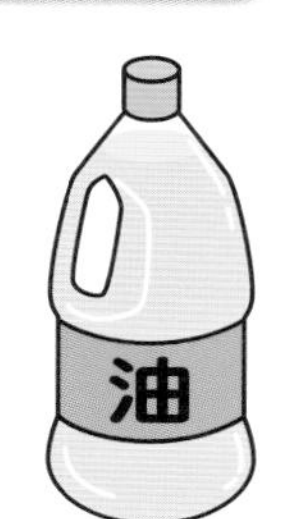

式

答え(　　　　)

6 A、B、C、Dの4人が、横に1列にならびます。　1つ10〔20点〕

❶ Cが左はしになるならび方は、全部で何とおりありますか。

(　　　　)

❷ AとBが両はしになるならび方は、全部で何とおりありますか。

(　　　　)

7 ミルクティーを作るのに、紅茶(こうちゃ)とミルクを7：3の割合(わりあい)で混ぜます。ミルクを120mL使うとき、紅茶は何mL必要ですか。　1つ5〔10点〕

式

答え(　　　　)

8 実際の長さが6kmのトンネルが4cmの長さに縮小(しゅくしょう)されている地図で、10cmはなれている2つの場所の実際のきょりは何kmですか。　1つ5〔10点〕

式

答え(　　　　)

実力判定テスト

まるごと 文章題テスト②

時間 30分

名前　　得点　　/100点

おわったらシールをはろう

いろいろな文章題にチャレンジしよう！

答え 24ページ

1 ジュースが $\frac{12}{5}$ L あります。このジュースを 8 人で等分すると、1 人分は何 L になりますか。 1つ5〔10点〕

式

答え（　　　　）

2 1 辺が $1\frac{1}{3}$ cm の立方体の体積は何 cm^3 ですか。 1つ5〔10点〕

式

答え（　　　　）

3 パイプの重さは $\frac{15}{16}$ kg、棒（ぼう）の重さは $\frac{9}{8}$ kg です。棒の重さはパイプの重さの何倍ですか。 1つ5〔10点〕

式

答え（　　　　）

4 ある子ども会の 6 年生の人数は 15 人で、子ども会全体の人数の $\frac{5}{12}$ にあたります。 1つ5〔20点〕

❶ この子ども会全体の人数は何人ですか。

式

答え（　　　　）

❷ メガネをかけている人は、子ども会全体の $\frac{2}{9}$ です。子ども会でメガネをかけていない人は何人いますか。

式

答え（　　　　）

5 ある本を昨日全体の $\frac{1}{3}$ を読み、今日残りの $\frac{3}{4}$ を読んだら、残りが 35 ページになりました。この本は全部で何ページありますか。 1つ5〔10点〕

式

答え（　　　　）

6 0、2、3、7 の 4 枚（まい）のカードをならべて、4 けたの整数をつくります。 1つ10〔20点〕

❶ 10 の倍数は全部で何とおりできますか。

（　　　　）

❷ 偶数（ぐうすう）は全部で何とおりできますか。

（　　　　）

7 ジュースが 350 mL あります。このジュースを兄と弟が 9：5 になるように分けます。弟は何 mL もらえますか。 1つ5〔10点〕

式

答え（　　　　）

8 水そうに A の管で水を入れたら 10 分でいっぱいになりました。B の管では 15 分でいっぱいになりました。A、B の管を同時に使って水を入れると、何分でいっぱいになりますか。 1つ5〔10点〕

式

答え（　　　　）

教科書ワーク

答えとてびき

「答えとてびき」は、とりはずすことができます。

日本文教版

算数6年

使い方

まちがえた問題は、もういちどよく読んで、なぜまちがえたのかを考えましょう。正しい答えを知るだけでなく、なぜそうなるかを考えることが大切です。

① ぴったり重なる形を調べよう

2・3ページ 基本のワーク

基本1 線対称、対称の軸　答え 4

1 ㋑、㋓

基本2 180、点対称、対称の中心、180　答え 180

2 ㋑、㋓

基本3 対応する、対応する、対応する、垂直、等しく

答え M、垂直

3 ❶ 点G　❷ 角A　❸ 辺GF　❹ 直線FK

❺ 垂直に交わる。

てびき 1 ㋑は縦と横に1本ずつ計2本、㋓は横に1本の対称の軸があります。

2 ヨ、らを180°回転すると、E、9になります。

4・5ページ 基本のワーク

基本1 答え

1 ❶

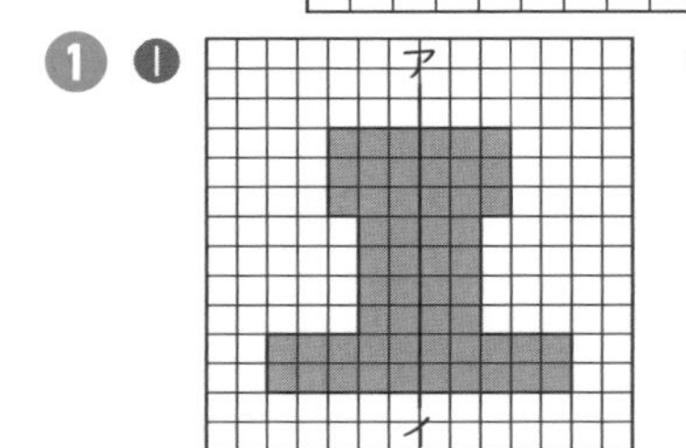

❷

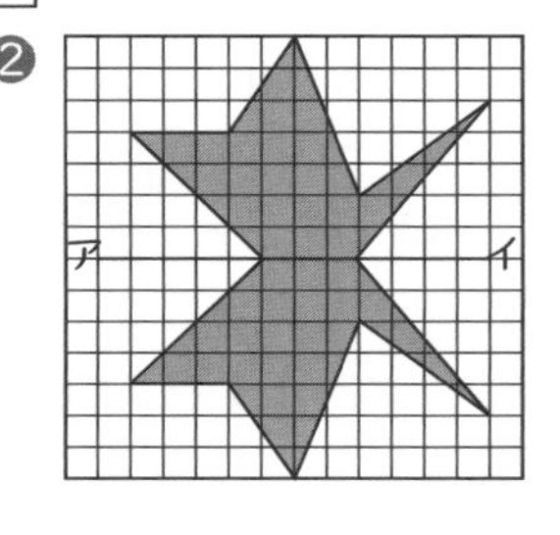

❸

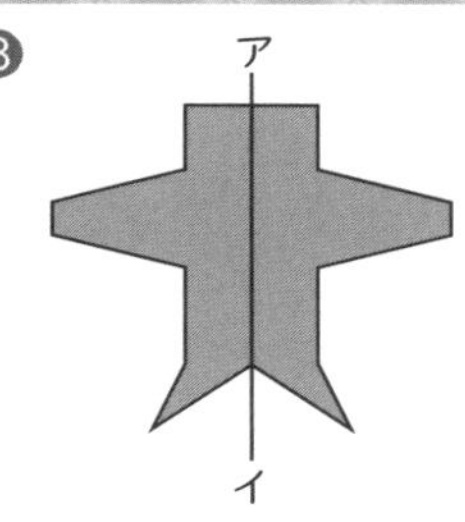

基本2 対応する、対応する、対応する、対称の中心、等しく　答え F、点O(対称の中心)

2 ❶ 対称の中心　❷ 等しくなっている。

基本3 答え

3 ❶ ❷

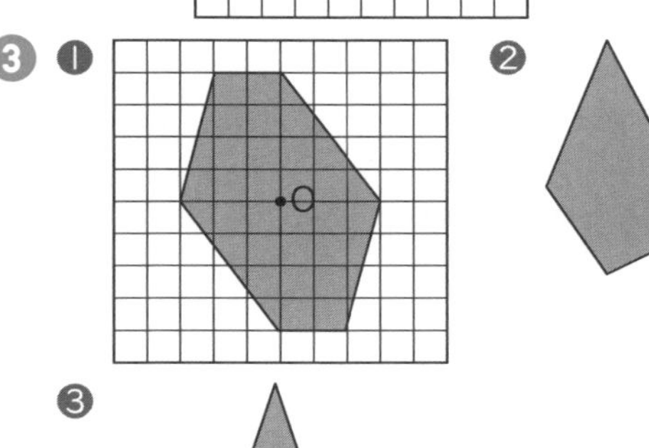

❸

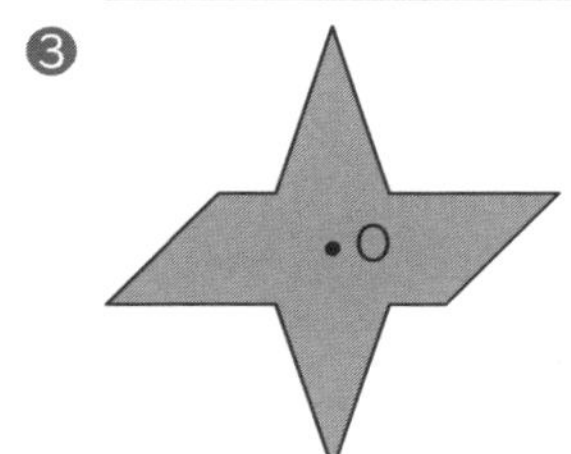

てびき 1 ❸ 方眼がない状態で線対称な図形をかくときは、それぞれの点から対称の軸に垂直な直線をひき、対称の軸までの長さが等しくなる位置に印をつけ、対応する点をつなぎます。

❷ 右の図のように、対応する2つの点を結ぶ直線は、対称の中心を通ります。

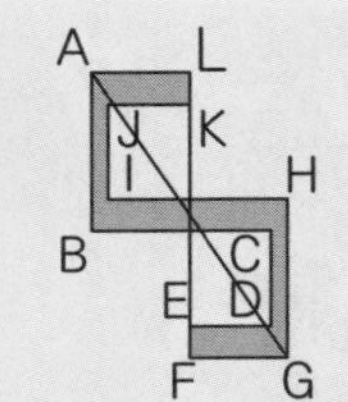

❸ ❷❸ 方眼がない状態で点対称な図形をかくときは、それぞれの点から対称の中心を通る直線をひき、それぞれの点と対称の中心までの長さが等しくなる位置に印をつけ、対応する点をつなぎます。

6・7ページ 基本のワーク

基本1 答え ❶ ㋑、㋔、㋕、㋖、㋗
❷ ㋐、㋑、㋔、㋕
❸ ㋑、㋔、㋕

❶ (例)

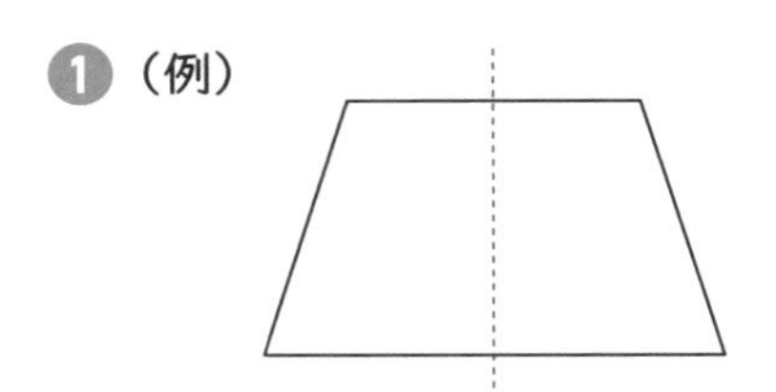

基本2 答え 線対称：㋐、㋑、㋒、㋓
点対称：㋑、㋓

❷ ❶

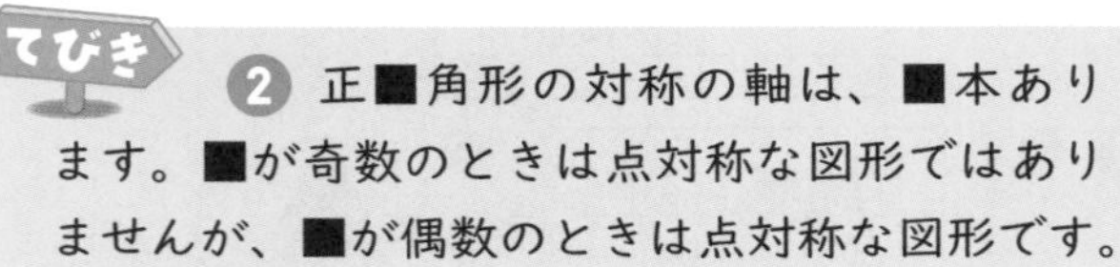

図形	正三角形	正方形	正五角形	正六角形	正七角形
対称の軸の本数(本)	3	4	5	6	7

❷ 8本

❸

図形	正三角形	正方形	正五角形	正六角形	正七角形
点対称かどうか	×	○	×	○	×

❹ 点対称な図形である。

てびき ❷ 正■角形の対称の軸は、■本あります。■が奇数のときは点対称な図形ではありませんが、■が偶数のときは点対称な図形です。

8ページ 練習のワーク

❶

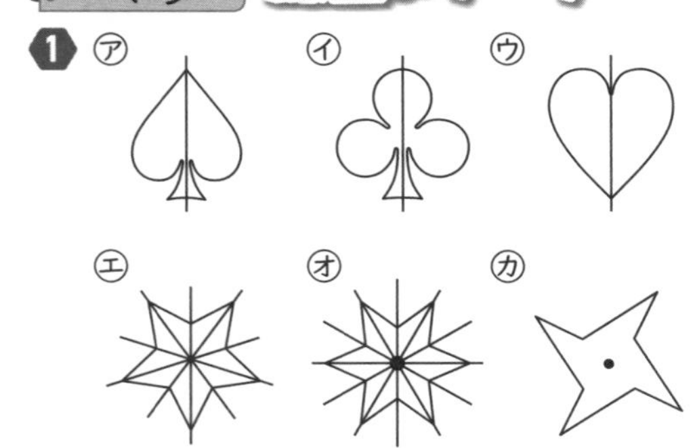

❷ 垂直に交わっている。
❸ 等しくなっている。

❹ ❶

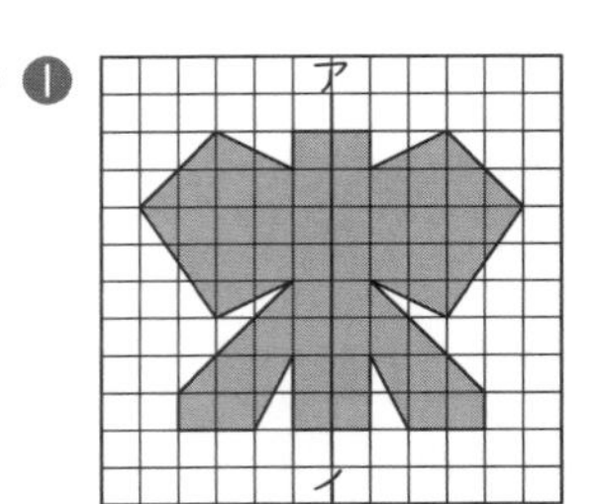

❷

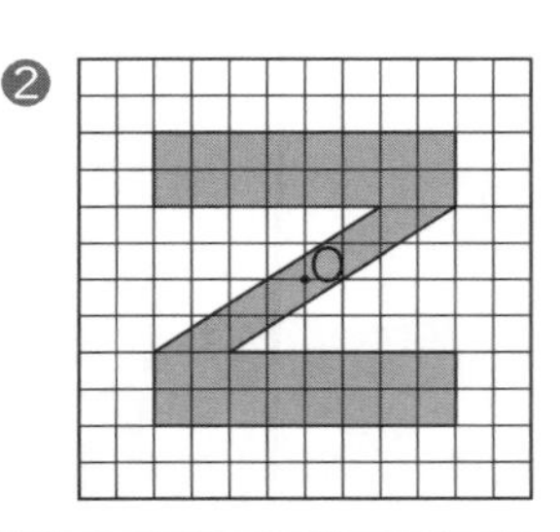

てびき ❷ 線対称な図形では、対応する2つの点を結ぶ直線は、対称の軸と垂直に交わります。また、この交わる点から対応する2つの点までの長さは等しくなります。

たしかめよう！ 線対称な図形は、対称の軸を折りめにして折ったとき、両側がぴったり重なる図形です。点対称な図形は、対称の中心のまわりに180°回転したとき、もとの図形にぴったり重なる図形です。

9ページ まとめのテスト

1 ㋓、㋔

2 直線BG、直線CF

3

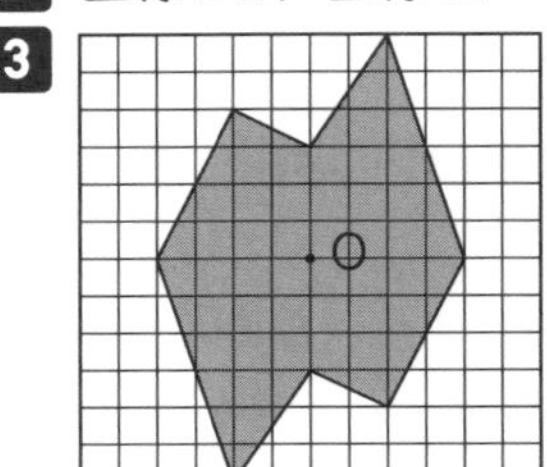

4 ❶ 3本 ❷ 6本 ❸ 12本

てびき 1 ㋖は点対称な図形ではありません。まん中の円のまわりの形を見てみましょう。
4 正■角形の対称の軸は■本あります。

② 文字を使った式に表そう

10・11ページ 基本のワーク

基本1 x 答え $x\times3$

❶ ❶ $a+85$ ❷ $30\times x$

基本2

横の長さ(cm)	1	2	3	4	5
面積(cm²)	6	12	18	24	30

❶ x、y 答え $6\times x=y$ ❷ 7、42 答え 42

❷ ❶ $5\times x=y$
❷ 式 $5\times15=75$ 答え 75

基本3 5、消しゴム 答え 5、消しゴム

❸ $x\times3+120\times2$

❹ ㋑

基本4 ❶ x、32
❷《1》8、8 《2》32、4、8
答え ❶ $x \times 4 = 32$ ❷ 8

5 ❶ $x \times 4 = 1.6$ ❷ 0.4

てびき
2 ❷ yにあてはまる数を求めるので、答えに単位をつけません。
4 底辺×高さ＝面積 から、面積÷底辺＝高さ の式がつくれます。
5 ❷ $x = 1.6 \div 4$

12ページ 練習のワーク

1 ❶ $120 + x$ ❷ $15 - x$ ❸ $280 \times a$
2 ❶ $24\mathrm{cm}^2$ ❷ $x \times 6 = y$ ❸ 48
3 ❶ りんご6個を買ったときの代金
❷ りんご1個とみかん5個を買ったときの代金
❸ りんご3個とバナナ6本を買ったときの代金
4 ❶ $x \times 4 = 2.4$ ❷ 0.6km

てびき
2 ❶ $4 \times 6 = 24$
❸ $8 \times 6 = 48$ yにあてはまる数を求めるので、答えに単位をつけません。
4 ❷ $x \times 4 = 2.4$、$x = 2.4 \div 4$

13ページ まとめのテスト

1 ❶ $120 \times x$ ❷ $15 + a$ ❸ $x \div 4$
2 ❶ $x \times 6 = y$
❷ 式 $3.5 \times 6 = 21$ 答え 21cm
❸ 式 $7.5 \times 6 = 45$ 答え 45
3 ❶ 式 $x \div 3 = 6$、$x = 6 \times 3 = 18$ 答え 18
❷ 式 $250 \times a = 1500$、$a = 1500 \div 250 = 6$ 答え 6
4 ❶ $200 \times x = y$
❷ 式 $200 \times 4.5 = 900$ 答え 900円
❸ 式 $200 \times x = 1500$
$x = 1500 \div 200 = 7.5$ 答え 7.5L
5 4個

てびき
1 ❸ ひし形には同じ長さの辺が4本あります。
2 ❶ 正六角形には辺が6本あるので、
1辺の長さ×6＝まわりの長さ
❸ yにあてはまる数を求めるので、答えに単位をつけません。
5 買うプリンの数をx個とすると、代金は $180 \times x + 120$ と表せます。xに1から順に数をあてはめると、$x=4$まで代金が1000円以内におさまります。

3 分数のかけ算とわり算のしかたを考えよう

14・15ページ 基本のワーク

ふくしゅう ❶ $\frac{5}{9}$ ❷ $\frac{7}{3}$ ❸ $\frac{23}{14}$

基本1 ❶ 3、3、2、6、6 答え $\frac{6}{7}$
❷ $\frac{20}{9}$ 答え $\frac{20}{9}$

1 式 $\frac{2}{5} \times 4 = \frac{2 \times 4}{5} = \frac{8}{5}$ 答え $\frac{8}{5}$dL

2 ❶ $\frac{3}{7}$ ❷ $\frac{16}{9}$ ❸ $\frac{28}{5}$ ❹ $\frac{35}{8}$ ❺ $\frac{18}{13}$ ❻ 9

基本2 ❶ 4、15、$\frac{4}{15}$ ❷ $\frac{5}{28}$
答え ❶ $\frac{4}{15}$ ❷ $\frac{5}{28}$

3 式 $\frac{3}{5} \div 2 = \frac{3}{5 \times 2} = \frac{3}{10}$ 答え $\frac{3}{10}$dL

4 ❶ $\frac{3}{20}$ ❷ $\frac{1}{49}$ ❸ $\frac{5}{18}$ ❹ $\frac{7}{32}$ ❺ $\frac{4}{63}$ ❻ $\frac{3}{50}$

てびき
2 ❷ $\frac{8}{9} \times 2 = \frac{8 \times 2}{9} = \frac{16}{9}$
4 ❶ $\frac{3}{4} \div 5 = \frac{3}{4 \times 5} = \frac{3}{20}$

16ページ 練習のワーク

1 ❶ $\frac{3}{8}$ ❷ $\frac{16}{5}$ ❸ $\frac{77}{4}$ ❹ $\frac{48}{17}$
❺ 7 ❻ 6

2 ❶ $\frac{3}{20}$ ❷ $\frac{7}{24}$ ❸ $\frac{13}{20}$
❹ $\frac{11}{54}$ ❺ $\frac{9}{64}$ ❻ $\frac{25}{91}$

3 式 $\frac{2}{3} \times 2 = \frac{2 \times 2}{3} = \frac{4}{3}$ 答え $\frac{4}{3}$L

4 式 $\frac{5}{6} \div 4 = \frac{5}{6 \times 4} = \frac{5}{24}$ 答え $\frac{5}{24}$m

てびき
1 ❸ $\frac{11}{4} \times 7 = \frac{11 \times 7}{4} = \frac{77}{4}$
2 ❸ $\frac{13}{5} \div 4 = \frac{13}{5 \times 4} = \frac{13}{20}$

17ページ まとめのテスト

1 ❶ $\frac{14}{5}$ ❷ $\frac{88}{9}$ ❸ 7
❹ $\frac{3}{20}$ ❺ $\frac{6}{49}$ ❻ $\frac{21}{80}$

2 ❶ 式 $\frac{4}{5} \div 3 = \frac{4}{5 \times 3} = \frac{4}{15}$ 答え 約$\frac{4}{15}$kg
❷ 式 $\frac{4}{15} \times 4 = \frac{4 \times 4}{15} = \frac{16}{15}$ 答え 約$\frac{16}{15}$kg

3 式 $\frac{4}{5} \div 7 = \frac{4}{5 \times 7} = \frac{4}{35}$ 答え $\frac{4}{35}$dL

4 式 $\frac{3}{8}\times5=\frac{3\times5}{8}=\frac{15}{8}$ 答え $\frac{15}{8}$m

5 式 $\frac{12}{5}\div5=\frac{12}{5\times5}=\frac{12}{25}$ 答え $\frac{12}{25}$L

てびき

2 ❷ ❶で求めたバター1kgの中のし質の4倍になります。

3 1週間なので、7日間で$\frac{4}{5}$dL使ったことになります。

たしかめよう!

$\frac{b}{a}\times c=\frac{b\times c}{a}$　$\frac{b}{a}\div c=\frac{b}{a\times c}$

④ 分数をかける計算のしかたを考えよう

18・19ページ 基本のワーク

基本1 《1》5、5、$\frac{4}{35}$ 《2》$\frac{4}{35}$ 答え $\frac{4}{35}$

1 式 $\frac{3}{5}\times\frac{1}{4}=\frac{3}{20}$ 答え $\frac{3}{20}$m²

基本2 《1》3、$\frac{4}{35}$、$\frac{12}{35}$ 《2》$\frac{12}{35}$

《3》5、3、5、$\frac{4\times\boxed{3}}{7\times\boxed{5}}$、$\frac{12}{35}$ 答え $\frac{12}{35}$

2 式 $\frac{3}{7}\times\frac{4}{5}=\frac{12}{35}$ 答え $\frac{12}{35}$m²

ふくしゅう ❶ $\frac{8}{3}$ ❷ $\frac{27}{7}$

基本3 $\frac{4\times\boxed{2}}{7\times\boxed{5}}$、$\frac{8}{35}$ 答え $\frac{8}{35}$

3 ❶ $\frac{2}{25}$ ❷ $\frac{2}{15}$ ❸ $\frac{3}{28}$ ❹ $\frac{15}{56}$ ❺ $\frac{28}{45}$ ❻ $\frac{70}{27}$ ❼ $\frac{3}{16}$ ❽ $\frac{27}{32}$ ❾ $\frac{77}{24}$

4 ❶ ア 2 イ 7 ❷ ア 7 イ 2

てびき

3 ❹ $\frac{3}{7}\times\frac{5}{8}=\frac{3\times5}{7\times8}=\frac{15}{56}$

4 かける数を小さくすれば、積も小さくなり、かける数を大きくすれば、積も大きくなります。

たしかめよう!

分数をかける計算は、分母どうし、分子どうしをかけます。

20・21ページ 基本のワーク

基本1 《1》$\frac{5\times\boxed{3}}{6\times\boxed{10}}$、$\frac{\overset{\boxed{1}}{\cancel{15}}}{\underset{\boxed{4}}{\cancel{60}}}$、$\frac{1}{4}$ 《2》$\frac{\overset{1}{\cancel{5}}\times\overset{\boxed{1}}{\cancel{3}}}{\underset{2}{\cancel{6}}\times\underset{\boxed{2}}{\cancel{10}}}$、$\frac{1}{4}$

答え $\frac{1}{4}$

1 ❶ $\frac{1}{6}$ ❷ $\frac{1}{2}$ ❸ $\frac{1}{15}$ ❹ $\frac{3}{14}$ ❺ $\frac{1}{6}$ ❻ $\frac{7}{12}$

基本2 ❶ $\frac{2}{\boxed{1}}\times\frac{3}{5}=\frac{2\times3}{\boxed{1}\times5}=\frac{\boxed{6}}{\boxed{5}}$ 答え $\frac{6}{5}$

❷ $\frac{4}{9}\times\frac{2}{\boxed{1}}=\frac{4\times2}{9\times\boxed{1}}=\frac{\boxed{8}}{\boxed{9}}$ 答え $\frac{8}{9}$

2 ❶ $\frac{6}{7}$ ❷ $\frac{20}{9}$ ❸ $\frac{10}{3}$ ❹ $\frac{9}{5}$ ❺ $\frac{8}{5}$ ❻ $\frac{3}{4}$ ❼ $\frac{2}{3}$ ❽ $\frac{9}{8}$

基本3 $\frac{4}{7}\times\frac{\boxed{6}}{5}=\frac{4\times\boxed{6}}{7\times5}=\frac{\boxed{24}}{\boxed{35}}$ 答え $\frac{24}{35}$

3 ❶ $\frac{21}{20}$ ❷ $\frac{5}{2}$ ❸ $\frac{15}{8}$ ❹ $\frac{21}{10}$ ❺ $\frac{3}{2}$ ❻ $\frac{15}{14}$ ❼ 3 ❽ $\frac{20}{9}$

てびき

1 ❶ $\frac{3}{8}\times\frac{4}{9}=\frac{\overset{1}{\cancel{3}}\times\overset{1}{\cancel{4}}}{\underset{2}{\cancel{8}}\times\underset{3}{\cancel{9}}}=\frac{1}{6}$

2 ❸ $8\times\frac{5}{12}=\frac{8}{1}\times\frac{5}{12}=\frac{\overset{2}{\cancel{8}}\times5}{1\times\underset{3}{\cancel{12}}}=\frac{10}{3}$

3 ❸ $\frac{5}{6}\times2\frac{1}{4}=\frac{5}{6}\times\frac{9}{4}=\frac{5\times\overset{3}{\cancel{9}}}{\underset{2}{\cancel{6}}\times4}=\frac{15}{8}$

❼ $2\frac{1}{7}\times1\frac{2}{5}=\frac{15}{7}\times\frac{7}{5}=\frac{\overset{3}{\cancel{15}}\times\overset{1}{\cancel{7}}}{\underset{1}{\cancel{7}}\times\underset{1}{\cancel{5}}}=3$

22・23ページ 基本のワーク

基本1 $\frac{3\times\boxed{3}\times\boxed{1}}{5\times\boxed{8}\times\boxed{2}}$、$\frac{9}{80}$ 答え $\frac{9}{80}$

1 ❶ $\frac{2}{15}$ ❷ $\frac{1}{3}$ ❸ 8 ❹ 1

基本2 大きく、小さく、$\frac{45}{4}$、10、$\frac{35}{2}$

答え ㋒

2 ㋑、㋓

基本3 $\frac{3}{10}$ 答え $\frac{3}{10}$

3 ❶ $\frac{7}{3}$cm² ❷ $\frac{9}{25}$m² ❸ $\frac{3}{10}$cm² ❹ $\frac{20}{27}$m³

基本4 45、$\frac{3}{4}$、7、7、70 答え 70

4 ❶ 式 24分$=\frac{24}{60}$時間$=\frac{2}{5}$時間

$5\times\frac{2}{5}=\frac{\overset{1}{\cancel{5}}\times2}{1\times\underset{1}{\cancel{5}}}=2$ 答え 2km

❷ 式 10 分$=\frac{10}{60}$時間$=\frac{1}{6}$時間

$48\times1\frac{1}{6}=48\times\frac{7}{6}=56$　答え 56km

てびき

❶ ❸ $\frac{2}{3}\times2\frac{4}{5}\times4\frac{2}{7}=\frac{2}{3}\times\frac{14}{5}\times\frac{30}{7}$

$=\frac{2\times14\times30}{3\times5\times7}=8$

❷ かける数が1より大きいものを選びます。

❸ ❶ $1\frac{2}{3}\times1\frac{2}{5}=\frac{5}{3}\times\frac{7}{5}=\frac{5\times7}{3\times5}=\frac{7}{3}$

❹ $\frac{5}{7}\times1\frac{1}{6}\times\frac{8}{9}=\frac{5}{7}\times\frac{7}{6}\times\frac{8}{9}=\frac{20}{27}$

24・25 ページ 基本のワーク

基本1 ❶ $\frac{3}{20}$、$\frac{9}{70}$、$\frac{18}{35}$、$\frac{9}{70}$

❷ $\frac{3}{7}$、$\frac{3}{35}$、$\frac{2}{35}$、$\frac{3}{35}$

答え ❶ $\frac{9}{70}$、$\frac{9}{70}$　❷ $\frac{3}{35}$、$\frac{3}{35}$

❶ ❶ $\frac{8}{9}$　❷ 19　❸ $\frac{2}{21}$

基本2 $\frac{3\times7}{7\times3}$、1、逆数　答え 1

❷ ❶ 2　❷ $\frac{7}{9}$　❸ $\frac{8}{15}$

基本3 ❶ 4、$\frac{3}{4}$　❷ 1、$\frac{1}{7}$　❸ 10、$\frac{10}{9}$

答え ❶ $\frac{3}{4}$　❷ $\frac{1}{7}$　❸ $\frac{10}{9}$

❸ ❶ $\frac{4}{7}$　❷ $\frac{3}{8}$　❸ $\frac{1}{2}$

❹ $\frac{1}{9}$　❺ $\frac{10}{7}$　❻ $\frac{10}{29}$

基本4 《1》 150　《2》 3、$\frac{1}{4}$、50、50、150

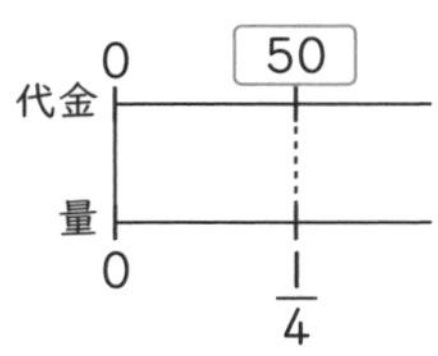

答え 150

❹ ❶ 式 $800\times\frac{1}{5}=160$

$160\times2=320$　答え 320g

❷ 式 $1\frac{7}{8}=\frac{15}{8}$　$800\times\frac{1}{8}=100$

$100\times15=1500$　答え 1500g

てびき

❶ ❶ $\left(\frac{8}{9}\times\frac{3}{4}\right)\times\frac{4}{3}=\frac{8}{9}\times\left(\frac{3}{4}\times\frac{4}{3}\right)$

$=\frac{8}{9}\times1=\frac{8}{9}$

❷ $\left(\frac{5}{12}+\frac{3}{8}\right)\times24=\frac{5}{12}\times24+\frac{3}{8}\times24$

$=10+9=19$

❸ $\frac{4}{7}\times\frac{2}{3}-\frac{3}{7}\times\frac{2}{3}=\left(\frac{4}{7}-\frac{3}{7}\right)\times\frac{2}{3}=\frac{1}{7}\times\frac{2}{3}=\frac{2}{21}$

❸ ❶ $1\frac{3}{4}=\frac{7}{4}$、逆数は $\frac{4}{7}$

❸ $2=\frac{2}{1}$、逆数は $\frac{1}{2}$

❻ $2.9=\frac{29}{10}$、逆数は $\frac{10}{29}$

❹ ❶ (別解)$800\times\frac{2}{5}=320$

26 ページ 練習のワーク①

❶ ❶ $\frac{25}{48}$　❷ $\frac{5}{21}$　❸ $\frac{1}{6}$　❹ $\frac{12}{5}$

❺ $\frac{5}{4}$　❻ $\frac{5}{12}$　❼ 32　❽ $\frac{8}{9}$

❷ 式 $\frac{11}{3}\times\frac{9}{4}=\frac{33}{4}$　答え $\frac{33}{4}$cm²

❸ ❶ 7　❷ $\frac{3}{10}$　❸ $\frac{1}{4}$　❹ $\frac{2}{3}$

❹ 式 $400\times1\frac{5}{8}=650$　答え 650円

てびき

❶ ❺ $1\frac{7}{8}\times\frac{2}{3}=\frac{15}{8}\times\frac{2}{3}=\frac{5}{4}$

❼ $\left(\frac{6}{7}+\frac{2}{3}\right)\times21=\frac{6}{7}\times21+\frac{2}{3}\times21$

$=18+14=32$

❽ $\frac{5}{11}\times\frac{8}{9}+\frac{6}{11}\times\frac{8}{9}=\left(\frac{5}{11}+\frac{6}{11}\right)\times\frac{8}{9}$

$=1\times\frac{8}{9}=\frac{8}{9}$

27 ページ 練習のワーク②

❶ ❶ $\frac{1}{8}$　❷ $\frac{3}{2}$　❸ $\frac{15}{4}$　❹ 10　❺ $\frac{15}{4}$　❻ $\frac{11}{84}$

❷ ㋑、㋒

❸ 式 10 分$=\frac{10}{60}$時間$=\frac{1}{6}$時間

$72\times2\frac{1}{6}=72\times\frac{13}{6}=156$　答え 156km

❹ ❶ $\frac{15}{8}$　❷ $\frac{5}{17}$　❸ $\frac{10}{3}$　❹ $\frac{5}{24}$

❺ 式 $1\frac{5}{7}\times3\frac{1}{9}=\frac{12}{7}\times\frac{28}{9}=\frac{16}{3}$　答え $\frac{16}{3}$kg

てびき

❶ ❹ $2\frac{7}{9}\times3\frac{3}{5}=\frac{25}{9}\times\frac{18}{5}=10$

❻ $\frac{4}{7}\times\frac{11}{12}-\frac{3}{7}\times\frac{11}{12}=\left(\frac{4}{7}-\frac{3}{7}\right)\times\frac{11}{12}$

$=\frac{1}{7}\times\frac{11}{12}=\frac{11}{84}$

❷ かける数が１より大きいものを選びます。
❹ ❷ $3\frac{2}{5}=\frac{17}{5}$、逆数は $\frac{5}{17}$

28ページ まとめのテスト①

1 ❶ $\frac{12}{35}$ ❷ $\frac{27}{40}$ ❸ $\frac{1}{12}$ ❹ $\frac{4}{5}$
❺ $\frac{1}{2}$ ❻ $\frac{33}{8}$ ❼ $\frac{70}{33}$ ❽ $\frac{3}{13}$

2 ❶ 式 $\frac{5}{8}\times\frac{3}{7}=\frac{15}{56}$　答え $\frac{15}{56}m^2$
❷ 式 $\frac{5}{8}\times2\frac{2}{9}=\frac{5}{8}\times\frac{20}{9}=\frac{25}{18}$　答え $\frac{25}{18}m^2$

3 $\frac{3}{5}\times\frac{\boxed{2}}{\boxed{9}}$、$\frac{2}{15}$

4 式 $\frac{9}{8}\times2\frac{2}{15}=\frac{9}{8}\times\frac{32}{15}=\frac{12}{5}$　答え $\frac{12}{5}m^2$

5 ❶ $\frac{6}{5}$ ❷ $\frac{4}{9}$ ❸ $\frac{1}{5}$ ❹ $\frac{5}{3}$

てびき
1 ❻ $2\frac{1}{4}\times1\frac{5}{6}=\frac{9}{4}\times\frac{11}{6}=\frac{33}{8}$
❽ $\frac{3}{13}\times\frac{5}{9}+\frac{3}{13}\times\frac{4}{9}=\frac{3}{13}\times\left(\frac{5}{9}+\frac{4}{9}\right)$
$=\frac{3}{13}\times1=\frac{3}{13}$
3 かける数を小さくすれば、積も小さくなります。分数では、分母が大きいほど、また分子が小さいほど、その分数は小さくなります。

29ページ まとめのテスト②

1 ❶ $\frac{35}{18}$ ❷ $\frac{3}{14}$ ❸ $\frac{3}{20}$ ❹ 12
❺ $\frac{30}{7}$ ❻ $\frac{17}{20}$ ❼ 66 ❽ $\frac{1}{5}$

2 ㋐、㋒

3 ❶ 式 40分$=\frac{40}{60}$時間$=\frac{2}{3}$時間　$9\times\frac{2}{3}=6$
答え 6km
❷ 式 20秒$=\frac{20}{60}$分$=\frac{1}{3}$分
$450\times2\frac{1}{3}=1050$　答え 1050m

4 式 $\frac{2}{5}\times\frac{3}{5}\times2\frac{1}{12}=\frac{1}{2}$　答え $\frac{1}{2}m^3$

5 ❶ 式 $250\times\frac{2}{5}=100$　答え 100円
❷ 式 $3.6=\frac{36}{10}=\frac{18}{5}$　$250\times\frac{18}{5}=900$
答え 900円

てびき
1 ❼ $\left(\frac{9}{2}+\frac{15}{4}\right)\times8=\frac{9}{2}\times8+\frac{15}{4}\times8$
$=36+30=66$
❽ $\frac{7}{9}\times\frac{2}{5}-\frac{5}{18}\times\frac{2}{5}=\left(\frac{7}{9}-\frac{5}{18}\right)\times\frac{2}{5}$
$=\left(\frac{14}{18}-\frac{5}{18}\right)\times\frac{2}{5}=\frac{1}{2}\times\frac{2}{5}=\frac{1}{5}$
2 かける数が１より小さいものを選びます。
4 直方体の体積＝縦×横×高さ　です。

⑤ 分数でわる計算のしかたを考えよう

30・31ページ 基本のワーク

基本1 5、1、5、$\frac{20}{7}$　答え $\frac{20}{7}$

❶ 式 $\frac{2}{3}\div\frac{1}{5}=\frac{10}{3}$　答え $\frac{10}{3}$kg

基本2 《1》5、3、$\frac{4\times\boxed{5}}{7\times\boxed{3}}$、$\frac{20}{21}$
《2》$\frac{5}{3}$、$\frac{5}{3}$、$\frac{20}{21}$　答え $\frac{20}{21}$

❷ 式 $\frac{2}{3}\div\frac{5}{7}=\frac{14}{15}$　答え $\frac{14}{15}$kg

ふくしゅう ❶ $\frac{2}{35}$ ❷ $\frac{5}{12}$

基本3 $\frac{1}{6}\times\frac{\boxed{5}}{\boxed{3}}$、$\frac{1\times\boxed{5}}{6\times\boxed{3}}$、$\frac{5}{18}$　答え $\frac{5}{18}$

❸ ❶ $\frac{10}{9}$ ❷ $\frac{3}{8}$ ❸ $\frac{7}{18}$ ❹ $\frac{18}{25}$
❺ $\frac{16}{25}$ ❻ $\frac{24}{35}$ ❼ $\frac{40}{21}$ ❽ $\frac{6}{35}$

基本4 $\frac{\overset{1}{\cancel{3}}\times\overset{\boxed{5}}{\cancel{10}}}{\underset{\boxed{4}}{\cancel{8}}\times\underset{\boxed{3}}{\cancel{9}}}$、$\frac{5}{12}$　答え $\frac{5}{12}$

❹ ❶ $\frac{1}{2}$ ❷ $\frac{3}{4}$ ❸ $\frac{3}{10}$ ❹ $\frac{14}{9}$
❺ $\frac{6}{5}$ ❻ $\frac{9}{4}$ ❼ $\frac{14}{3}$ ❽ $\frac{3}{8}$

てびき
❸ ❽ $\frac{3}{7}\div\frac{5}{2}=\frac{3}{7}\times\frac{2}{5}=\frac{3\times2}{7\times5}=\frac{6}{35}$
❹ ❷ $\frac{5}{8}\div\frac{5}{6}=\frac{5}{8}\times\frac{6}{5}=\frac{\overset{1}{\cancel{5}}\times\overset{3}{\cancel{6}}}{\underset{4}{\cancel{8}}\times\underset{1}{\cancel{5}}}=\frac{3}{4}$

32・33ページ 基本のワーク

基本1 ❶ 1、$\frac{3}{\boxed{1}}\times\frac{\boxed{5}}{\boxed{2}}$、$\frac{3\times\boxed{5}}{\boxed{1}\times\boxed{2}}$、$\frac{15}{2}$　答え $\frac{15}{2}$
❷ 1、$\frac{3}{4}\times\frac{\boxed{1}}{\boxed{5}}$、$\frac{3\times\boxed{1}}{4\times\boxed{5}}$、$\frac{3}{20}$　答え $\frac{3}{20}$

❶ ❶ $\frac{21}{4}$ ❷ 6 ❸ $\frac{1}{9}$ ❹ $\frac{1}{16}$

基本2 $\frac{3}{7}\div\frac{\boxed{5}}{\boxed{4}}$、$\frac{3}{7}\times\frac{\boxed{4}}{\boxed{5}}$、$\frac{3\times\boxed{4}}{7\times\boxed{5}}$、$\frac{12}{35}$　答え $\frac{12}{35}$

❷ ❶ $\frac{2}{3}$ ❷ $\frac{28}{9}$ ❸ $\frac{17}{21}$ ❹ $\frac{3}{2}$

基本3 $\frac{3}{10}\times\frac{5}{6}\times\frac{8}{3}$、$\frac{2}{3}$ 答え $\frac{2}{3}$

❸ ❶ $\frac{2}{9}$ ❷ $\frac{11}{16}$ ❸ $\frac{20}{21}$ ❹ $\frac{1}{4}$ ❺ $\frac{21}{10}$ ❻ 1

基本4 《1》 0.8、0.8、0.375 答え 0.375

《2》 10、10、$\frac{3}{10}\times\frac{5}{4}$、$\frac{3\times5}{10\times4}$、$\frac{3}{8}$ 答え $\frac{3}{8}$

❹ ❶ $\frac{3}{2}$(1.5) ❷ $\frac{8}{5}$(1.6) ❸ $\frac{16}{15}$

てびき

❷ ❶ $\frac{3}{4}\div1\frac{1}{8}=\frac{3}{4}\div\frac{9}{8}=\frac{3\times8}{4\times9}=\frac{2}{3}$

❸ ❶ $\frac{1}{6}\times\frac{7}{9}\div\frac{7}{12}=\frac{1\times7\times12}{6\times9\times7}=\frac{2}{9}$

❺ $\frac{7}{8}\div\frac{3}{4}\div\frac{5}{9}=\frac{7\times4\times9}{8\times3\times5}=\frac{21}{10}$

❹ ❷ $1.2=\frac{12}{10}$、$\frac{12}{10}\div\frac{3}{4}=\frac{12}{10}\times\frac{4}{3}=\frac{12\times4}{10\times3}$
$=\frac{8}{5}$

34・35ページ 基本のワーク

基本1 ❶ 1、10、2、$\frac{21}{4}$ 答え $\frac{21}{4}$

❷ 1、10、$\frac{1}{14}$、$\frac{10}{3}$、$\frac{36\times1\times4\times10}{1\times14\times1\times3}$、$\frac{240}{7}$

答え $\frac{240}{7}$

❶ ❶ $\frac{98}{45}$ ❷ $\frac{33}{5}$ ❸ $\frac{216}{5}$
❹ 46 ❺ $\frac{5}{8}$ ❻ $\frac{7}{20}$

基本2 小さく、大きく、60、10 答え ㋒、㋔

❷ ㋑、㋓

基本3 45、$\frac{3}{4}$、7、4、72 答え 72

❸ 式 12分$=\frac{12}{60}$時間$=\frac{1}{5}$時間

$18\div1\frac{1}{5}=18\div\frac{6}{5}=\frac{18\times5}{1\times6}=15$

答え 時速 15km

❹ 式 $168\div\frac{4}{7}=\frac{168\times7}{1\times4}=294$ 答え 294円

てびき

❶ ❶ $4\frac{2}{3}\div6\times2.8=\frac{14}{3}\div\frac{6}{1}\times\frac{28}{10}$
$=\frac{14}{3}\times\frac{1}{6}\times\frac{28}{10}=\frac{14\times1\times28}{3\times6\times10}=\frac{98}{45}$

❺ $25\times0.3\div15\div0.8=\frac{25}{1}\times\frac{3}{10}\div\frac{15}{1}\div\frac{8}{10}$
$=\frac{25}{1}\times\frac{3}{10}\times\frac{1}{15}\times\frac{10}{8}=\frac{25\times3\times1\times10}{1\times10\times15\times8}=\frac{5}{8}$

❷ わる数が1より大きいものを選びます。

❸ 求める速さが時速で表されているので、単位を時間になおします。

❹ 玉ねぎ1kgの値段をx円とすると、$\frac{4}{7}$kgの値段は$x\times\frac{4}{7}$(円)と表せます。
$x\times\frac{4}{7}=168$、$x=168\div\frac{4}{7}$

36ページ 練習のワーク

❶ ❶ $\frac{45}{7}$ ❷ $\frac{11}{9}$ ❸ $\frac{5}{6}$ ❹ $\frac{32}{3}$ ❺ $\frac{7}{15}$
❻ $\frac{14}{5}$ ❼ $\frac{8}{3}$ ❽ 1 ❾ $\frac{4}{3}$ ❿ 15

❷ ㋐、㋓

❸ 式 $\frac{5}{6}\div\frac{7}{9}=\frac{5}{6}\times\frac{9}{7}=\frac{15}{14}$ 答え $\frac{15}{14}$kg

❹ 式 40分$=\frac{40}{60}$時間$=\frac{2}{3}$時間

$144\div2\frac{2}{3}=54$ 答え 時速 54km

てびき

❶ ❷ $\frac{2}{3}\div\frac{6}{11}=\frac{2}{3}\times\frac{11}{6}$
$=\frac{2\times11}{3\times6}=\frac{11}{9}$

❹ $8\div\frac{3}{4}=\frac{8}{1}\div\frac{3}{4}=\frac{8}{1}\times\frac{4}{3}$
$=\frac{8\times4}{1\times3}=\frac{32}{3}$

❻ $5\frac{5}{6}\div2\frac{1}{12}=\frac{35}{6}\div\frac{25}{12}=\frac{35}{6}\times\frac{12}{25}=\frac{14}{5}$

❽ $\frac{5}{6}\div\frac{5}{7}\times\frac{6}{7}=\frac{5\times7\times6}{6\times5\times7}=1$

❿ $25\times0.4\div6\times9=\frac{25}{1}\times\frac{4}{10}\div\frac{6}{1}\times\frac{9}{1}$
$=\frac{25}{1}\times\frac{4}{10}\times\frac{1}{6}\times\frac{9}{1}=\frac{25\times4\times1\times9}{1\times10\times6\times1}=15$

❷ わる数が１より小さいものを選びます。
❹ 時速を求めるので、単位を時間になおします。

37ページ まとめのテスト

1 ❶ $\frac{9}{5}$ ❷ $\frac{5}{9}$ ❸ $\frac{35}{3}$ ❹ $\frac{7}{54}$
❺ 3 ❻ 4 ❼ $\frac{1}{2}$ ❽ $\frac{16}{25}$

2 式 $\frac{9}{14}\div\frac{3}{7}=\frac{9}{14}\times\frac{7}{3}=\frac{3}{2}$ 答え $\frac{3}{2}m^2$

3 ㋑、㋓

4 $\frac{2}{15}$

5 ❶ ＜ ❷ ＜ ❸ ＝

6 式 45秒＝$\frac{45}{60}$分＝$\frac{3}{4}$分
$560\div1\frac{3}{4}=320$ 答え 分速320m

てびき
1 ❺ $3\frac{2}{5}\div1\frac{2}{15}=\frac{17}{5}\div\frac{17}{15}$
$=\frac{17}{5}\times\frac{15}{17}=\frac{\overset{1}{\cancel{17}}\times\overset{3}{\cancel{15}}}{\underset{1}{\cancel{5}}\times\underset{1}{\cancel{17}}}=3$
❻ $1\frac{3}{5}\div0.4=\frac{8}{5}\div\frac{4}{10}=\frac{8}{5}\times\frac{10}{4}=4$
❽ $8\times0.3\div15\times4=\frac{8}{1}\times\frac{3}{10}\div\frac{15}{1}\times\frac{4}{1}$
$=\frac{8}{1}\times\frac{3}{10}\times\frac{1}{15}\times\frac{4}{1}=\frac{\overset{4}{\cancel{8}}\times\overset{1}{\cancel{3}}\times1\times4}{1\times\underset{5}{\cancel{10}}\times\underset{5}{\cancel{15}}\times1}=\frac{16}{25}$
3 わる数が１より大きいものを選びます。
4 わる数を大きくすれば、商が小さくなります。分数では、分母が大きいほど、その分数は小さくなり、分子が大きいほど、その分数は大きくなります。
5 わる数が１より小さいとき、商はわられる数より大きくなります。また、かける数が１より小さいとき、積はかけられる数より小さくなります。
6 分速を求めるので、時間の単位を分になおします。

どんな計算になるか考えよう

38・39ページ 学びのワーク

基本1 16、$\frac{9}{16}$、35、315 答え 315g

❶ 式 $1.6\div2\frac{2}{3}=\frac{3}{5}$ 答え $\frac{3}{5}m^2$

❷ ❶ 式 $\frac{25}{3}\div\frac{5}{6}=10$ 答え 10km
❷ 式 $\frac{5}{6}\div\frac{25}{3}=\frac{1}{10}$ 答え $\frac{1}{10}$L

❸ 式 $270\div\frac{9}{10}=300$ 答え 300円

基本2 $\frac{5}{7}\times\boxed{\frac{28}{9}}$、$\frac{5\times\overset{4}{\cancel{28}}}{\underset{1}{\cancel{7}}\times9}$、$\frac{20}{9}$ 答え $\frac{20}{9}$

❹ 式 $2\frac{1}{4}\times4\frac{2}{3}=\frac{21}{2}$ 答え $\frac{21}{2}$g

❺ ❶ 式 $1170\div3\frac{1}{4}=360$ 答え 360円
❷ 式 $360\times\frac{7}{8}=315$ 答え 315円

てびき
❶ 面積(m^2)÷重さ(kg)＝1kgあたりの面積 になります。
❺ ❷ ❶で求めた、1mあたりの値段を使って求めます。

⑥ 倍の計算を考えよう

40・41ページ 基本のワーク

基本1 ❶ $\frac{3}{4}$、$\frac{4}{5}$、$\frac{15}{16}$ 答え $\frac{15}{16}$
❷ $\frac{4}{5}$、$\frac{3}{4}$、$\frac{16}{15}$ 答え $\frac{16}{15}$

❶ ❶ 式 $\frac{1}{6}\div\frac{3}{4}=\frac{2}{9}$ 答え $\frac{2}{9}$倍
❷ 式 $\frac{1}{6}\div\frac{4}{5}=\frac{5}{24}$ 答え $\frac{5}{24}$

基本2 ×、36 答え 36

❷ ❶ 式 $9\times\frac{5}{12}=\frac{15}{4}$ 答え $\frac{15}{4}$L
❷ 式 $720\times\frac{7}{9}=560$ 答え 560m

基本3 $x\times\boxed{\frac{3}{8}}$、$12\div\boxed{\frac{3}{8}}$、32 答え 32

❸ ❶ 式 $480\div\frac{3}{10}=1600$ 答え 1600円
❷ 式 $\frac{9}{10}\div\frac{5}{6}=\frac{27}{25}$ 答え $\frac{27}{25}$m

てびき
❸ ❶ 持っていたお金をx円とすると、本の代金は$x\times\frac{3}{10}$と表せます。
❷ テープの長さをxmとすると、リボンの長さは$x\times\frac{5}{6}$と表せます。

42ページ まとめのテスト

1 ❶ 式 $\frac{5}{8}\div\frac{7}{12}=\frac{15}{14}$　答え $\frac{15}{14}$ 倍

❷ 式 $\frac{7}{12}\div\frac{5}{8}=\frac{14}{15}$　答え $\frac{14}{15}$

2 式 $48\times\frac{5}{8}=30$　答え 30 個

3 式 $28\div\frac{7}{20}=80$　答え 80 人

4 式 $117\times\frac{2}{13}=18$、$117-18=99$　答え 99 人

てびき **1** 比べる量÷もとにする量＝割合
2 もとにする量×割合＝比べる量
3 学年全体の児童数を x 人とすると、
$x\times\frac{7}{20}=28$
4 まず、めがねをかけている人の数を求めて、6 年生全体の人数からひきます。

● どんな計算になるか考えよう

43ページ 学びのワーク

基本1 $\frac{7}{15}$、$\frac{7}{15}$、75　答え 75

❶ 式 $630\times\frac{5}{7}=450$　答え 450m

❷ 式 $160\div\frac{2}{9}=720$　答え 720mL

❸ 式 $\frac{7}{15}\div\frac{3}{5}=\frac{7}{9}$　答え $\frac{7}{9}$ 倍

❹ 式 $280\div\frac{7}{11}=440$　答え 440 円

てびき ❷ びんにはいっていたジュースを x mL とすると、$x\times\frac{2}{9}=160$
❹ ケーキの値段を x 円とすると、$x\times\frac{7}{11}=280$

たしかめよう!
比べる量÷もとにする量＝割合
もとにする量×割合＝比べる量
比べる量÷割合＝もとにする量

⑦ データの特ちょうを調べよう

44・45ページ 基本のワーク

基本1 ❶ 15、7　答え 7
❷ ドットプロット　答え 左から順に⑦、⑤

❶ ❶ 式 (8＋7＋4＋10＋7＋5＋9＋7＋6＋7＋9＋6＋8＋7＋5)÷15＝7　答え 7 点

❷❸

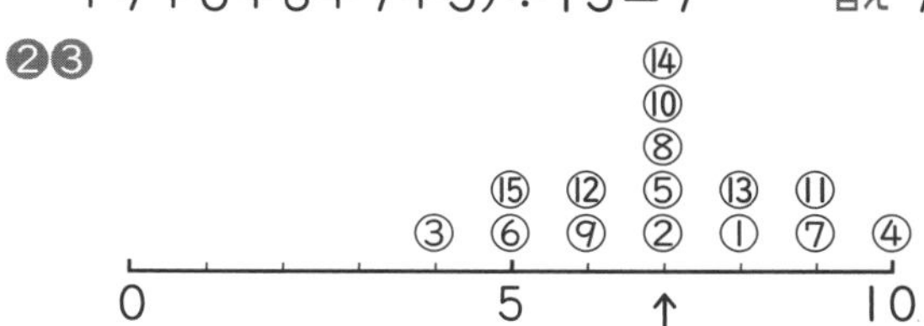

❹ 2 組

基本2 階級、階級のはば、度数、度数分布表
❶ 2、6、2、5
答え 上から順に 2、6、2、5、15
❷ 2　答え 2

❷ ❶ 6 点の人：5 点以上 7 点未満
7 点の人：7 点以上 9 点未満
❷ 上から順に 1、4、7、3、15
❸ 9 点以上 11 点未満　❹ 6 年 2 組全体の人数

てびき ❶ ❷ ①は 8、②は 7、③は 4…のように、数直線にしるしをならべていきます。
❹ どちらの組も平均値は 7 点です。ドットプロットを比べると、2 組のほうが 7 の近くにしるしが集まっています。
❷ ❶ 5 点以上 7 点未満なら、5 点はふくんで、7 点はふくみません。
❹ すべての階級の人数の合計なので、クラス全体の人数になります。

46・47ページ 基本のワーク

基本1 ❶ 125、130、11、9、1　答え 1
❷ 5、5、8、135、140　答え 135、140

❶ ❶ 1 組　❷ 130cm 以上 135cm 未満
❸ 1 組：125cm 以上 130cm 未満
2 組：130cm 以上 135cm 未満

基本2 ❶ 柱状　答え
❷ 26、30、5、10
答え 10

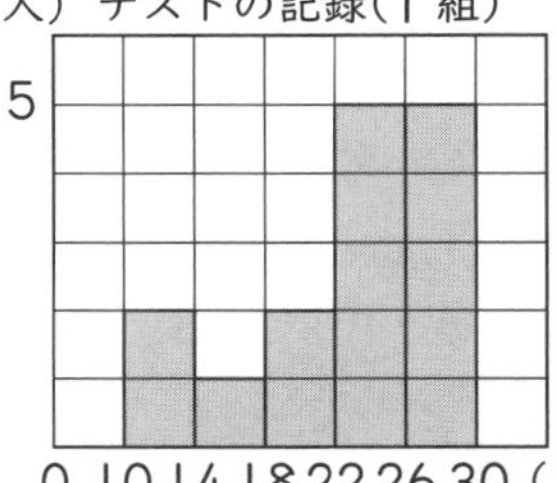

❷ ❶ （人）テストの記録（2組）

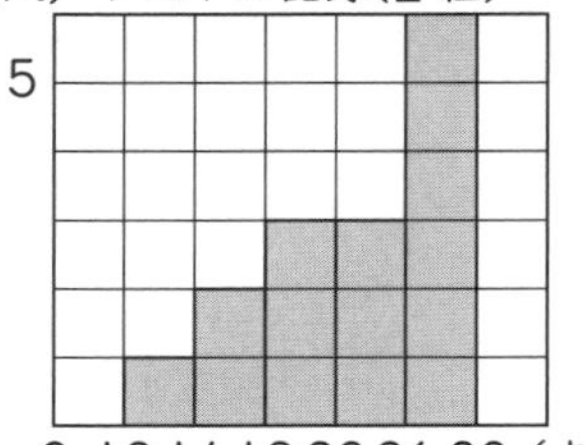

0 10 14 18 22 26 30（点）

❷ 26点以上30点未満

❸ 式 1＋2＝3　　答え 3人

❹ 22点以上26点未満

❺ 18点以上22点未満

てびき

❶ ❶ 135cm以上にあてはまる階級は、135cm以上140cm未満と140cm以上145cm未満です。

❸ 1組の120cm以上125cm未満の階級は4人、125cm以上130cm未満の階級は7人なので、この2つの階級であわせて11人です。低いほうから10番めの人は125cm以上130cm未満の階級にはいっています。

❷ ❸ 18点未満にあてはまる階級は、10点以上14点未満と14点以上18点未満です。

❺ 10点以上14点未満、14点以上18点未満、18点以上22点未満の3つの階級をあわせて6人です。低いほうから5番めの人は18点以上22点未満の階級にはいっています。

48・49ページ　基本のワーク

基本1 ❶ 15、7　　答え 7

❷ 7　答え 7　　❸ 8、7　答え 7

❶ ❶ 式 (4＋4＋5＋5＋5＋6＋6＋6＋7＋7＋8＋9＋10＋10＋10＋10)÷16＝7

答え 7点

❷ 10点

❸ 式 (6＋7)÷2＝6.5　　答え 6.5点

❷ ❶ 3個

❷ 式 (100＋110×2＋120×3＋130×3＋140×3＋150×2＋160＋170×5)÷20＝140

答え 140円

❸ 170円　❹ 140円

基本2 ❶ 男性、女性　　答え 30、39

❷ 7.1、12.6　　答え 12.6

❸ ❶ 30才以上39才以下　❷ 27.2％

てびき

❷ ❶ 1めもりは10円です。

❹ データの個数が偶数の20個なので、中央値は小さいほうから10番めと11番めの値の平均値です。

❸ ❶ 男性と女性の割合をたした数がもっとも大きくなる階級を求めます。

❷ 5.5＋7.2＋7.1＋7.4＝27.2(％)

50ページ　練習のワーク❶

❶ ❶ 式 (42＋41＋49＋43＋45＋35＋29＋47＋40＋45＋36＋45＋44＋33＋41)÷15＝41

答え 41kg

❷

⑦　⑭　⑥⑪　⑨②①④⑬⑤(⑮⑫⑩)　⑧　③

25　30　35　40　45　50(kg)

❸ 5kg　　❹ 上から順に1、1、2、6、5、15

❺ 40kg以上45kg未満

❻ 40kg以上45kg未満

❼ 11人　　❽ 42kg

てびき

❶ ❻ 表の人数を体重の軽いほうからたしていき、5以上になるところを求めます。

❽ データの個数が奇数の15個なので、中央値は小さいほうから8番めの値です。

51ページ　練習のワーク❷

❶ ❶ 上から順に2、4、5、3、2、16

❷ 21点以上24点未満　　❸ 12人

❹ 小テストの点数の記録

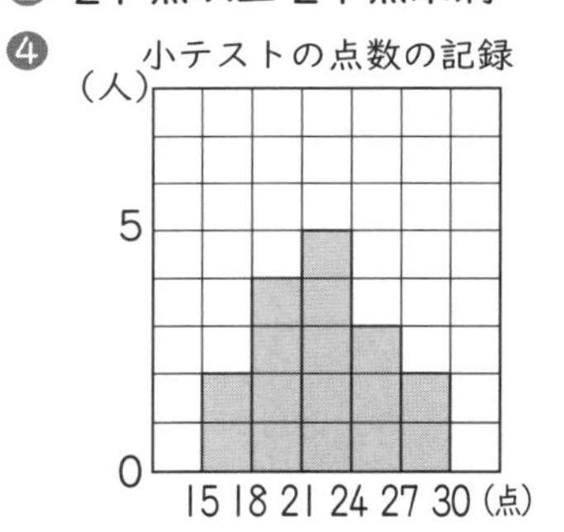

❺ 21点以上24点未満

❻ 式 (16＋17＋18＋20×3＋21＋22×2＋23×2＋24×2＋26＋27＋29)÷16＝22

答え 22点

❼ 20点　　❽ 22点　　❾ 正しい

てびき

❶ ❸ 4＋5＋3＝12

❺ 表の中の人数を、点数の高いほうからたしていき、10以上になるところを求めます。

❽ データの個数が偶数の16個なので、中央値は小さいほうから8番めと9番めの値の平均値です。

❾ 21 点以上の人は 5+3+2=10(人)います。クラスの人数が 16 人なので、半分以上が 21 点以上になっています。

52ページ まとめのテスト①

1 ❶

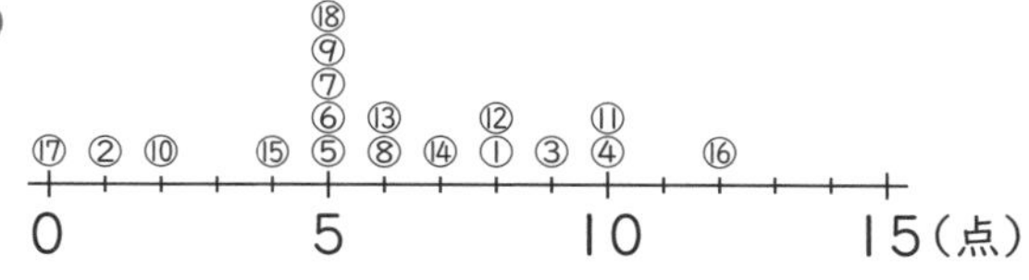

❷ 上から順に 3、6、5、3、1、18

❸ 1試合ごとの得点の記録

(回) 5 0
0 3 6 9 12 15 (点)

❹ 3 点以上 6 点未満

❺ 6 点以上 9 点未満

❻ 14 回

❼ 式 (8+1+9+10+5+5+5+6+5+2+10+8+6+7+4+12+0+5)÷18=6　　答え 6 点

❽ 5 点

❾ 5.5 点

てびき **1** ❺ 表の中の試合数を、得点の多いほうからたしていき、7 以上になる階級を求めます。
❻ 3+6+5=14
❾ データの個数が偶数の 18 個なので、中央値は小さいほうから 9 番めと 10 番めの値の平均値です。

53ページ まとめのテスト②

1 ❶ 上から順に 3、4、8、2、2、1

❷ 一週間の勉強時間の記録

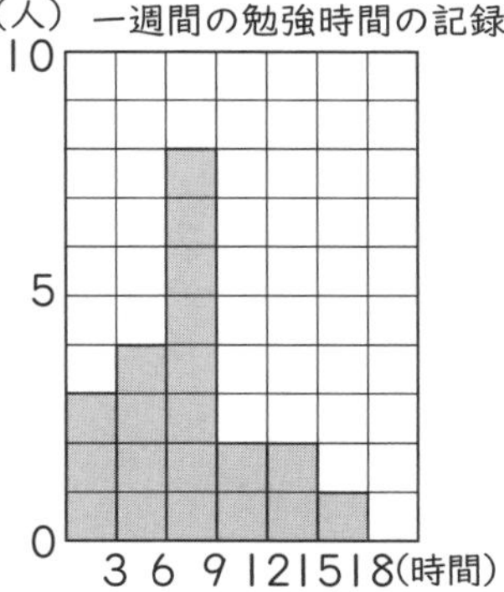

❸ 6 時間以上 9 時間未満

❹ 7 時間

❺ 式 3+4+8=15、15÷20=0.75　　答え 75％

❻ 式 平均値：(7+12+3+10+7+2+5+1+2+17+13+7+8+6+5+6+6+11+7+5)÷20=7
中央値：(6+7)÷2=6.5　　答え 大きい

2 ❶ 8 月　❷ 4 月　❸ 5 か月

てびき **1** ❸ 表の中の人数を、勉強時間の長いほうからたしていき、7 以上になる階級を求めます。
❻ データの個数が偶数の 20 個なので、中央値は小さいほうから 10 番めと 11 番めの値の平均値です。
2 折れ線グラフは気温の変化を表していて、めもりはグラフの左側に書かれています。棒グラフは降水量の変化を表していて、めもりはグラフの右側に書かれています。
❸ 1 月、2 月、3 月、11 月、12 月の 5 か月です。

⑧ 円の面積の求め方を考えよう

54・55ページ 基本のワーク

ふくしゅう ❶ 9.42 cm　❷ 25.12 cm

基本1 《1》69、69、69、17、17、8.5、77.5、77.5、310　　答え 310
《2》半分、2、2、2、円周率、半径、10、314　　答え 314

① ❶ 式 6×6×3.14=113.04　答え 113.04 cm^2
❷ 式 20×20×3.14=1256　答え 1256 cm^2
❸ 式 4÷2=2
2×2×3.14=12.56　答え 12.56 cm^2
❹ 式 30÷2=15
15×15×3.14=706.5　答え 706.5 cm^2

基本2 ❶ 4、12.56、2、6.28、12.56、6.28、2　　答え 2
❷ 2、12.56、1、3.14、12.56、3.14、4　　答え 4

② ❶ 式 大きい円の円周：20×3.14=62.8
小さい円の円周：10×3.14=31.4
62.8÷31.4=2　　答え 2 倍
❷ 式 大きい円の面積：10×10×3.14=314
小さい円の面積：5×5×3.14=78.5
314÷78.5=4　　答え 4 倍

❸ ❶ 式 31.4÷3.14÷2=5　答え 5cm
❷ 式 5×5×3.14=78.5　答え 78.5 cm^2

てびき ❶ ❸ 直径が 4cm なので、半径は 2cm になります。
❷ ❶ それぞれの円の直径は、10cm と 20cm になります。
❸ ❶ 円周の長さを円周率でわると、求められるのは直径であることに注意しましょう。

たしかめよう!
円周の長さ=直径×円周率(3.14)
円の面積=半径×半径×円周率(3.14)

56・57 ページ 基本のワーク

基本1 ❶ 4、50.24、2、12.56、50.24、12.56、37.68　答え 37.68
❷ 8、200.96、200.96、100.48　答え 100.48

❶ ❶ 式 4×4×3.14−1×1×3.14×2
=43.96　答え 43.96 cm^2
❷ 式 5×5×3.14−2×2×3.14
=65.94　答え 65.94 cm^2
❸ 式 3×3×3.14÷4=7.065
答え 7.065 cm^2
❹ 式 8×20+4×4×3.14÷2×2
=210.24　答え 210.24 cm^2

基本2 《1》20、314、20、200、114、228
《2》20、314、400、400、228
答え 228

❷ ❶ 式 5×5×3.14÷4−5×5÷2=7.125
7.125×2=14.25　答え 14.25 cm^2
❷ 式 4×4×3.14÷2=25.12
答え 25.12 cm^2
❸ 式 20×20−10×10×3.14÷4×4
=86　答え 86 cm^2
❹ 式 10×10×3.14÷4−5×5×3.14÷2
=39.25　答え 39.25 cm^2

てびき ❶ ❶❷ 大きい円の面積から小さい円の面積をひきます。
❸ 円を $\frac{1}{4}$ にしたものです。
❹ 長方形と 2 つの半円をたします。
❷ ❷ 小さい半円を移動すると、半径 4cm の半円になります。
❸ 正方形の面積から円の $\frac{1}{4}$ の面積 4 つ分をひきます。
❹ 半径 10cm の円の $\frac{1}{4}$ の面積から直径 10cm の半円の面積をひきます。

58 ページ 練習のワーク

❶ ❶ 78.5 cm^2　❷ 5024 cm^2
❸ 50.24 cm^2　❹ 50.24 cm^2
❷ 4 倍
❸ ❶ 式 4×4×3.14÷4=12.56
答え 12.56 cm^2
❷ 式 5×5×3.14÷2−2.5×2.5×3.14÷2×2
=19.625　答え 19.625 cm^2
❸ 式 26×26×3.14−20×20×3.14
=866.64　答え 866.64 cm^2
❹ 式 10×10−5×5×3.14
=21.5　答え 21.5 cm^2

てびき ❶ ❶ 5×5×3.14=78.5
❸ 直径が 8cm なので、半径は 4cm です。
4×4×3.14=50.24
❹ まず、円周の長さから直径を求めます。
25.12÷3.14=8、8÷2=4
4×4×3.14=50.24
❷ ㋐の半径は 3cm、㋑の半径は 6cm です。
㋐の面積:3×3×3.14=28.26(cm^2)
㋑の面積:6×6×3.14=113.04(cm^2)
113.04÷28.26=4
❸ ❷ 小さい 2 つの半円は、直径が 5cm なので、半径は 2.5cm です。
❸ 小さい円の直径が 40cm なので、小さい円の半径は 20cm です。また、大きい円の半径は 20+6(cm)です。
❹ 1 辺が 10cm の正方形の面積から半径 5cm の円の面積をひきます。

59 ページ まとめのテスト

1 ❶ 200.96 cm^2　❷ 1256 cm^2
❸ 706.5 cm^2　❹ 63.585 cm^2
2 ❶ 式 (まわりの長さ)(5+3+2)×3.14÷2+5×3.14÷2+3×3.14÷2+2×3.14÷2
=31.4
(面積)5×5×3.14÷2−(2.5×2.5×3.14÷2+1.5×1.5×3.14÷2+1×1×3.14÷2)=24.335
答え (まわりの長さ)31.4cm
(面積)24.335 cm^2

❷ 式 (まわりの長さ)$20\times2\times3.14\div4+20+20\times3.14\div2=82.8$
(面積)$20\times20\times3.14\div4-10\times10\times3.14\div2=157$
答え (まわりの長さ)82.8cm
(面積)157cm²

❸ 式 (まわりの長さ)$20\times3.14\div2\times2+20\times2=102.8$
(面積)$20\times20-10\times10\times3.14\div2\times2=86$
答え (まわりの長さ)102.8cm (面積)86cm²

❹ 式 (まわりの長さ)$10\times2\times3.14\div4\times2=31.4$
(面積)$10\times10\times3.14\div4-10\times10\div2=28.5$
$28.5\times2=57$
答え (まわりの長さ)31.4cm (面積)57cm²

3 円のほうが、10.8016cm² 広い。

てびき
1 ❶ $8\times8\times3.14=200.96$
❷ $20\times20\times3.14=1256$
❸ $15\times15\times3.14=706.5$
❹ 半径を$x$cm とすると、$x\times2\times3.14=28.26$、$x=4.5$
円の面積は、$4.5\times4.5\times3.14=63.585$
3 (円)半径を$x$cm とすると、
$x\times2\times3.14=25.12$、$x=4$
面積は $4\times4\times3.14=50.24$(cm²)
(正方形)1 辺の長さを$y$cm とすると、
$y\times4=25.12$、$y=6.28$
面積は $6.28\times6.28=39.4384$(cm²)
$50.24-39.4384=10.8016$(cm²)

9 立体の体積の求め方を考えよう

60・61ページ 基本のワーク

基本1 ❶ 10、10、4、10、4、40 答え 40
❷《1》7、2、42
《2》2、7、42 答え 42
❸ 8、8、24 答え 24

1 ❶ 式 $3\times4\times2=24$ 答え 24cm³
❷ 式 $3\times4\div2\times2=12$ 答え 12cm³

2 ❶ 式 $(4+6)\times2\div2\times3=30$ 答え 30cm³
❷ 式 $100\times8=800$ 答え 800cm³

基本2 円周率(3.14)、3.14、28.26、28.26、113.04 答え 113.04

3 ❶ 式 $5\times5\times3.14\times3=235.5$
答え 235.5cm³
❷ 式 $2\times2\times3.14\times4=50.24$
答え 50.24cm³

4 式 $(5\times3+3\times3)\times5=120$ 答え 120cm³
別解 $(5\times6-2\times3)\times5=120$
別解 $5\times3\times5+5\times3\times3=120$
別解 $5\times6\times5-5\times3\times2=120$

てびき
1 **2** 角柱の体積＝底面積×高さ
3 円柱の体積＝底面積×高さ
4 L 型の面を底面とみると、底面積×高さで求められます。また、2 つの直方体に分けて、それぞれの体積をたしたり、大きな直方体の体積から欠けた部分の直方体の体積をひいたりして求めることもできます。

62ページ 練習のワーク

1 ❶ 式 $6\times6\times4=144$ 答え 144cm³
❷ 式 $8\times5\div2\times7=140$ 答え 140cm³
❸ 式 $15\times8=120$ 答え 120cm³
❹ 式 $(4+6)\times3\div2\times3=45$ 答え 45cm³

2 ❶ 式 $6\times6\times3.14\times8=904.32$
答え 904.32cm³
❷ 式 $3\times3\times3.14\times8\div2=113.04$
答え 113.04cm³

3 式 $(6\times8-4\times2)\times3=120$ 答え 120cm³
別解 $(6\times3\times2+2\times2)\times3=120$
別解 $3\times3\times6\times2+3\times2\times2=120$
別解 $3\times8\times6-3\times2\times4=120$

てびき
1 角柱の体積＝底面積×高さ
2 円柱の体積＝底面積×高さ
❷ 半径が 3cm、高さが 8cm の円柱を半分に切った形になっています。
3 凹型の面を底面とみると、底面積× 高さで求められます。また、3 つの直方体に分けて、それぞれの体積をたしたり、大きな直方体の体積から欠けた部分の直方体の体積をひいたりして求めることもできます。

63ページ まとめのテスト

1 ❶ 式 $12\times5\div2\times7=210$ 答え 210cm³
❷ 式 $18\times7=126$ 答え 126cm³
❸ 式 $3\times3\times3.14\times7=197.82$
答え 197.82cm³

❹ 式 $5×5×3.14×5÷4=98.125$

答え $98.125cm^3$

❺ 式 $(3×3+3×9)×6=216$ 答え $216cm^3$

別解 $6×3×3+6×9×3=216$

❻ 式 $(7×6÷2)+(7×3÷2)=31.5$

$31.5×5=157.5$ 答え $157.5cm^3$

2 式 $4×5×5=100$、$100÷5=20$、

$4×5÷2×6=60$、$60÷20=3$

答え 3ばい分

3 式 $20×20×3.14×10=12560$

$5×5×3.14×10=785$

$12560-785=11775$

答え $11775cm^3$

てびき **1** 角柱・円柱の体積＝底面積×高さ

❸ 底面の円の半径は3cmです。

❺ 凸型の面を底面とみると、底面積× 高さで求められます。また、2つの直方体に分けて、それぞれの体積をたして求めることもできます。

❻ 底面の四角形を2つの三角形にわけて、底面積を求めます。

2 コップ1ぱい分の体積は、$100÷5=20(cm^3)$です。

⑩ ならび方や組み合わせ方を調べよう

64・65ページ 基本のワーク

基本1 D、D、6、4、6、6、4、24 答え 24

❶ 6とおり

基本2 4、4、4、2、8、●<○ ● 答え 8

❷ 6とおり

❸ 12とおり

基本3 ❶ バス、150、バス、200

答え バスとバス

❷ 電車、20、電車、20 答え 電車と電車

❹ ❶ 地下鉄とバス、バスとバス、バスと電車

❷ 地下鉄と電車、電車とバス、電車と電車

てびき ❶

1<3－5 / 5－3　3<1－5 / 5－1　5<1－3 / 3－1

❷ 徒<タ・バ・徒　自<タ・バ・徒

❸ チ<あ<た・チ / 中<た・チ / か<た・チ　ポ<あ<た・チ / 中<た・チ / か<た・チ

❹ ❶

地下鉄(200円)<バス(200円)⇒400円 ○ / 電車(350円)⇒550円

電車(400円)<バス(200円)⇒600円 / 電車(350円)⇒750円

バス(150円)<バス(200円)⇒350円 ○ / 電車(350円)⇒500円 ○

❷ B駅で乗りかえに5分をたして、かかる時間を考えます。

地下鉄(30分)<バス(30分)⇒65分 / 電車(20分)⇒55分 ○

電車(20分)<バス(30分)⇒55分 ○ / 電車(20分)⇒45分 ○

バス(40分)<バス(30分)⇒75分 / 電車(20分)⇒65分

66・67ページ 基本のワーク

基本1 答え 6

❶ 10とおり

基本2 3、1、0、0、4 答え 4

❷ 6とおり

❸ 400円、600円、800円

基本3 《1》20 《2》10、半分 答え 20、10

❹ 委員長と副委員長を選ぶ選び方：20とおり

委員を2人選ぶ選び方：10とおり

てびき ❶ 枝分かれした図をかくと

A<B・C・D・E　B<A・C・D・E　C<A・B・D・E　D<A・B・C・E　E<A・B・C・D の10とおり。

❷ A<B・C・D　B<A・C・D　C<A・B・D　D<A・B・C の6とおり。

❹ A、B、C、D、Eの5人とします。

委員長ー副委員長の選び方は、

A<B・C・D・E　B<A・C・D・E　C<A・B・D・E　D<A・B・C・E　E<A・B・C・D の20とおり。

2人の委員の選び方は、

A<B・C・D・E　B<A・C・D・E　C<A・B・D・E　D<A・B・C・E　E<A・B・C・D の10とおり。

68ページ 練習のワーク①

❶ 24とおり
❷ 16とおり
❸ 6とおり
❹ 20とおり
❺ 10とおり
❻ 6とおり

てびき

❶

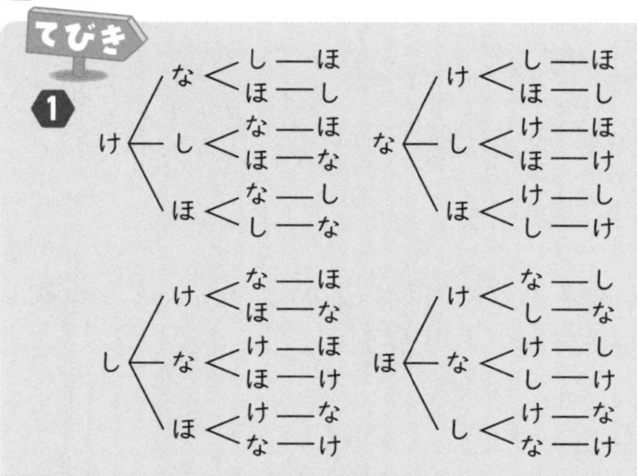

❷ 表を○、裏を×で表すと、

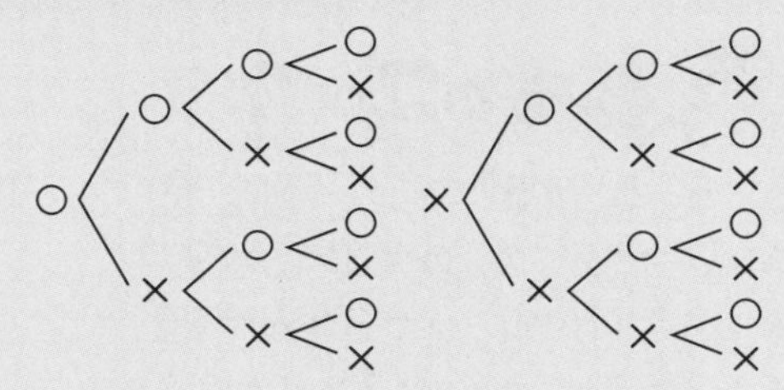

❸

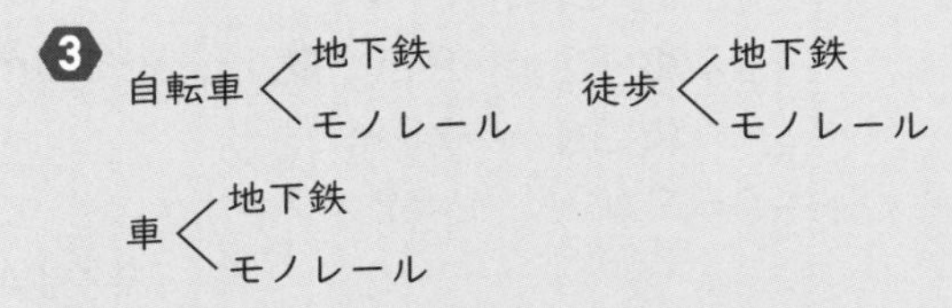

❹ 赤 ＜ 青・黄・緑・白

1番目が青、黄、緑、白の組み合わせも同じように4とおりずつあるから、4×5＝20

❺ A ＜ B・C・D・E　B ＜ A・C・D・E　C ＜ A・B・D・E　D ＜ A・B・C・E　E ＜ A・B・C・D　の10とおり。

69ページ 練習のワーク②

❶ 60とおり
❷ 24とおり
❸ 18とおり
❹ 4とおり
❺ ❶ 6とおり　❷ 2とおり

てびき

❶ 国語が1時間目の時間割が何とおりか、枝分かれした図で求めると、他の教科が1時間目の時間割も同じ数になります。

❷ 赤 ＜ 青 ＜ 黄・白／黄 ＜ 青・白／白 ＜ 青・黄

1番目が青、黄、白の組み合わせも同じように6とおりずつあるから、
6×4＝24

❸ おかずが魚の場合の選び方が何とおりか、枝分かれした図で求めると、他のおかずの場合も選び方は同じ数になります。

❹ (3、4、5)で和が12、(3、4、6)で和が13、(3、5、6)で和が14、(4、5、6)で和が15

❺ ❷ 右の枝分かれした図の中で、だれにも正しいおかしをわたせないのは、×をつけたわたし方です。

けい　なほ　しょう
プ ＜ ク―ケ／ケ―ク
ク ＜ プ―ケ／ケ―プ ×
ケ ＜ プ―ク ×／ク―プ

70ページ まとめのテスト①

1 ❶ 組み合わせ方　❷ 組み合わせ方
❸ ならび方

2 18とおり

3 ❶ 24とおり　❷ 12とおり

4 ❶ 24とおり　❷ 9とおり

てびき

1 ❶ 1人めと2人めの選ぶ順番は関係ないので、組み合わせ方の場面です。
❸ 1組と2組のどちらの担任かを区別するので、ならび方の場面です。

2 バーガーがビーフの場合の選び方が何とおりか、枝分かれした図で求めると、他のバーガーの場合も選び方は同じ数になります。

3 ❷ ほのかさんが右はしになる場合と、左はしになる場合があります。

4 ❷ 下の枝分かれした図の中で、だれにも正しいくだものをわたせないのは、×をつけたわたし方です。

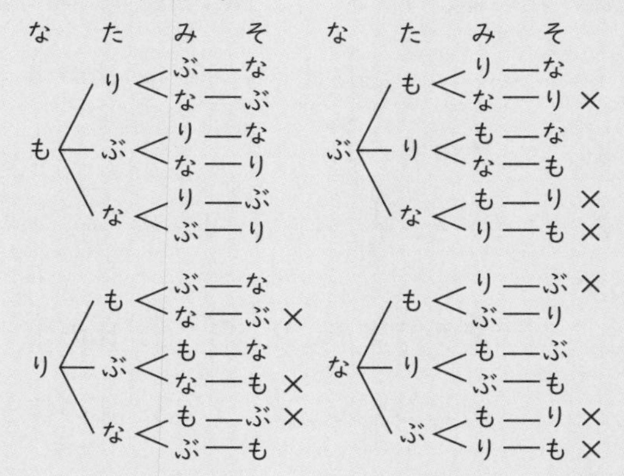

71ページ まとめのテスト②

1 ❶ 24とおり　❷ 12とおり
❸ 24とおり　❹ 6とおり

2 ❶ 6とおり　❷ 電車とバス
❸ モノレールと電車　❹ 午後5時20分

3 21とおり

1 ❶❷

6 — 7 < $\frac{8}{9}$、8 < $\frac{7}{9}$、9 < $\frac{7}{8}$
7 — 6 < $\frac{8}{9}$、8 < $\frac{6}{9}$、9 < $\frac{6}{8}$
8 — 6 < $\frac{7}{9}$、7 < $\frac{6}{9}$、9 < $\frac{6}{7}$
9 — 6 < $\frac{7}{8}$、7 < $\frac{6}{8}$、8 < $\frac{6}{7}$

2 家からB駅までの徒歩5分と、乗りかえの5分をたして、運賃とかかる時間をまとめます。

モノレール（30分 400円）
- 電車（20分 300円）⇒ 60分 700円
- バス（30分 200円）⇒ 70分 600円

電車（10分 150円）
- 電車（20分 300円）⇒ 40分 450円
- バス（30分 200円）⇒ 50分 350円

バス（40分 250円）
- 電車（20分 300円）⇒ 70分 550円
- バス（30分 200円）⇒ 80分 450円

3 A、B、C、D、E、F、Gとして、枝分かれした図で考えます。同じものの組み合わせを重ねて数えないように気をつけます。選ばない2種類の組み合わせを考えると、かんたんです。

⑪ 2つの数で割合を表そう

72・73ページ 基本のワーク

基本1 比、比の値、7、3、7、3、$\frac{7}{3}$
答え 比　7：3　比の値 $\frac{7}{3}$

❶ 比　3：5　比の値 $\frac{3}{5}$

基本2 2、6、2、6、$\boxed{\frac{1}{3}}$、1、3、1、3、$\boxed{\frac{1}{3}}$、等しい
答え あかりさん　比　2：6、比の値 $\frac{1}{3}$
けんじさん　比　1：3、比の値 $\frac{1}{3}$

❷ ㋑、㋓

❸ ㋐と㋓、㋒と㋔

基本3 《1》20、2　《2》5、2　答え 20、5

❹ 3：1、6：2、9：3、30：10などから3つ

基本4 ❶ 3、3、4　答え 3：4
❷ 10、3、4　答え 3：4
❸ 15、14、15、14　答え 15：14

❺ ❶ 5：4　❷ 3：5　❸ 8：9

てびき

❷ 比の値は、5：8…$\frac{5}{8}$、㋐…$\frac{7}{10}$、㋑…$\frac{5}{8}$、㋒…$\frac{3}{4}$、㋓…$\frac{5}{8}$

❸ 比の値は、㋐…$\frac{4}{5}$、㋑…$\frac{5}{4}$、㋒…$\frac{12}{13}$、㋓…$\frac{4}{5}$、㋔…$\frac{12}{13}$

❹ 比の両方の数に同じ数をかけたり、両方の数を同じ数でわったりします。

❺ ❶ 3でわります。
❷ 10をかけます。
❸ 12をかけます。

74・75ページ 基本のワーク

基本1 5、5、5、15　答え 15

❶ 式 4：3＝12：x、x＝3×3＝9
4：3＝16：y、y＝3×4＝12
4：3＝36：z、z＝3×9＝27
答え 縦 12m…9m　縦 16m…12m
縦 36m…27m

❷ ❶ 式 21÷3＝7より、x＝2×7＝14
答え 14
❷ 式 18÷9＝2より、x＝6÷2＝3　答え 3
❸ 式 12÷30＝$\frac{12}{30}$＝$\frac{2}{5}$より、x＝25×$\frac{2}{5}$＝10
答え 10
❹ 式 24÷32＝$\frac{24}{32}$＝$\frac{3}{4}$より、x＝48×$\frac{3}{4}$＝36
答え 36
❺ 式 7÷0.7＝10より、x＝2÷10＝0.2
答え 0.2
❻ 式 5÷$\frac{5}{6}$＝6より、x＝$\frac{2}{3}$×6＝4　答え 4

基本2 《1》8、75
《2》8、$\frac{5}{8}$、$\frac{5}{8}$、75、75、45
答え 75、45

❸ 式 A：140×$\frac{4}{7}$＝80、B：140－80＝60
答え Aチーム：80人　Bチーム：60人

❹ 式 姉：80×$\frac{3}{5}$＝48、弟：80－48＝32
答え 姉：48枚　弟：32枚

❺ 式 1：11＝20：x、x＝11×20＝220
答え 220mL

てびき ❷ 一方の数が何倍されているのか、何でわられているのかを考えて、もう一方の数も同じ数をかけたり、同じ数でわったりします。
❹ 姉が3、弟が2とすると、全体は5になります。

76ページ 練習のワーク①

❶ ❶ 3：4 ❷ 2：5 ❸ 7：4
❷ ❶ $\frac{5}{8}$ ❷ $\frac{3}{4}$ ❸ 4
❸ ❶ ㋕ ❷ ㋑ ❸ ㋖ ❹ ㋗ ❺ ㋐ ❻ ㋒
❹ ❶ 6 ❷ 15 ❸ 3 ❹ 5
❺ 式 4：3＝16：x、x＝3×4＝12 答え 12個

てびき ❷ ❷ $\frac{21}{28}=\frac{3}{4}$ ❸ $\frac{16}{4}=4$
❸ 比の値は、㋐…$\frac{3}{5}$、㋑…$\frac{5}{12}$、㋒…$\frac{4}{3}$、㋓…$\frac{1}{2}$、㋔…$\frac{5}{8}$、㋕…$\frac{3}{5}$、㋖…$\frac{4}{9}$、㋗…$\frac{8}{5}$
❹ ❶ 3÷1＝3より、x＝2×3＝6
❷ 20÷4＝5より、x＝3×5＝15
❸ 16÷2＝8より、x＝24÷8＝3
❹ 21÷3＝7より、x＝35÷7＝5

77ページ 練習のワーク②

❶ ❶ 18：5 ❷ 50：13
❷ ❶ 3 ❷ $\frac{5}{9}$ ❸ $\frac{1}{3}$
❸ ❶ 5：7、15：21、20：28などから2つ
❷ 3：8、6：16、9：24などから2つ
❸ 5：9、10：18、15：27などから2つ
❹ 8：9、24：27、32：36などから2つ
❺ 5：8、10：16、15：24などから2つ
❻ 3：4、6：8、9：12などから2つ
❹ ❶ 3 ❷ 14 ❸ 3 ❹ 4
❺ おとな：128人 子ども：112人

てびき ❹ ❶ 4÷2＝2より、x＝1.5×2＝3
❷ 6÷1.5＝4より、x＝3.5×4＝14
❸ $5\div3=\frac{5}{3}$より、$x=1.8\times\frac{5}{3}=3$
❹ $6\div\frac{1}{4}=24$より、$x=\frac{1}{6}\times24=4$
❺ おとなの人数を8、子どもの人数を7とみると、全体の人数は15とみることができます。
おとなの人数は、$240\times\frac{8}{15}=128$
子どもの人数は、240−128＝112

78ページ まとめのテスト①

1 ❶ 比 5：6、比の値 $\frac{5}{6}$ ❷ 比 9：4、比の値 $\frac{9}{4}$
❸ 比 13：17、比の値 $\frac{13}{17}$
2 ❶ ㋔ ❷ ㋓ ❸ ㋐
3 ❶ 30 ❷ 49 ❸ 57.6$\left(\frac{288}{5}\right)$
4 式 12：11＝60：x、x＝11×5＝55
答え 55個
5 ❶ 式 4：5＝160：x、x＝5×40＝200
答え 200mL
❷ 式 4：5＝x：0.25、x＝4×0.05＝0.2
答え 0.2L$\left(\frac{1}{5}\text{L}\right)$

てびき 1 a：bの比の値は、$a\div b$の商です。
2 比の値は、❶ $\frac{3}{4}$、❷ $\frac{3}{2}$、❸ $\frac{4}{3}$
3 ❶ 12÷2＝6より、x＝5×6＝30
❷ 28÷4＝7より、x＝7×7＝49
❸ 24÷15＝1.6より、x＝36×1.6＝57.6

79ページ まとめのテスト②

1 ❶ $\frac{3}{5}$ ❷ $\frac{3}{2}$ ❸ $\frac{7}{4}$
2 ❶ 3：7、6：14、9：21などから2つ
❷ 8：3、16：6、24：9などから2つ
❸ 14：9、28：18、42：27などから2つ
3 ❶ 63 ❷ 8 ❸ 30 ❹ 6 ❺ $\frac{14}{3}$ ❻ $\frac{5}{7}$
4 ❶ 式 4：3＝12：x、x＝3×3＝9
答え 9cm
❷ 式 4：3＝x：15、x＝4×5＝20
20×15＝300 答え 300cm^2
5 ❶ 式 $36\times\frac{5}{12}=15$ 答え 15個
❷ 式 7：12＝14：x、x＝12×2＝24
答え 24個

てびき 2 比の両方の数に同じ数をかけたり、両方の数を同じ数でわったりして求めます。
3 ❷ 28÷7＝4より、x＝32÷4＝8
❹ 4÷1.6＝2.5より、x＝2.4×2.5＝6
❻ $\frac{4}{5}\div\frac{8}{15}=\frac{3}{2}$より、$x=\frac{10}{21}\times\frac{3}{2}=\frac{5}{7}$
4 ❷ まず、平行四辺形の底辺の長さを求めてから、面積を求めます。
5 兄を7、妹を5とみると、全体は12とみることができます。

⑫ 形が同じで大きさのちがう図形を調べよう

80・81ページ 基本のワーク

基本1 拡大、縮小、等しい、等しい、等しく、2

答え ㋐と㋑

① ❶ 点D ❷ 辺DF、2倍

❸ 辺AB、$\frac{1}{2}$ ❹ 角E

基本2 $\frac{1}{2}$、2

答え ❶ ❷

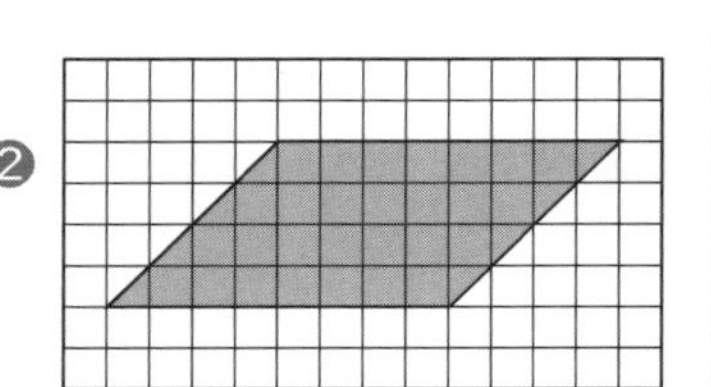

②

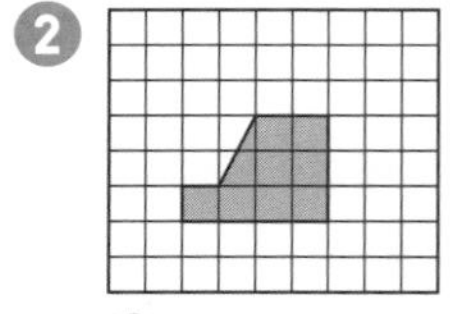

基本3

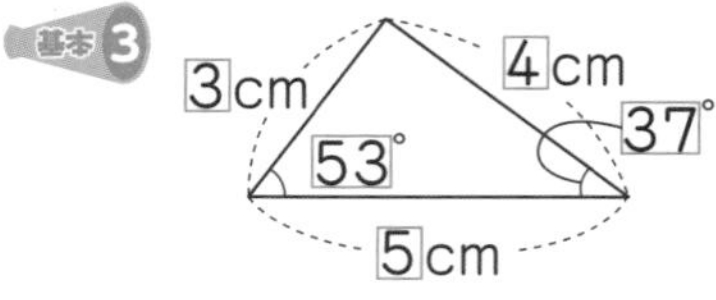

答え

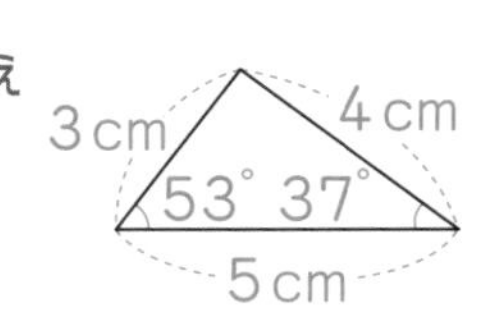

③

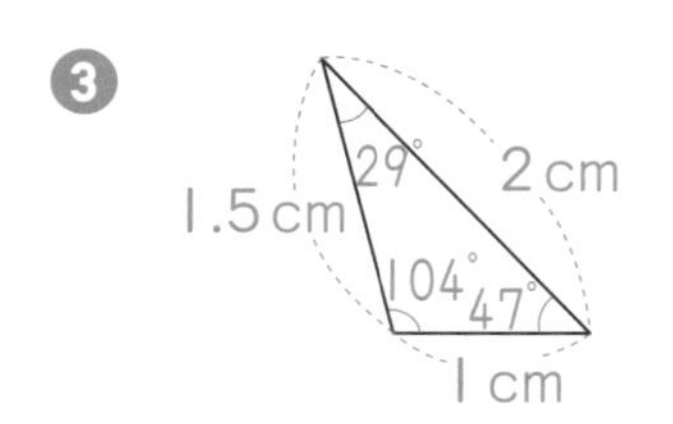

てびき ❸ 3つの辺の長さ、2つの辺の長さとその間の角の大きさ、1つの辺の長さとその両はしの角の大きさのどれかを使って三角形をかきます。

82・83ページ 基本のワーク

基本1 2、D、2、E 答え

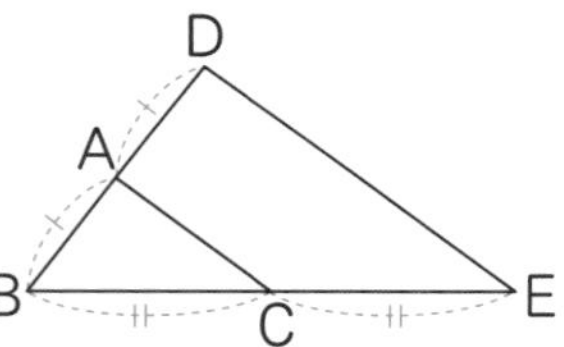

① ❶

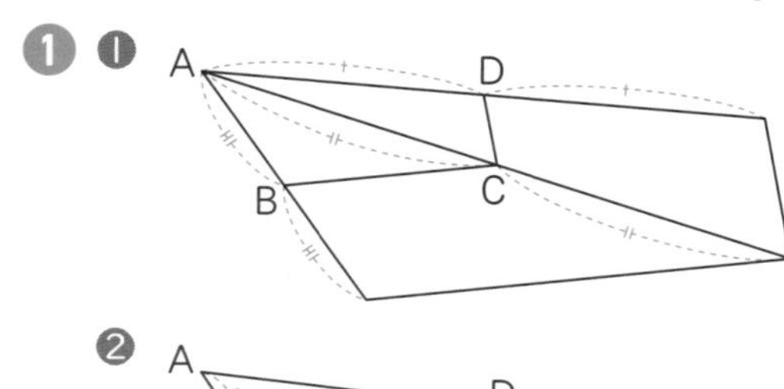

❷

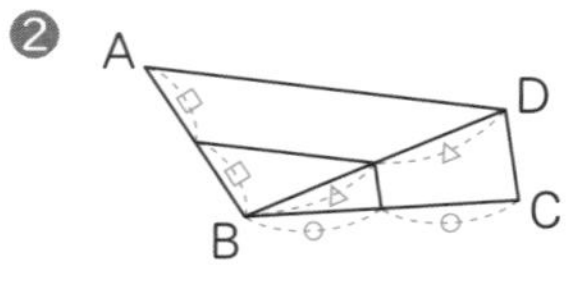

基本2 30、3000 答え 分数 $\frac{1}{3000}$ 比 1：3000

② ❶ 約80m ❷ 1：2000

基本3 3000、3000、500、500、500、14

答え 14

③ 式 20m＝2000cm、2000÷5＝400、
4×400＝1600、1600cm＝16m、
16＋1.2＝17.2 答え 17.2m

てびき ② ❶ 縮図で学校の横の長さをはかると、4cmです。縮尺は1cmが実際の20mであることを示しているので、20×4＝80(m)と見当がつけられます。

❷ 縮図の1cmが実際には20m＝2000cmです。

③ 木の高さは、ACの実際の長さに、目の高さを加えたものです。

84ページ 練習のワーク

① ❶ 辺GH ❷ 角K ❸ 辺DE

❹ 角A ❺ $\frac{1}{2}$ ❻ 2

②

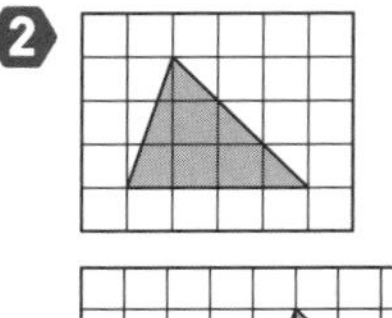

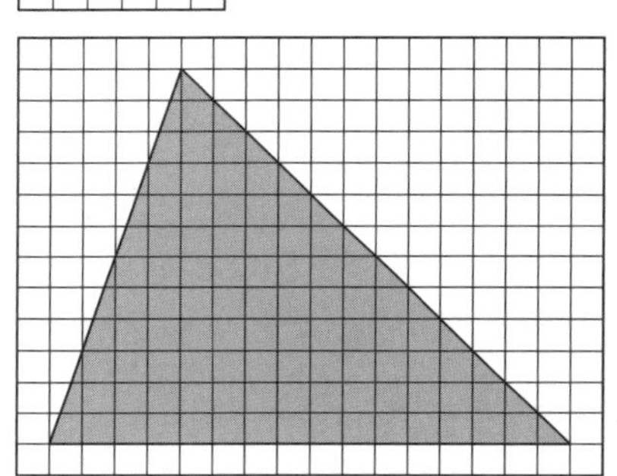

③

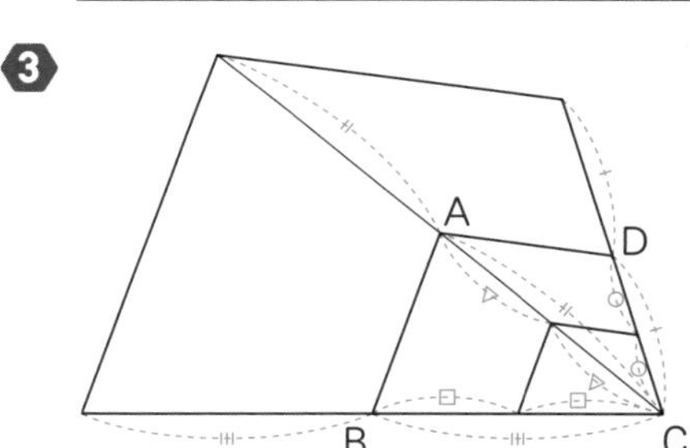

④ 56000cm²(5.6m²)

てびき ① ❺❻ 辺BCが2めもり、辺HIが4めもりであることに注目します。

③ CB、CA、CDのそれぞれの2倍の長さになる点と、$\frac{1}{2}$の長さになる点をとります。

❹ BC の実際の長さは $4\times100=400$(cm)
AD の実際の長さは $2.8\times100=280$(cm)
$400\times280\div2=56000(cm^2)=5.6(m^2)$

85ページ まとめのテスト

1 縮図：❺ 拡大図：❹

2 ❶ 式 10km＝1000000cm、
$\frac{5}{1000000}=\frac{1}{200000}$
答え 分数 $\frac{1}{200000}$ 比 1：200000

❷ 式 $6\times50000\times\frac{1}{200000}=\frac{3}{2}$
答え $\frac{3}{2}$(1.5)cm

3 ❶ 1：1000 ❷

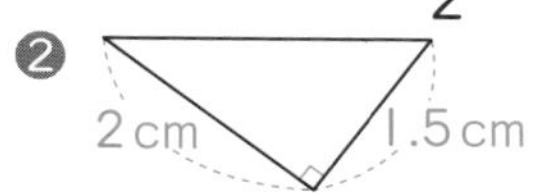

式 $2.5\times1000=2500$、2500cm＝25m
答え 約 25m

てびき **3** ❶ 20m は、1：1000 では 2cm に、1：200 では 10cm、1：100 では 20cm、1：50 では 40cm になります。
❷ 縮図で残りの辺の長さをはかると、2.5cm になっています。

⑬ およその面積と体積を求めよう

86・87ページ 基本のワーク

基本1 7、35 答え 35

❶ ❶ 式 $5\times6\div2=15$ 答え 約 15m^2
❷ 式 $3\times6=18$ 答え 約 18m^2

基本2 ❶ 2、4000 答え 4000
❷ 90、80、5200 答え 5200

❷ ❶ 式 $(2+3)\times4\div2=10$ 答え 約 10km^2
❷ 式 $13\times12\div2=78$ 答え 約 78km^2

基本3 ❶ 直方体 答え 直方体
❷ 1980 答え 1980

❸ ❶ 式 $7\times7\times10=490$ 答え 約 490cm^3
❷ 式 $5\times8\div2\times5=100$ 答え 約 100cm^3

てびき ❷ ❶ およそ台形とみます。
❷ およそ三角形とみます。
❸ ❶ およそ直方体とみます。
❷ およそ三角柱とみます。

88ページ 練習のワーク

❶ ❶ 式 $9\times11\div2=49.5$ 答え 約 49.5m^2
❷ 式 $(5+9)\times8\div2=56$ 答え 約 56m^2

❷ 式 $(50+100)\times50\div2=3750$
答え 約 3750km^2

❸ ❶ 式 $10\times8\times4=320$ 答え 約 320cm^3
❷ 式 $6\times8\div2\times3=72$ 答え 約 72cm^3

てびき ❷ 埼玉県の実際の面積は、3797.75km^2 です。

89ページ まとめのテスト

1 ❶ 式 $140\times100-70\times25=12250$
答え 約 12250km^2
❷ 式 $400\times450\div2=90000$
答え 約 90000km^2
❸ 式 $100\times50\div2+45\times50=4750$
答え 約 4750km^2

2 ❶ 式 $6\times6\times8=288$ 答え 約 288cm^3
❷ 式 $5\times5\times3.14\times16=1256$
答え 約 1256cm^3

てびき **1** ❶ 大きい長方形の面積から小さい長方形の面積をひくなどして求めます。
❸ 三角形と平行四辺形の面積をたします。
2 ❷ およそ円柱とみます。

⑭ 2つの量の変わり方を調べよう

90・91ページ 基本のワーク

基本1 [3] 倍 答え 2

❶ ❶ ㋐ $\frac{1}{2}$ ㋑ $\frac{1}{3}$ ❷ 比例している。
❸ 2.5 倍になる。

❷ ❶

基本2 《1》3、3、3、3 《2》3、3、3、3、$3\times x$ 答え $y=3\times x$

❸ ❶ $y=120\times x$ ❷ 自転車の分速
❸ 960m ❹ 15 分

てびき ❷ ❷は x と y の和がいつも 10 になり、y は x に比例していません。
❸ ❶ y はいつも x の 120 倍になっています。
❷ 1 分あたりに進んだ道のりを表しています。
❸ $120\times8=960$
❹ $1800=120\times x$、$x=1800\div120=15$

92・93ページ 基本のワーク

基本1 60、2、直線　答え

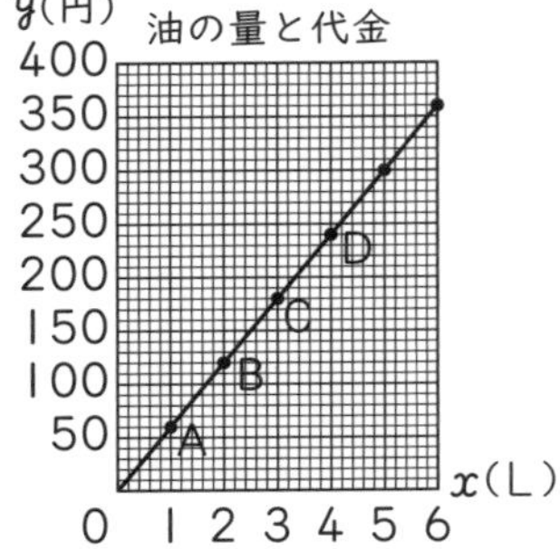

1 ❶

高さx(cm)	1	2	3	4	5	6
面積y(cm²)	4	8	12	16	20	24

❷ $y=4\times x$　❸

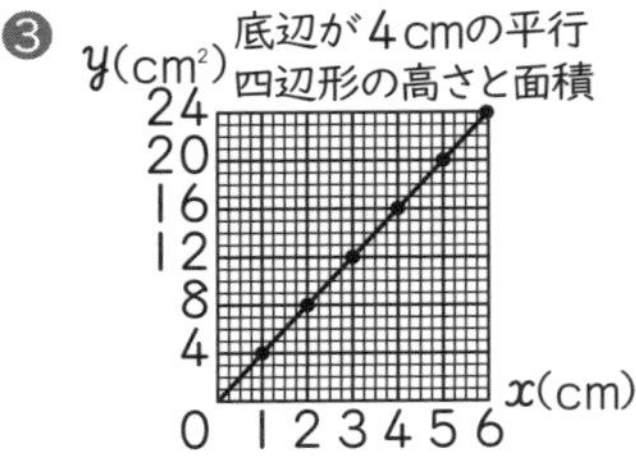

❹ 14cm²

2 ❶

時間x(秒)	1	2	3	4	5	6
道のりy(m)	3	6	9	12	15	18

❷ $y=3\times x$　❸

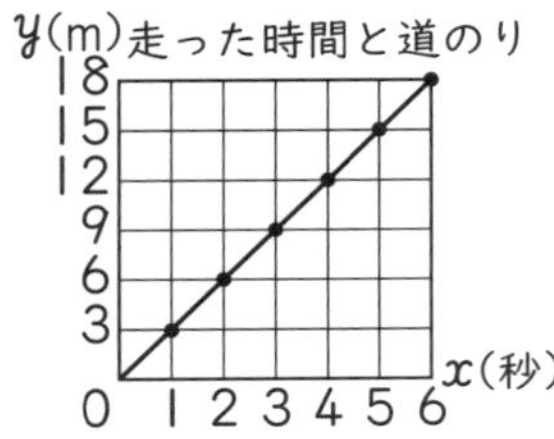

❹ 0

基本2 ❶ 400、6、なほ　答え なほ
❷ 6、9　答え なほさん 6、しゅんさん 9

3 ❶ 200m　❷ 3分　❸ 200m

てびき 1 平行四辺形の面積 ＝ 底辺 × 高さ
2 道のり ＝ 速さ × 時間
3 ❷ グラフから、600m 歩くのに、なほさんは 6 分、しゅんさんは 9 分かかりました。
❸ 6 分で、なほさんは 600m、しゅんさんは 400m 歩いたことがわかります。

94・95ページ 基本のワーク

基本1 ❶《1》15、15、540
《2》3、3、540　答え 540
❷《1》15、720、48
《2》4、4、48　答え 48

1 ❶ 式（例）18÷12＝1.5、180×1.5＝270　答え 270g
❷ 式（例）450÷180＝2.5、12×2.5＝30　答え 30m

2 式（例）24÷8＝3、30×3＝90　答え 90 枚

基本2 $\frac{1}{3}$　答え $\frac{1}{2}$

3 ❶ $\frac{1}{5}$　❷ 4 倍　❸ 4cm

4

時速x(km)	5	10	15	20	25	30
時間y(時間)	12	6	4	3	2.4	2

❶ 反比例している。❷ $\frac{1}{4}$
❸ 時速 4km…15 時間、50km…1.2$\left(\frac{6}{5}\right)$時間
80km…0.75$\left(\frac{3}{4}\right)$時間

5 ㋒

てびき 3 ❸ 底辺が 1cm のときと比べると、底辺が 12 倍になるので、高さは $\frac{1}{12}$ になります。
4 ❸ xとyの関係は$y=60\div x$です。
このxに、4、50、80 をあてはめて、yの値を求めます。
5 ㋐ おつり＝1000－代金
㋑ 三角形の面積＝底辺×高さ÷2
㋒ 時間＝道のり÷速さ

96・97ページ 基本のワーク

基本1 ❶ 120、120、120　答え 120
❷ 120、120　答え $y=120\div x$

1 15 のとき…8、80 のとき…1.5$\left(\frac{3}{2}\right)$

2 ❶ 反比例している。　❷ $y=18\div x$
❸ 3.6…5、$\frac{9}{2}$…4、18…1

基本2 120

答え

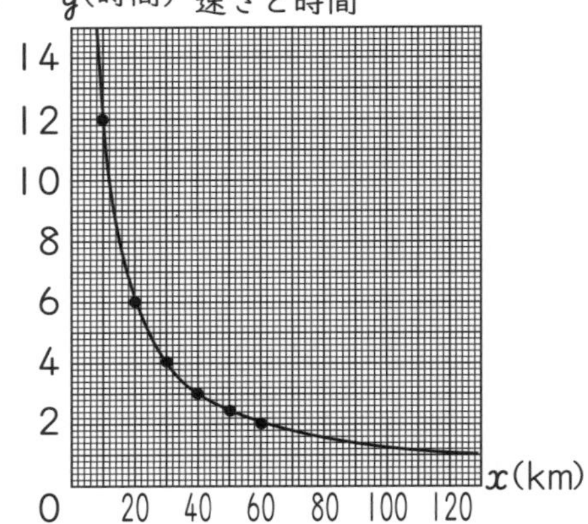

3 ❶

水の量x(m³)	1	2	3	5	7.5	15
かかる時間y(時間)	15	7.5	5	3	2	1

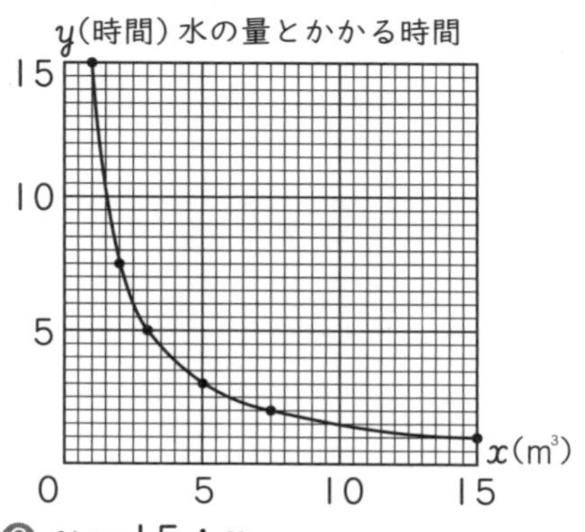

❷ $y=15\div x$

てびき ❶ $120\div15=8$、$120\div80=1.5$

❷ ❸ $18\div3.6=5$、

$18\div\frac{9}{2}=18\times\frac{2}{9}=4$、

$18\div18=1$

❸ ❶ 方眼の１めもりは0.5m³と0.5時間であることに注意しましょう。

98ページ 練習のワーク

1 ❶ × ❷ ○ ❸ × ❹ ○

2 ❶ 2.4kg ❷ 2L

3 ❶ $y=\frac{1}{30}\times x$

❷ 式 $\frac{1}{30}\times330=11$ 答え 11cm

4 ❶

横の長さ x(cm)	1	2	3	4	6	8
縦の長さ y(cm)	24	12	8	6	4	3

❷ $y=24\div x$

てびき **1** ❶ 底辺が２倍になると、高さは$\frac{1}{2}$に、底辺が$\frac{1}{2}$になると、高さは２倍になります。

❷ 円の直径をx、円周の長さをyとすると、$y=x\times3.14$(または$y=3.14\times x$)

❸ 時間＝道のり÷速さ

❹ 底面積は20cm²。高さをxcm、体積をycm³とすると、$y=20\times x$

2 ❶ 横軸が３Lの点をよみとります。

❷ 縦軸が1.6kgの点をよみとります。

4 xの値とそれに対応するyの値の積x×yは、いつも24になっています。

99ページ まとめのテスト

1 ❶ 比例している。 ❷ 5cm ❸ 10cm

❹ ６分間

2 ❶ 比例している。

❷ $y=0.5\times x$

❸ おもりの重さとばねののび

y(cm) 6 5 4 3 2 1 0 2 4 6 8 10 12 x(g)

3 ❶ $y=18\div x$ ❸ 平行四辺形の底辺と高さ

❷ 5、4、7、

$1.2\left(\frac{6}{5}\right)$

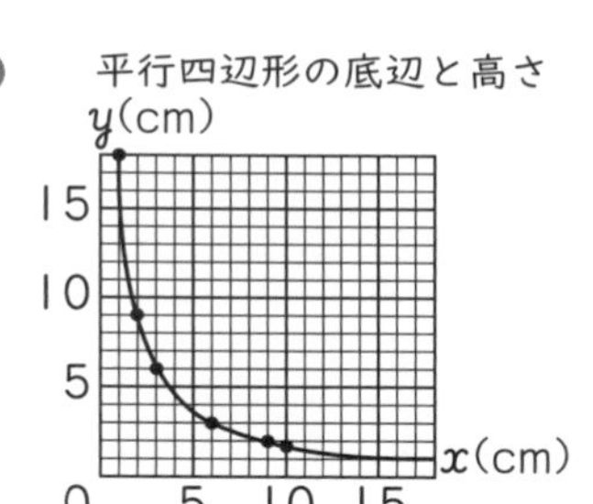

てびき **3** ❷ $18\div3.6=5$、$18\div4.5=4$、

$18\div2\frac{4}{7}=18\div\frac{18}{7}=18\times\frac{7}{18}=7$、

$18\div15=1.2$

レッツ プログラミング

100ページ 学びのワーク

基本 **1** 6、30、90、4、6、60

答え ㋐ 6 ㋑ 4 ㋒ 30 ㋓ 90 ㋔ 60

1 ㋐ 8 ㋑ 50 ㋒ 60 ㋓ 3 ㋔ 45

６年間のまとめ

101ページ まとめのテスト❶

1

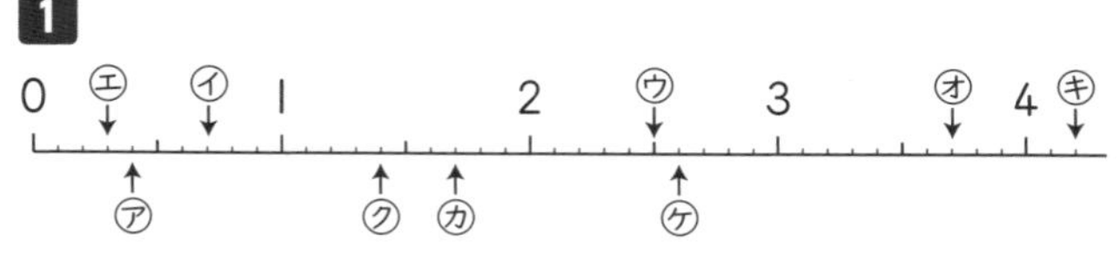

2 ❶ 4000万、4億、40万、4万

❷ 535、5350、5.35、0.535

3 ❶ 3900 ❷ 280000 ❸ 54 ❹ 7.5

4 ❶ 0.2 ❷ 2.9 ❸ $\frac{8}{5}$ ❹ $\frac{263}{50}$

5 ❶ 最大公約数：1、最小公倍数：10

❷ 最大公約数：3、最小公倍数：12

❸ 最大公約数：6、最小公倍数：36

❹ 最大公約数：16、最小公倍数：32

6 ❶ ＞ ❷ ＝ ❸ ＝ ❹ ＜

7 ❶ 786 ❷ 854 ❸ 2.21

❹ 0.21 ❺ 12 ❻ $\frac{31}{20}$

❼ $\frac{7}{18}$ ❽ $\frac{9}{20}$

8 ❶ 11 ❷ 47

てびき

3 上から2けたのがい数にするには、3けためを四捨五入します。

4 $0.1=\frac{1}{10}$、$0.01=\frac{1}{100}$

❶ $\frac{1}{5}=1\div5=0.2$

6 分数と小数を比べる場合、分数または小数にそろえます。また分母が異なる場合は、通分して考えます。

7 ❻ $\frac{3}{4}+\frac{4}{5}=\frac{15}{20}+\frac{16}{20}=\frac{31}{20}$

❽ $\frac{3}{8}\div\frac{5}{6}=\frac{3}{8}\times\frac{6}{5}=\frac{3\times\overset{3}{\cancel{6}}}{\underset{4}{\cancel{8}}\times5}=\frac{9}{20}$

8 ❶ $21\times\left(\frac{2}{3}-\frac{1}{7}\right)=21\times\frac{2}{3}-21\times\frac{1}{7}$
$=14-3=11$

❷ $4.7\times3.6+4.7\times6.4$
$=4.7\times(3.6+6.4)=4.7\times10=47$

102ページ まとめのテスト❷

1 ❶ ㋒、㋓　❷ ㋑、㋒、㋓、㋕
❸ ㋒、㋕　❹ ㋒

2 ❶ ㋔と㋕　❷ 3枚、三角柱

3 ❶ 円柱
❷ 式 $3\times2\times3.14=18.84$　答え 18.84cm

てびき

2

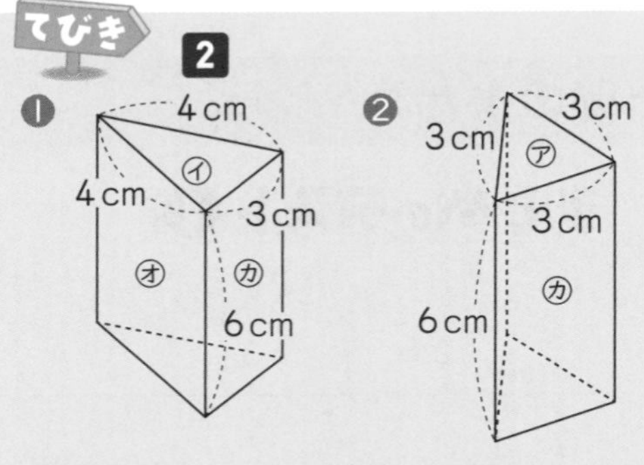

3 ❷ 辺ADの長さは底面の円の円周の長さと同じです。
円周 = 直径 × 円周率(3.14)

103ページ まとめのテスト❸

1 ❶ 式 $(3+5)\times3\div2=12$　答え 12cm²
❷ 式 $3\times4\div2\times7=42$　答え 42cm³
❸ 式 $3\times3\times3.14\times12=339.12$
答え 339.12cm³

2 ㋓

3 ❶ 5.8、5800
❷ 7.8、7800000
❸ 9000000、9000
❹ 50

4 ❶ 式 $850\div25=34$　答え 分速34m
❷ 式 $45\times5=225$　答え 225km
❸ 式 $360\div60=6$　答え 6分

てびき

1 角柱・円柱の体積＝底面積×高さ

2 ㋐ $22\times22\times1.5=726$
㋑ $20\times20\times2.5=1000$
㋒ $18\times18\times3.5=1134$
㋓ $16\times16\times4.5=1152$

3 ❶ 1m＝100cm、1cm＝10mm
❷ 1t＝1000kg、1kg＝1000g
❸ 1m³＝1000000cm³＝1000L
❹ 1a＝100m²

4 速さ＝道のり÷時間
道のり＝速さ×時間
時間＝道のり÷速さ

104ページ まとめのテスト❹

1 $y=9\times x$

2 $24\div x=y$

3 式 $12\div0.4=30$　答え 30人

4 式 $1-0.3=0.7$、$4500\times0.7=3150$
答え 3150円

5 式 $5:4=x:12$、$x=5\times3=15$
答え 15枚

6 ❶ Ⓐとⓞ　❷ ⓤ

7 24とおり

てびき

1 1Lのガソリンで進む道のりは、
$450\div50=9$(km)

2 $x\times y=24$と表すこともできます。

3 もとにする量 = 比べる量 ÷ 割合

4 比べる量 = もとにする量 × 割合

6 ❶ 割合を表すときは、円グラフや帯グラフを使います。
❷ 記録のちらばりなどを表すときは、柱状グラフを使います。

7 まきさんが1番めにくぐる場合を考えると、

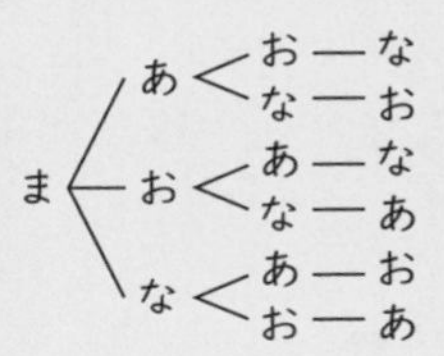

他の3人についても同じように考えて、
$6\times4=24$

実力判定テスト 答えとてびき

夏休みのテスト①

1 ❶
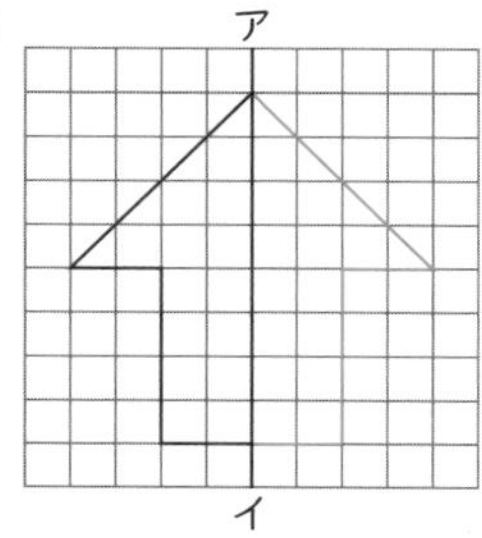

❷
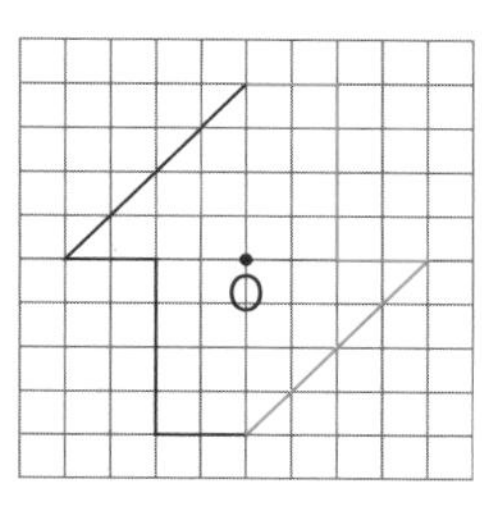

2

	❶ 線対称	❷ 対称の軸の数	❸ 点対称
直角三角形	×	0	×
正三角形	○	3	×
平行四辺形	×	0	○
正方形	○	4	○
正五角形	○	5	×

3 ❶ 50　❷ $\frac{1}{3}$　❸ $\frac{7}{3}$　❹ $\frac{15}{4}$

4 ❶ $\frac{1}{24}$　❷ $\frac{2}{3}$　❸ $\frac{15}{2}$　❹ $\frac{3}{4}$

5 ❶ $\frac{1}{9}$　❷ 7

6 式 $\frac{9}{8}\times1\frac{1}{3}=\frac{3}{2}$　答え $\frac{3}{2}$ cm^2

てびき

1 対称な図形をかくときは、方眼のます目を数えて対応する点を決め、線で結びます。

夏休みのテスト②

1 ❶ $\frac{5}{3}$　❷ $\frac{4}{15}$　❸ 1　❹ 1

2 ❶ $\frac{3}{4}$　❷ $\frac{10}{3}$　❸ $\frac{20}{9}$　❹ 2

3 ❶ $\frac{13}{15}$　❷ 12

4 式 $\frac{5}{3}\div\frac{10}{9}=\frac{3}{2}$　答え $\frac{3}{2}$ m

5 ❶ $9\times x=y$　❷ $1.2-x=y$
❸ $120\div x=y$

6 ❶ 最頻値：22点、中央値：23点　❷ 23点
❸ 上から順に　3、6、5、1、15

てびき

5 ❶ 底辺×高さ＝平行四辺形の面積
❸ 全体の重さ÷分ける枚数＝1枚の重さ

6 ❷ 平均値＝得点の合計÷人数

冬休みのテスト①

1 ❶ 面積…150.72 cm^2　長さ…75.36 cm
❷ 面積…30.96 cm^2　長さ…37.68 cm
❸ 面積…36.48 cm^2　長さ…25.12 cm

2 ❶ $y=84\div x$　❷ 8
❸ 11.2 cm　❹ 反比例している。

3 ❶ 30 cm^3　❷ 300 cm^3　❸ 87.92 cm^3

4 ❶ 27　❷ 60　❸ 3　❹ 2

5 315 mL

てびき

1 円の面積＝半径×半径×3.14(円周率)
円周＝直径×3.14(円周率)

3 角柱・円柱の体積＝底面積×高さ
❸ 円柱を4つに分けたと考えます。

5 Aの水とうに入るジュースの量は、ジュース全体の量を1とみると、$\frac{7}{16}$にあたります。
$720\times\frac{7}{16}=315$(mL)

冬休みのテスト②

1 ❶ 16とおり　❷ 24とおり　❸ 6とおり

2 ❶ ㋒　❷ ㋓、3倍　❸ ㋑、$\frac{1}{2}$

3 ❶ 比例している。　❷ $y=1.5\times x$
❸
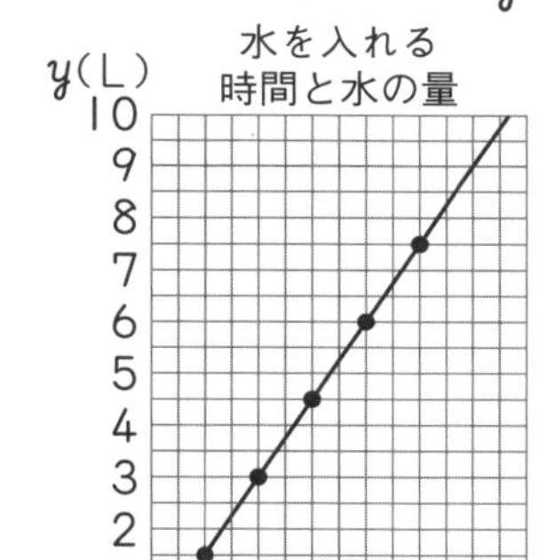

❹ 6分

4 式 (40＋60)×40÷2＝2000
答え 約2000 m^2

てびき

1 枝分かれの図などを使います。

2 ❷ ㋐と㋓の辺の長さの比は1：3です。
❸ ㋐と㋑の辺の長さの比は2：1です。

4 台形の面積＝(上底＋下底)×高さ÷2

学年末のテスト①

1 ❶ $\frac{21}{4}$　❷ $\frac{5}{12}$　❸ $\frac{6}{5}$
❹ $\frac{18}{5}$　❺ $\frac{1}{3}$　❻ $\frac{17}{9}$

2 ❶ 16とおり　❷ 10とおり　❸ 5とおり

3 ❶ 15.48 cm^2　❷ 30.84 cm

4 ❶ 28　❷ 24

5 ❶ $y=135\times x$ ○　❷ $y=200-x$ ×
❸ $y=80\div x$ △

てびき
2 十の位の数が0にならないことに注意します。
❷ 一の位が偶数になる場合を考えます。
10、12、14、20、24、30、32、34、40、42の10とおりです。
❸ 12、21、24、30、42の5とおりです。
3 ❶ $6\times12-6\times6\times3.14\div4\times2$
$=15.48(cm^2)$
❷ $12\times3.14\div4\times2+6\times2=30.84(cm)$
5 $y=$ きまった数 $\times x$ … 比例
$y=$ きまった数 $\div x$ … 反比例

学年末のテスト②

1 ❶ $\frac{4}{9}$　❷ 4　❸ $\frac{27}{4}$
❹ $\frac{2}{9}$　❺ $\frac{8}{21}$　❻ $\frac{7}{2}$

2 847.8 cm^3

3 ❶ 260g　❷ 水…65g、食塩…10g

4 ❶ $y=5\times x$ ○　❷ $y=100\div x$ △

5 ❶ 46g
❷ 上から順に
1、2、3、6、3、1、16
❸ 約38％
❹ 右の図

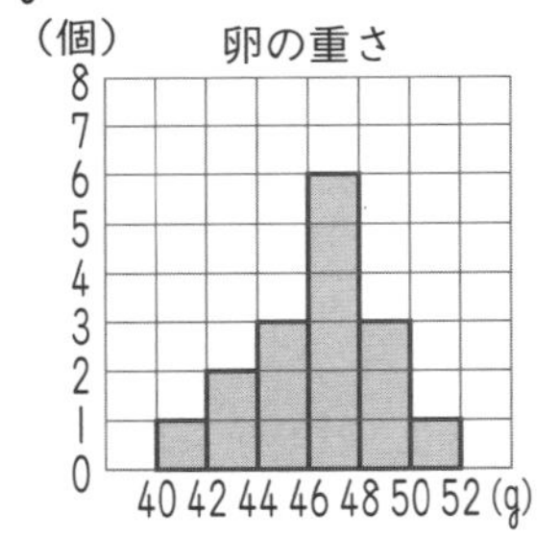

てびき
3 ❷ 食塩水全体の量は 13+2=15 と表すことができます。
5 ❶ 平均＝重さの合計÷個数

まるごと 文章題テスト①

1 式 $\frac{5}{8}\times6=\frac{15}{4}$　答え $\frac{15}{4}$ kg

2 式 $1\frac{1}{2}\times1\frac{7}{9}\div2=\frac{4}{3}$　答え $\frac{4}{3}$ cm^2

3 式 $1800-280=1520$
$1520\div230=6\cdots140$　答え 6個

4 ❶ 式 $\frac{7}{9}\div\frac{2}{3}=\frac{7}{6}$　答え $\frac{7}{6}$ 倍
❷ 式 $\frac{8}{15}\div\frac{7}{9}=\frac{24}{35}$　答え $\frac{24}{35}$ 倍

5 式 $1680\div\frac{8}{3}=630$　答え 630円

6 ❶ 6とおり　❷ 4とおり

7 式 $120\times\frac{7}{3}=280$　答え 280mL

8 式 6km＝6000m＝600000cm
$600000:4=x:10$、$10\div4=2.5$ より
$600000\times2.5=1500000$
1500000cm＝15000m＝15km
答え 15km

てびき
6 ❶ 枝分かれの図などを使います。
❷ ACDB、ADCB、BCDA、BDCA

まるごと 文章題テスト②

1 式 $\frac{12}{5}\div8=\frac{3}{10}$　答え $\frac{3}{10}$ L

2 式 $1\frac{1}{3}\times1\frac{1}{3}\times1\frac{1}{3}=\frac{64}{27}$　答え $\frac{64}{27}$ cm^3

3 式 $\frac{9}{8}\div\frac{15}{16}=\frac{6}{5}$　答え $\frac{6}{5}$ 倍

4 ❶ 式 $15\div\frac{5}{12}=36$　答え 36人
❷ 式 $36\times\left(1-\frac{2}{9}\right)=28$　答え 28人

5 式 $35\div\left(1-\frac{3}{4}\right)=140$
$140\div\left(1-\frac{1}{3}\right)=210$　答え 210ページ

6 ❶ 6とおり　❷ 10とおり

7 式 $350\times\frac{5}{14}=125$　答え 125mL

8 式 $\frac{1}{10}+\frac{1}{15}=\frac{1}{6}$　$1\div\frac{1}{6}=6$　答え 6分

てびき
8 水そうの大きさを1とみると、Aの管は1分で全体の $\frac{1}{10}$ だけ、Bの管は1分で全体の $\frac{1}{15}$ だけ水を入れることができます。A、Bの管を同時に使うと、$\frac{1}{10}+\frac{1}{15}=\frac{1}{6}$ より、1分で全体の $\frac{1}{6}$ だけ水を入れることができます。

3 2 1 0 9 8 7 6 5 4
＊ ＊ D C B A